〈죽도-죽도문제를 이해하기 위한 10가지 포인트〉에 대한 비판 검토

일본은 독도(죽도)를
이렇게 말한다

〈죽도-죽도문제를 이해하기 위한 10가지 포인트〉에 대한 비판 검토

일본은 독도(죽도)를 이렇게 말한다

나이토우 세이추우 지음
권오엽 · 권 정 편즈

한국학술정보(주)

일러두기

1, 본서는 나이토우 서이추우의 『죽도=독도문제 입문』을 이해하기 위한 일종의 해설서이다.

1, 제2장의 해설은 본서에 사용된 용어의 해설로, 본서에서 활용된 용어의 의미와 그것이 포함하는 본질까지 언급하려 했다.

1, 나이토우 선생님의 많은 논문이 있으나 지면의 한계로 초창기의 논문 두 편의 소개에 그친다.

1, 역자 논문은 독도문제의 본질을 생각할 수 있는 것을 골라 싣기로 한다.

1, 일본어의 한글표기에는 표음을 중시하여 아래와 같은 원칙에 따르기로 했다.

「か・き・く・け・こ」는 「카・키・쿠・케・코」로, 「が・ぎ・ぐ・げ・ご」는 「가・기・구・게・고」로, 「た・ち・つ・て・と」는 「타・치・쓰・테・토」로 표기한다. 또 장음 「오・우・이」 등은 살려 「大阪(おおさか)는 오오사카」・「とうきょう(東京)는 토우쿄우」 등으로 표기한다.

1, 제5장의 「죽도문제」와 「죽도문제를 이해하기 위한 10포인트」는 일본 외무성 표기에 따른다.

1, 해설은 권오엽이, 번역과 교정은 권정이 주도했다.

::목 차

제2장 해설

제3장 나이토우 세이추우의 논문

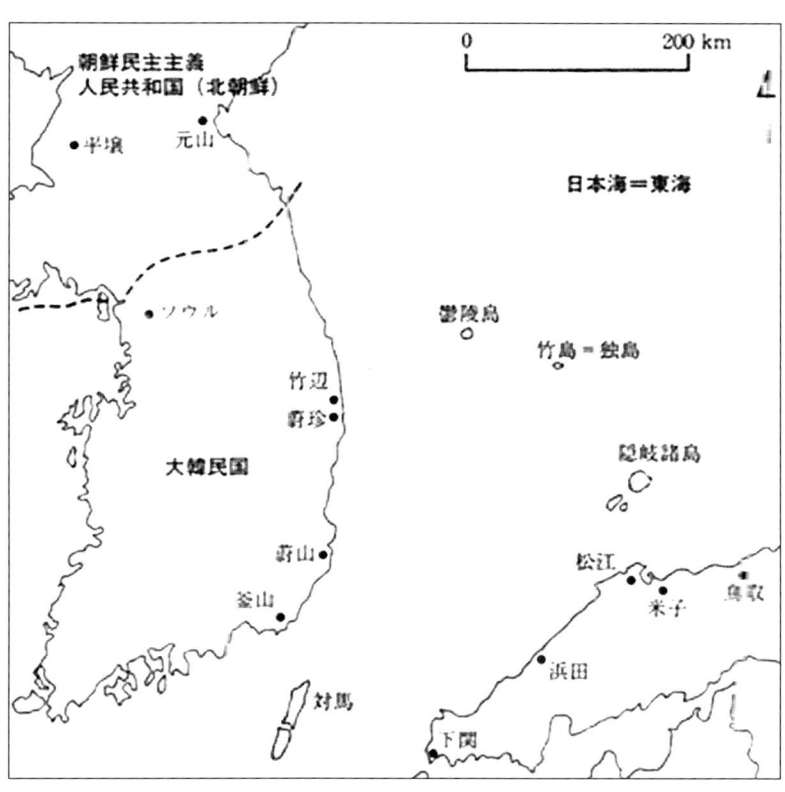

죽도＝독도의 위치

편주자 서문

 나는 일본어를 매개로 하는 학문을 하는 자로, 우리와 일본의 문화 교류에 많은 관심을 가지고 있다. 고문서를 접하다 보면 유사한 사고나 사건을 발견하고 그것의 근원에 흥미를 가져 시간 가는 줄 모르는 일이 많다. 그중에서도 자신이 속한 사회나 나라를 세계의 중심 또는 천하의 중심으로 여기고, 그것에 상응하는 행동을 취하기 위해 그것의 정통성을 확인해 줄 논리를 구축하려 했던 것이 가장 흥미로웠다. 그러나 그런 사고가 과하면 태연히 남의 인권을 경시하고 타국의 주권도 무시하는 행동을 취하게 된다. 억지나 무력으로 해결하려 하고, 변술이나 모략으로 정통성을 세우려 한다.

 인국과의 화합이나 공동의 번영을 말하는 경우에도 자국의 이익은 우선되는데, 그것에 대한 집념이 강하면 정통성을 가장한 음모가 수립되고 그것을 실천하기 위한 폭력이 행사된다. 한국과 일본은 같은 섬의 영유권을 주장하고 있다. 그 섬을 한국은 독도라 칭하고 일본은 죽도라고 부른다.

나는 우연한 기회에 그 문제에 관여하기 시작하여, 지금은 많은 관심을 경주하고 있으나, 논리가 성립하지 않는 주장이 횡행하고 있는 것이 이 세계라고 생각하고 있다. 대부분의 사람은 자국의 가치관, 자국 중심의 천하관에 근거하여 생각하고 주장한다. 그것이 애국심이고 국민의 기본 도리인 것 같다.

나의 독도에 대한 관심을 우연이라 했으나, 나이토우 세지추우 선생님의 저서 『죽도(울릉도)를 둘러싼 일조관계사』(『독도와 죽도』)가 그런 우연을 만들어 준 것 같다. 아니면 일본어를 학문의 도구로 하는 한국인의 숙명인지도 모른다. 선생님의 저서를 읽고, 그것을 한국에 소개하는 기회를 통하여, 사물을 객관적으로 보고 판단하시려는 선생님의 학문에 친밀감을 느끼고, 독도문제에 호기심을 가지게 된 것이다. 그 이전에는 간단한 문제, 그저 감정에 사로잡힌 문제, 그래서 나오는 상관이 없는 문제라고 생각했었다.

선생님은 전서에서 '지역의 국제화'를 이야기하고 있는 시기에 "조선을 식민지로 하고, 대륙진출이라며 중국을 침략하면서, 전 지역적으로 아시아 천시의 세계관, 특히 왜곡된 조선인식을 만들어 간 것은 중요하다"라고 말씀하시면서, 죽도문제를 언급하셨다. 이런 선생님의 객관적이려는 사고에 이끌려, 나도 독도문제에 관여해 볼 마음을 가지게 되었다.

선생님의 『죽도=독도문제 입문』을 손에 넣은 것은, 일본에 있는 복수의 지인을 통해서였다. 그분들은 흥분해서 '일본에는 이러한 책도 있어요. 당신들은 무엇을 하고 있습니까'라고 꾸짖는 것 같았다. 그것을 읽고 자신의 천학이 부끄러워, 선생님의 학문을 새삼 존경하게 되었다. 만일 한국에서 이런 책, 나라의 정책에 반하는 책이 나왔다면 어떤 현상이 전개될 것인가도 생각했다.

선생님은 본서에서 '나는 이 오류투성이의 외무성 팸플릿에 속아, 일본 국민이 창피당하는 일만큼은 피하고 싶다고 생각한다'라고, 저술의 동기를 표명하고 있다. 담담하게 하신 이 말씀에 나는 큰 충격과 감동을 받았다. 동시에 선생님의 안위가 걱정되었다. 언론이나 학문의 자유가 있다 해도 맹목적인 민족주의자가 존재하지 않는다고 말할 수 없기 때문이다.

사물의 본질을 파악하여 여러 사람에게 알려, 판단의 기준을 제공해야 하는 학자의 참모습과 용기를 실감하니, 나약하기 그지없는 나는 한없이 작아질 수밖에 없었다. 자신을 가지고 진실을 말한 일이 있었던가, 용기를 내어 사실을 말한 일이 있었던가 등을 생각하니, 부끄럽기 한이 없었다. 앞으로의 분발을 다짐했다.

독도 · 죽도문제는 한일 양국이 해결하지 않으면 안 되는 문제이나, 양국의 천하관이 걸린 면도 있어, 진실만으로 해결될 문제가 아닌지도 모른다. 참으로 두려운 일이나 그렇기 때문에 진실이 규명되어야 한다. 그러기 위해서는 상대의 주장도 듣고 분석하는 과정이 필요한데, 그것 역시 참으로 어려운 일이다.

진실은 간단명료하나, 자국의 이해를 우선하는 논리가 나오기 시작하면, 논리가 논리를 낳아, 일반인들은 무엇이 무엇인지를 모르게 된다. 그런 의미에서 일본 외무성이 논점을 10포인트로 정리하여 제기했다는 것은, 어떤 면에서는 좋은 일이라 할 수도 있다. 독도가 왜 일본의 죽도인가를 설명하는 것으로, 설득력도 있는 것처럼 보인다. 그 방면의 지식을 가지지 못한 사람들이 보거나 들으면 '과연 그렇구나'라며 감탄할 수도 있을 것이다.

상당한 지식을 습득했다고 생각하는 나도 어떻게 반론하고, 그 허구를 어떻게 입증할 것인가를 고민할 정도였다. 많은 일본인들은 그것을 믿고 싶어 할 수도 있다. 그런 상황에서 나이토우 선생님의 해설에 접하여, 모든 것이 선명해졌다. 선생님의 책을 번역하면서 독도 문제에 관여하기 시작하여, 선생님의 여러 논문을 탐독해 온 나였으나, 본서의 명쾌한 설명에 새삼스럽게 놀라 더욱 경복하게 되었다. 선생님의 문제에 접근하는 방법과 자세는, 내가 나가야 하는 지향점과 걸어가야 하는 방향까지도 제시해 주신 것 같다.

문제의 본질을 직시하고, 지난날의 주관이나 지식에서 일탈하여, 객관적인 논리를 구축해 나가지 않으면 안 된다고 생각하고, 그런 계기를 만들어 주신 나이토우 선생님께 감사드린다.

2010년 6월 30일
우산봉 자락에서 권오엽

編註者 序文

　私は日本語を媒介とする学問に携わる者として、我が国と日本との文化交流に関心を持っていた。古文献に接していると類似した思考や事件を見つけ、その根源に興味を持ち、時が経つのを忘れることも多かった。中でも、自分が属する社会や国を世界の中心、又は天下の中心と見做し、それに相応しい行動を取るため、その正統性を確認してくれる論理を構築しようとしたことがもっとも興味深かった。しかしそれが行き過ぎると、平気で他人の人権を軽んじ、他国の主権を無視する行動を取るようになる。こじつけや武力がものを言い、弁術と謀略で正統性を押し通そうとする。

　隣国との和平や共同の繁栄を言う場合も自国の利益は優先されるが、その執念が強ければ、正統性を仮装した陰謀が企まれ、それを実践するための暴力が行使される。韓国と日本は同じ島の領有権を主張し合っている。その島を韓国では独島と称し、日本では竹島と呼んでいる。

　私は偶然の機会にその問題に関与し始め、今はかなりの関心を注いで

いるが、論理の立たない主張が横行しているのがこの世界ではないかとも感じている。多くの人は自国の価値観、自国中心の天下観に基づいて考え、主張する。それが愛国心であり、国民の基本道理らしい。

　私の独島に対する関心は偶然と言ったが内藤正中先生の著書『竹島(欝陵島)をめぐる日朝関係史』(『独島と竹島』)がその偶然のきっかけだったようだ。あるいは日本語を学問の道具としている韓国人の宿命であったかも知れない。先生の著書を読み、それを訳して韓国に紹介する機会を通じて、物事を客観的に見て判断しようとする先生の学問に親しみを感じ、独島問題に関心を持つようになった。それ以前は、簡単な問題、ただ感情に絡んだ問題、それで私とは関係なしの問題と思っていた。

　先生は著書で「地域の国際化」が言われている時期に「朝鮮を植民地にし、大陸進出ということで中国を侵略してゆくなかで、地域ぐるみでアジア蔑視の世界観、とりわけて歪んだ朝鮮認識をつくっていったことは重要である」と述べながら、竹島問題を論じた。このような先生の客観的になろうとする思考に引かれ、私も独島問題に携わってみる気になったわけである。

　先生の『竹島＝独島問題入門』を手に入れたのは、日本にいる複数の知人を通じてであった。彼らは興奮して「日本にはこのような本もある。あなたたちは何しているのか」と叱っているようだった。それを読み、自分の勉強不足を恥じ、先生の学問をさらに尊敬することになった。もし、韓国でこのような本、国の政策に反する本を出したらどうなるかとも思った。

　先生は本書の中で「私は、この間違いだらけの外務省パンフレットに振り回されて、日本国民が恥をかくことだけは避けたいと願うものである」

と、著述の動機を表明している。さり気無くおっしゃった言葉に私は大きな衝撃と感動を受けた。同時に先生の安全が気にかかった。言論や学問の自由があるとは言っても、盲目的な民族主義者が存在しないとは言い切れないからである。

　ものの本質を把握して大勢の人に知らせ、判断の基準を提供すべき学者の姿と勇気を実感すると、軟弱な私は余計に小さくなるしかなかった。自信を持って真実を言ったことはあるか、勇気を出して事実を述べたことはあったかと思うと恥ずかしかった。今後の奮発を誓った。

　竹島・独島問題は韓日両国が解決しなければならない問題であるが、両国の天下観にかかわる面もあり、必ず真実のみで解決される問題ではないかも知れない。もっと恐るべきことであるが、それであっても真実は糾明されるべきである。そのためには相手の主張も聞き、分析する過程を必要とするが、それは至難のことなのである。

　真実は簡単明瞭であるが、自国の利害を優先する論理が出始めると、論理が論理を生んで、一般人は何が何だか解らなくなる。その意味で、日本の外務省が論点を10ポイントに整理して提起したということは、ある意味では良いこととも言える。独島が何故日本の竹島であるかを説明することで、説得力もあるようにみえる。その方面の知識を持っていない人々が見たり聞くと「なるほど」と感嘆することもあり得るだろう。

　かなりの知識を習得したと自惚れている私もどう反論し、その虚構をどう立証できるかを悩む程であった。多くの日本人はそれを信じたがるかも知れない。そういう状況で内藤先生の解説に接し、目から鱗が落ちたようであった。先生の本を翻訳しながら、独島問題に関わり始め、先生の諸論文を耽読して来た私であったが、本書の明快な説明に改めて驚

き、最も敬服するようになった。先生の問題への接近方法や姿勢は、私が進むべき指向点と歩んでいくべき方向までも提示して下さっているようである。

　問題の本質を直視して、かつての主観や知識から脱皮して、客観的な論理を構築して行かなければならないと考え、そのきっかけを与えて下さった内藤先生に感謝したい。

2010年 6月 30日
于山峰の麓にて 権五燁

著者序文

　本書は、2008年2月に日本政府外務省が刊行した『竹島――竹島問題を理解するための10のポイント』と題するパンフレットについて、その内容を全面的に批判検討したものである。

　日本海にあるリャンコ島が日本領に編入されて竹島と命名されたのは1905年であった。その当否をめぐって韓国との間で論争されるようになったのは、1945年以降のことである。そして2005年3月、島根県議会が議員立法をもって「竹島の日」を制定したことを機に、日韓両国の間では竹島（独島）についての関心が高められ、関係者による発言も活発になり、新しい史料も続々紹介されて、竹島（独島）をめぐる歴史的解明は進められていった。問題が正史にかかわる以上、正史的事実にもとづいて解明されるべきは当然の二

とである。

だがしかし、基本的な問題ともいうべきその領有権をめぐっては、何故か正面から言及する研究はみられないまま推移してきているのが現状である。そのなかにあって日本政府としては、「竹島は歴史的事実に照らしても、かつ国際法上にもわが国固有の領土です」と、その主張を明快に述べたのである。外務省による『竹島』の刊行は、竹島問題についての日本政府の公式見解をまとめた初めての印刷物であるところに意味がある。日本語版にかえて韓国語版、英語版を同時に作成に配布した。したがって、竹島（独島）を問題にするときには、本書がその第一歩にならなければならない位置をもつことになる。

本書では、竹島を「我が国固有の領土です」と主張して、その根拠を「歴史的々実に照らして」解明したということになっている。しかしながら、その説明は、正確の々実にもとづいているとはいえない内容になっている

ことに注目するのである。そこでは正史の日録が無視され、日頃に都合のよいような曲解が行われ、史料かくしされみられるのである。問題が正史の日録にもとづいてのみ解決されるべき性格をもつ以上、私たちは、竹島（独島）をめぐる「正史の日録」とは何かについて明らかにする必要に追られるのであった。

本書では、竹島を日本の固有領土であるとする日本政府の主張が、10項目に分けて述べられている。したがって私は、それらが正史の日録であるか否かを検証しつつ、「正史の日録」に即して批判的に検討してゆくことにした。とりわけ固有領土論にかかる主張は、竹島についての日本政府の基本的立場を表明したものである以上、竹島（独島）をめぐる領有権論争の出発点にすべきであると思っている。

本書は、これまで日本政府外務省のウェブサイトを通じて公開されてきたものを、一部修正したもので、14ページのパンフレット

3

にまとめて刊行した出版物である。したがって誰でもが容易に手にすることができるし、内容としても問題点を10のポイントに分けて、端的にわかりやすく説明をしてゆく方法がとられている。それだけに、多くの読者によって読まれることを期待しているし、竹島(独島)問題についての正しい理解が広まることを願っている次第である。

なお本書は、忠南大学校の権五曄教授によって編集された。編集にあたっては、いろいろの関係者があったことに謝意を表したい。また日本の韓国語訳には、権五曄教授とともに、埼玉大学の権静教授が分担して当った。お二人のいつもながらの御厚情に感謝している。

2010年1月
内藤正中

著者 序文

　本書は、2008年 2月に日本政府外務省が刊行した『竹島―竹島問題を理解するための10のポイント』と題するパンプレットについて、その内容を全面的に批判検討したものである。

　日本海にあるリヤンコ島が日本領に編入されて竹島と命名されたのは1905年であった。その当否をめぐって韓国との間で論争されるようになったのは、1945年以降のことである。そして 2005年 3月、島根県議会が議員立法でもって「竹島の日」を制定したことを機に、日韓両国の間では竹島(独島)についの関心が高められ、関係者による発言も活発になり、新しい資料が発掘紹介されて、竹島(独島)をめぐる歴史的解明は進められていった。問題が歴史にかかわる以上、歴史的事実にもどづいて解明されるべきは当然のことである。

　だがしかし、基本的な問題ともいうべきその領有権をめぐっては、何故か正面から言及する研究はみられないままで推移してきているのが現状である。そのなかにあって日本政府としては、「竹島は歴史的事実に照ら

しても、かつ国際法上にも我が国固有の領土です」と、その主張を明快に述べたのである。外務省による『竹島』の刊行は、竹島問題についての日本政府の公式見解をまとめた初めての印刷物であるところに意味がある。日本語版に加えて韓国語版、英語版も同時に作成して配布した。したがって、竹島(独島)を問題にするときには、本書がその第一歩にならなければならない位置をもつことになる。

本書では、竹島を「我が国固有の領土です」と主張して、その根拠を「歴史的事実に照らして」解明したということになっている。しかしながら、その説明は、歴史の事実にもとづいているとはいえない内容になっていることに注目するのである。そこでは歴史の事実が無視され、自説に都合のよいような曲解が行われ、資料かくしさえみられるのである。問題が歴史の事実にもとづいてのみ解決されるべき性格をもつ以上、私たちは、竹島(独島)をめぐる「歴史の事実」とは何かについて明らかにする必要に迫られるのであった。

本書では、竹島を日本の固有領土であるとする日本政府の主張が、10項目に分けて述べられている。したがって私は、それらが歴史の事実であるか否かを検討しつつ、「歴史の事実」に即して批判的に検討してゆくことにした。とりわけて固有領土論にかかる主張は、竹島についての日本政府の基本的立場を表明したものである以上、竹島(独島)をめぐる領土権論争の出発点にすべきであると思っている。

本書はこれまで日本政府外務省のウエブサイトを通じて公開されてきていたものを一部修正した上で、14ページのパンフレットにまとめて刊行した出版物である。したがって誰でもが容易に手にすることができるし、内容としても問題点を10のポイントに分けて、端的にわかりやすく説明

をしてゆく方法がとられている。それだけに、多くの読者によって読まれることを期待しているし、竹島(独島)問題についての正しい理解が広まることを願っている次第である。

なお本書は、忠南大学校の権五曄教授によって編集された。編集に当たって、いろいろの御苦労があったことに謝意を表したい。また日文の韓国語訳には権五曄教授とともに、培材大学校の権静教授が分担して当った。お二人のいつもながらの御厚精に感謝している。

2010年 7月

内藤正中

저자 서문

　본서는 2008년 2월에 일본정부 외무성이 간행한 『죽도 – 죽도문제를 이해하기 위한 10의 포인트』라고 제하는 팸플릿에 대해, 그 내용을 전면적으로 비판 검토한 것이다.

　일본해에 있는 랸코도가 일본령에 편입되어 죽도라고 명명된 것은 1905년이었다. 그 적부를 둘러싸고 한국과 논쟁되게 된 것은 1945년 이후의 일이다. 그리고 2005년 3월에 시마네켄 의회가 의원입법으로 '죽도의 날'을 제정한 것을 계기로, 일한 양국 간에는 죽도(독도)에 대한 관심이 높아져, 관계자에 의한 발언도 활발해져, 새로운 자료가 발굴 소개되어, 죽도(독도)를 둘러싼 역사적 해명은 진행되어 갔다. 문제가 역사에 관계되는 이상, 역사적 사실에 근거하여 해명되어야 하는 것은 당연한 일이다.

　그러나 기본적인 문제라고도 말할 수 있는 그 영유권을 둘러싸고는, 웬일인지 정면에서 언급하는 연구는 볼 수 없는 채로 추이해 오고 있는 것이 현상이다. 그런 상황에서 일본정부로서는 '죽도는 역사

적 사실에 비추어서도, 또 국제법상으로도 우리나라 고유영토입니다'
라고, 그 주장을 명쾌하게 말한 것이다. 외무성에 의한 "죽도"의 간행
은 죽도문제에 대한 일본정부의 공식견해를 정리하여 처음으로 만든
인쇄물이라는 것에 의미가 있다. 일본어판에 더해, 한국어판, 영어판
도 동시에 반성하여 배포했다. 따라서 죽도(독도)를 문제로 할 때는
본서가 그 제일보가 되지 않으면 안 되는 위치를 차지하게 된다.

　본서에서는 죽도를 '우리나라 고유의 영토입니다'라고 주장하여,
그 근거를 '역사적 사실에 비추어서' 해명했다는 것으로 되어 있다.
그러나 그 설명은 역사의 사실에 근거한다고는 말할 수 없는 내용으
로 되어 있다는 것에 주목하는 것이다. 그곳에는 역사의 사실이 무시
되어, 자설에 상황이 좋을 것 같은 곡해가 이루어지고, 자료를 숨긴
일조차 있다는 것이다. 문제가 역사의 사실에 근거해서만이 해결되어
야 하는 성격을 가지는 이상, 우리들은 죽도(독도)를 둘러싼 '역사의
사실'이란 무엇인가에 대해 분명히 할 필요에 쫓기는 것이다.

　본서에서는 죽도를 일본의 고유영토라고 하는 일본정부의 주장이
10 항목으로 나누어서 이야기되어 있다. 따라서 나는 그것들이 역사
의 사실인가 아닌가를 검토하며, '역사의 사실'에 입각하여 비판적으
로 검토해 가는 것으로 했다. 어쨌든 고유영토론에 관련된 주장은 죽
도에 대한 일본정부의 기본적 입장을 표명한 것인 이상, 죽도(독도)를
둘러싼 영토권 논쟁의 출발점으로 해야 할 것이라고 생각하고 있다.

　본서는 지금까지 일본정부 외무성의 웹사이트를 통해서 공개되어
온 것을 일부 수정하여, 14페이지의 팸플릿으로 정리하여 간행한 출
판물이다. 따라서 누구라도 용이하게 손에 잡을 수가 있고, 내용으로
서도 문제점을 10포인트로 나누어서, 단적으로 알기 쉽게 설명해 나

가는 방법을 취했다. 그만큼 많은 독자에게 읽힐 것을 기대하고 있으며, 죽도(독도)문제에 대해 바른 이해가 퍼질 것을 원하는 바이다.

또 본서는 충남대학교의 권오엽 교수에 의해 편집되었다. 편집에 임하여 많은 어려움이 있었던 것에 사의를 표하고 싶다. 또 일문의 국역에는 권오엽 교수와 더불어 배재대학교의 권정 교수가 분담하여 임했다. 두 분의 변함없는 후의에 감사하고 있다.

2010년 7월

内藤正中

제1장

『죽도=독도문제 입문』
– 일본 외무성『죽도』비판

はじめに

　最近、竹島＝独島の帰属をめぐって日韓両国間の対立が激化している。

　きっかけは、2008年 7月 14日、日本政府が中学校学習指導要領の解説書に竹島問題を記述することを明らかにしたことによる。

　解説書の発表は、2008年3月におこなった学習指導要領の改訂に伴うもので、これによって竹島について記述する教科書は増加するものと予測される。現在、竹島を取り上げる教科書は地理で6冊中1冊、公民が3冊中3冊であるという。

　これまでの解説書では、北方領土の項で「(ロシアに)返還を求めていることなどについて的確に扱う必要がある」と記すだけであったが、今回の改訂で竹島について「我が国と韓国の間に竹島をめぐって主張に相違があることなどにも触れ、北方領土と同様に我が国の領土、領域について理解を深めさせることも必要である」という文言を付け加えることにしたわけである。

　ただし、北方領土については、明確に「我が国固有の領土」と述べてい

るのに対して、竹島については敢えてそのことを記さないで「北方領土と同様」とすることで、間接的に日本固有の領土であることを教えるよう求めている。

だがしかし、竹島が北方領土と同じように「我が国固有の領土」とすることができるかどうかについては明らかに問題を含むものであり、本書のなかでその詳細を解明してゆくことにしようと思う。それはともかくとして、竹島について直接的に固有領土であるとする明確な表現をとらなかったのは、韓国側に対する配慮からであるといわれている。

日本国内では、かねてより自民党などから、教科書における竹島の取り上げ方が不十分であるという強い批判がある。このため文部科学省では、教科書検定の時に「日本固有の領土」と明記するように求めたり、2005年3月には中山成彬文部科学大臣が「学習指導要領にきちっと書くべきである」と、国会答弁をしているという経緯がある。しかし、2008年3月に告示された改訂指導要領では、竹島への言及を意図的に避け、従来通りの記述にとどめていたのである。あたかも3月直前に韓国では李明博大統領が誕生し、福田康夫首相との間でシャトル外交を復活させるなど、ようやく改善の兆しがみえてきた日韓関係がふたたび険悪化しないことへの配慮からであったとされている。

この措置に一部の自民党国会議員は反発した。これに対して文部科学省では、解説書などによってその主旨を明確にすると説明してきたことから、解説書にこれらの記述を記載することは既定路線となるのであった。これら一連の動きに対して、韓国側ではかねてより強く反発していた。

このため7月9日に、北海道洞爺湖サミット拡大会合に出席するため来日した李明博大統領は、福田首相との会談において、学習指導要領解説書に竹島問題を記述しないようにと要望する直談判をおこなった。この時、福田首相が具体的にどのように対応したかはわからないが、「一国の首脳が頼んできたことにゼロ回答でいいのか」と、文部科学省に代案の検討を指示し、同省では担当課が中心になって100通り以上の記述パターンを用意したという。これをもとに町村信孝官房長官、渡海紀三郎文科相、高村正彦外相の三閣僚が協議し、7月13日の深夜に最終案をまとめ、14日に発表したのである。

　しかし、「固有の領土」という直接的な表現を避けた日本側の配慮にもかかわらず、韓国側は日本政府の発表に国をあげて猛反発した。

　7月14日、発表当日の午後5時過ぎ、韓国の柳・明桓外交通商部長官は駐韓日本大使を呼んで激しく抗議した。「未来に向かおうとする我々の努力に応えず、遺憾である」というその言葉には、李大統領が日本で福田首相に会って善処を申し入れたにもかかわらず、完全に裏切られたという思いが込められている。李大統領のコメントも、「未来志向の関係を築こうとした両首脳合意に照らして、深い失望と遺憾の意を表明せざるをえない」と述べていた。

　この問題をめぐっては、韓国側からは事前に『深刻な憂慮』が伝えられていたにもかかわらず、日本側ではさほどの事態になるとは思ってもいなかった。そのことは、7月14日の発表以後の状況を見てもわかる。日本では翌15日にマスコミ各紙が大きく取り上げたものの、16日以降になるとまったく関連記事が見れず、国民の関心も極めて低い姿を反映していた。しかし、いっぽうの韓国では国内世論が沸き立ち、対日世論はきび

しさを増していった。各地で進められていた各種交流事業もすべて中止
となった。

　また、7月28日には、米国の政府機関である地名委員会(U.S.Board of Geo-
graphic Names) が、竹島について韓国領としていたものを「主権未指定」
に変更していたことも問題になる。この件については、米国務省のガレゴ
ス報道室長が会見して、領有権を主張する日本と韓国の「どちらも支持
しないというのが米政府の長年の立場」「政策変更ではなく、政策との整
合性をとった」と説明した。加えて、「問題への関心が改めて高まり、政
府機関が独自の判断で記述を点検した」とも述べて、日本での学習指導
要領解説書をめぐる動きが変更の引き金となったことを示唆したと、ワ
シントン発の新聞記事は解説している。

　これに対して韓国では猛反発し、そのため米国務省ではブッシュ大統
領の訪韓を控えて、ブッシュ大統領の政治判断で、主権未指定を韓国
標記に戻すことを明らかにした。

　この問題は、韓国国内では政府の反応が不十分であったとする批判が
噴出、日本の学習指導要領解説書への竹島明記に対する対抗策の一つ
として、国の内外に韓国による独島支配を誇示する必要があると考え
て、韓昇洙首相らが7月29日に独島を訪問し、韓国領であることを示す
ための標石(標識)をヘリポートに設置した。ちなみに、韓国の現職首相
が独島を訪れるのはこれが初めてのことである。

　日本側ではこれほどまでにきびしい事態に立ち至るとは予想もしていな
かった。だから、竹島を記述する方針は変更せず、韓国との主張の違い
に言及したり、北方領土についてのみ「不法に占拠されている」という表
現を新しく付け加えたりすることで、韓国側に対してそれなりに配慮した

と述べている。竹島記述をしなければならなかった理由について、銭谷<ruby>真美<rt>まさみ</rt></ruby>文部科学事務次官は、1998年の前回改訂以降で、1)「我が国と郷土を愛する態度を養う」とする改正教育基本法が成立したこと、2)学校教育での竹島の扱いをめぐる国会質問の増加や地方自治体からの要望があること、3)政府が竹島に関するパンフレットを作成したこと、などが背景としてあったことを会見で明らかにした。

　問題は、政府による竹島に関するパンフレットの作成で、これは2008年2月に外務省アジア大洋州局北東アジア課が発行した『竹島－竹島問題を理解するための10のポイント』と題するものであり、韓国語版、英語版も日本語版と同時に刊行された。竹島問題についての日本政府の公式見解をまとめた初めての刊行物である。しかも今回の学習指導要領解説書に竹島記述を加えるかどうかにあたっても、先に引用した文科省事務次官が説明しているように、重要な役割を果たしており、今後も教育現場では教師たちによって利用されるものと予想できるのである。

　ところが、外務省による竹島のパンフレットは、内容のない極めて杜撰な刊行物なのである。

　最重要なテーマである「日本の固有領土」主張についてみても、何らの論証もされていないといわなければならない。パンフレットでは「17世紀半ばには領有権を確立した」といっているが、幕府として現竹島の松島については、その存在を知り、竹島、松島ともに鳥取藩領でないことを確認したのは1696年のことであるから、それ以前の17世紀半ばの時期に領有権を確立したなどといえるはずもない。

　さらに1905年の日本領土への編入を、「領有意思の再確認」というが、編入当時の閣議決定文には、そうした理由づけは記されていない。

閣議決定した時に理由としたのは、「他国に於いて之を占領したりと認むべき形跡なく」と、リヤンコ島(現竹島)が無主地であることの確認であった。無主地というのであれば、もちろんそれは日本の固有領土にはならない。ここでも固有領土論は画餅に帰すのである。

　このようにもっとも重要な問題について、決定的な誤りを怪しまないパンフレットを、日本外務省の公式見解とするわけにはいかないはずである。竹島を日本領土とする以上は、誰でもが納得できる論拠を提示することが何よりも求められていることは明らかである。本書は、外務省のパンフレットがかかげているポイントごとに問題の所在を指摘するかたちをとっている。問題点を解明してゆく手がかりとして、本書が活用されることを期待している。

2005年 8月

著　者

1. 전기

최근 죽도=독도의 귀속을 둘러싸고 한일 양국 간의 대립이 격화되고 있다.

그 계기는, 2008년 7월 14일, 일본정부가 중학교 학습지도요령 해설서에 죽도문제를 기술하기로 밝혔기 때문이다. 해설서 발표는, 2008년 3월에 행한 학습지도요령 개정에 수반된 것으로, 이로 인해 죽도에 관해 기술하는 교과서는 증가할 것으로 예측된다. 현재, 죽도를 다루고 있는 교과서는 지리 6권 중 1권, 공민(公民, '사회'교과서에 해당) 8권 중 3권이다.

지금까지의 해설서에서는 북방영토 항목에서 '(러시아에) 반환을 요구하고 있는 것 등에 대해 명확히 다룰 필요가 있다'고 기록할 뿐이었지만, 이번 개정에서 죽도에 대해 '일본과 한국의 죽도를 둘러싼 주장에 다른 점이 있다는 것도 언급하여, 북방영토와 함께 일본의 영토, 영역에 관해 이해를 깊이 할 필요가 있다'라는 문장을 부가하기로 한 것이다.

단, 북방영토에 관해서는 명확히 '우리나라 고유의 영토'라고 기술하고 있는 반면, 죽도에 대해서는 굳이 그 표현을 사용하지 않고 '북방영토의 경우와 같을'이라고 표기함으로써 간접적으로 일본 그유의 영토임을 가르치도록 요구하고 있다.

그러나 죽도가 북방영토와 마찬가지로 '우리나라 고유의 영토'라고 할 수 있는지 아닌지에 대해서는 분명 문제가 있기 때문에, 이 책에서는 그 문제를 상세히 해명해 가기로 한다. 어찌되었든 죽도에 대해 직접적으로 그유영토라는 명확한 표현을 취하지 않은 것은, 한국 측에 대한 배려 때문이라고 말해지고 있다.

일본 국내에서는 이전부터 자민당 등으로부터, 교과서에서의 죽도에 관한 기술이 충분하지 않다는 강한 비판이 있었다. 이 때문에 문부과학성에서는 교과서 검정 시에 '일본 고유의 영토'라고 명기하도록 요구하거나, 2005년 3월에는 나카야마 나리아키(中山成彬) 문부과학대신이 '학습지도요령에 확실히 써야만 한다'라고 국회답변을 했다는 경위가 있다. 하지만 2008년 3월에 고시된 개정 지도요령에서는 죽도에 대한 언급을 의도적으로 피해, 종래대로의 기술에 그치고 있다. 마침 3월 직전에 한국에서는 이명박 대통령이 당선되어, 후쿠다 야스오(福田康夫) 수상과 셔틀 외교를 부활시키는 등, 간신히 개선의 조짐이 보이기 시작한 한일 관계가 다시 악화되지 않도록 하기 위한 배려였다고 말해지고 있다.

이러한 조치에 일부 자민당 국회의원은 반발했다. 이에 대해 문부과학성에서는 해설서 등에 의해 그 주지를 명확하게 한다고 설명해왔기 때문에, 해설서에 이러한 기술을 기재하는 것은 기정 노선이 된 것이다. 이러한 일련의 움직임에 대해 한국 측에서는 이전부터 강하게 반발해 왔다.

이 때문에 7월 9일, 홋카이도우 토우야코 정상회담 확대회의에 참가하기 위해 방일한 이명박 대통령은, 후쿠다 수상과의 회담에서 학습지도요령 해설서에 독도문제를 기술하지 않도록 요구하는 직접적인 담판을 행하였다. 이때 후쿠다 수상이 구체적으로 어떻게 대응했는지는 알 수 없으나, '한 나라의 수뇌가 부탁한 것에 답하지 않아도 되는가'라고 문부과학성에 대안검토를 지시하였고, 문부과학성에서는 담당과가 중심이 되어 100가지 이상의 기술 방식을 준비했다고 한다. 이를 바탕으로 마치무라 노부타카(町村信孝) 관방장관, 토카이 키사부로우(渡海紀三郎) 문부과학상, 코우무라 마사히코(高村正彦) 의상 등 세 각료가 협의하여, 7월 13일 늦은 밤에 최종안을 정리, 14일에 발표한 것이다.

그러나 '고유영토'라는 직접적인 표현을 피한 일본 측의 배려에도 불구하고 한국 측은 일본정부의 발표에 나라 전체가 강력히 반발했다.

7월 14일 발표 당일인 오후 5시를 넘어, 한국의 유명환 외교통상부장관은 주한 일본대사를 불러 강력하게 항의했다. '미래를 지향하려는 우리들의 노력에 응하지 않아 유감이다'라는 말에는 이 대통령이 일본에서 후쿠다 수상을 만나 선처를 부탁했음에도 불구하고 완전히 배신당했다는 심정이 담겨 있다. 이 대통령도 '미래지향적인 관계를 구축하려 했던 양국 수뇌의 합의에 비추어 보았을 때 깊은 실망과 유감의 뜻을 표명하지 않을 수 없다'고 언급하였다.

이 문제를 둘러싸고, 한국 측은 사전에 '심각한 우려'가 전해지고 있었음에도 불구하고, 일본 측에서는 이렇게 큰 사태가 될 것이라고는 생각도 못하고 있었다. 이것은 7월 14일 발표 이후의 상황을 보도 알 수 있다. 일본에서는 다음 날 15일에 매스컴 각지마다 크게 다루었지만, 16일 이후에는 전혀 관련기사를 볼 수 없어 국민의 관심이 매우 낮은 것을 반영하고 있다. 그러나 한국에서는 국내 여론이 끓어오르고, 대일 여론은 악화되어 갔다. 현지에서 진행되고 있던 각종 교류사업도 모두 중지되었다.

또 7월 28일에는 미국의 정치기구인 지명위원회(U.S. Board of Geographic Names)가 죽도에 대해 한국령으로 되어 있던 것을 '주권미지정'으로 변경한 것도 문제가 되었다. 이 일에 대해서는 미 국무성의 가레코스 보도실장이 회견에서 영유권을 주장하는 일본과 한국의 '어느 쪽도 지지하지 않는 것이 미 정부의 오래된 입장', '정책변경이 아니라, 정책과의 정합성을 취했다'고 설명했다. 덧붙여 '문제에 대한 관심이 다시 한 번 고조되어 정부기관이 독자적인 판단으로 기술을 점검했다'고도 말해, 일본에서의 학습지도요령 해설서를 둘러싼 움직임이 변경의 빌미가 되었다는 것을 시사했다고, 워싱턴발 신문기사는 설명하고 있다.

이에 대해 한국에서는 크게 반발했고, 그 때문에 미 국무성에서는 부시 대통령의 방한을 앞두고 부시 대통령의 정치적 판단으로 주권 미지정을 한국표기로 되돌릴 것을 분명히 밝혔다.

이 문제는, 한국 국내에서는 정부의 대응이 불충분했다는 비판이 속출해, 일본의 학습지도요령 해설서의 죽도 명기에 대한 대응책의 하나로, 국내외에 한국에 의한 독도지배를 과시할 필요가 있다고 판단해, 한승수 총리 등이 7월 29일 독도를 방문하여 한국영토라는 것을 표시하기 위한 표석을 헬기장에 설치했다. 한국의 현직 총리가 독도를 방문한 것은 이것이 처음이었다.

일본 측에서는 이 정도까지 심각한 사태에 이를 것이라고는 예상도 하지 못했다. 때문에, 죽도를 기술하는 방침은 변경하지 않고 한국과 주장이 다른 점을 언급하거나, 북방영토에 대해서만 '불법으로 점거당하고 있다'라는 표현을 새로 첨부함으로써, 한국 측에 대해 나름대로 배려했다고 논하고 있다. 죽도 기술을 꼭 해야 하는 이유에 대해, 제니야 마사미 문부과학 사무차관은, 1998년의 전 개정 이후에 1) '자국과 향토를 사랑하는 태도를 기른다'라는 개정교육기본법이 성립된 것, 2) 학교교육에서의 죽도의 취급을 둘러싼 국회질문의 증가나 지방자치단체로부터의 요구가 있는 것, 3) 정부가 죽도에 관해 팸플릿을 작성한 것 등이 배경이 되었다는 것을 회견에서 밝혔다.

문제는, 정부에 의해 작성된 죽도에 관한 팸플릿 작성으로, 이것은 2008년 2월에 외무성 아시아대양주국 북동아시아과가 발행한 『죽도 - 죽도문제를 이해하기 위한 10의 포인트』라는 제목의 것으로, 한국어판, 영어판도 일본어판과 동시에 간행되었다. 죽도문제에 대한 일본정부의 공식적인 견해를 종합한 최초의 간행물이다. 게다가 이번 학습지도요령 해설서에 죽도 기술을 포함시킬 것인가에 대해서도, 앞서 인용한 문과성 사무차관이 설명하고 있듯이 중요한 역할을 하고 있어, 앞으로도 교육현장에서는 교사들에 의해 이용될 것으로 예상된다.

하지만 외무성이 만든 죽도 팸플릿은, 내용이 없는 극히 두찬의 간행물이다.

가장 중요한 테마인 '일본의 고유영토' 주장을 보더라도, 어떠한 논증도 되어 있지 않다고 말할 수밖에 없다. 팸플릿에서는 '17세기 중반에는 영유권을 확립했다'라고 되어 있지만, 막부가 지금의 죽도인 송도에 대해 그 존재를 알고, 죽도와 송도 모두 톳토리번의 영토가 아닌 것을 확인한 것이 1696년의 일이었으므로, 그 이전인 17세기 중반에 영유권을 확립했다고 말할 수 있을 리가 없다.

게다가 1905년의 일본영토로의 편입을 '영유의사의 재확인'이라고 말하지만, 편입 당시의 각의결정문에는, 그러한 이유는 기록되어 있지 않다. 각의를 결정했을 때 이유로 든 것은, "타국에서 그것을 점령했다고 인정할 만한 형적이 없다"와 리얀코도(현재의 죽도)가 무주지(無主地)였다는 확인이었다. 무주지라면 그것은 당연히 일본의 고유영토가 아니다. 여기서도 고유영토론은 성립되지 않는 것이다.

이와 같이 무엇보다도 중요한 문제에 대해 결정적인 실수를 한 것을 이상하게 여기지 않는 팸플릿을 일본외무성의 공식견해로 해서는 안 될 것이다. 죽도를 일본영토라고 하는 이상, 누구라도 납득할 수 있는 논거를 제시하는 것이 무엇보다도 먼저 요구된다는 것은 분명하다. 이 책은 외무성의 팸플릿이 내세우는 포인트마다 문제의 소재를 지적하는 형태를 취하고 있다. 문제점을 해명하기 위한 단서로써 이 책이 활용되기를 기대한다.

2005년 8월

저자

序章

　日本政府外務省は、2008年2月に『竹島－竹島問題を理解するための10のポイント』と題した14ページのパンフレットを発行した(以下『竹島』パンフレット，あるいは単にパンフレットと呼ぶ)。1)

　これは、これまでもっぱら同省ウェブサイト(以下、ウェブサイトと記す)を使ってその主張を述べていたものを、初めて印刷物として刊行配布したものである。ウェブサイトはいつでも誰でもが自由に見ることができる利点を持っているが、改訂が容易であるため、いつ改めたかわからないという問題があった。竹島の場合で言えば、この3年の間に(少なくとも3回の改訂が行われてきている。いやしくも政府の主張であるからには、そんなに簡単に変更されてよいわけではないはずであるが、いつの間にか変えられているということである。印刷物であれば、こうした改訂日付も含めて記録として残るものであるが、インターネットを使ったウェブサイトには、何の記録も残らないのである。歴史の記録としては、誠に不城実であり、不都合極まりないものと思っていた。その限りでは、今回、印刷物として刊行・配布したことを歓迎するものである。

　今回のパンフレットは、現在のウェブサイトの内容を一部補完する形で作成されている。もちろん、「竹島は、歴史的事実に照らしても、かつ国際法上も明らかに我が国(日本国)固有の領土です」という従来からの日本政府の主張は、一貫して変えられていないだけでなく、いうところの日本固有の領土としての歴史的事実にもとづく証明は何もしていないのである。

　それだけではない。このパンフレットの記述には、歴史的事実について

の誤認があるし、重要な事実であるにもかかわらず無視して意図的に欠落させているなどの問題を含む内容となっているといわざるをえないのである。

　とりわけ2005年3月の島根県議会による「竹島の日」条例制定[2]を機に竹島問題をめぐる新しい史料の発掘や研究が行われてきたにもかかわらず、そうした研究動向を全く考慮しないままでいることが気にかかる。明らかに政府当局者の勉強不足が露呈しているのが、このたびの外務省による前出『竹島』パンフレットである。しかもこの外務省見解が文科省の学習指導要領解説書で竹島記述問題の前提になっている以上、その影響も含めた役割は大きいといえる。

　以下、順次パンフレットの記述に沿って、そこでの問題点を指摘してゆくことにする。

2. 서장

일본정부 외무성은 2008년 2월 『죽도 – 죽도문제를 이해하기 위한 10개 포인트』라는 제목의 14페이지의 팸플릿을 발행했다(이하 『죽도』 팸플릿 또는 단순히 팸플릿이라고 부른다).

이것은 지금까지 일관되게 외무성 웹사이트(이하 웹사이트라고 표기)를 통해 주장하던 것을 최초로 인쇄물로서 간행, 배부한 것이다. 웹사이트는 언제, 누구라도 자유롭게 볼 수 있다는 이점도 가지고 있지만, 개정이 쉽기 때문에 언제 고쳤는지 알 수 없다는 문제가 있었다. 죽도의 경우, 최근 3년 사이에 (적어도) 3번의 개정이 이루어졌다. 적어도 정부의 주장인 이상 그렇게 간단하게 변경되어 좋을 리 없지만, 어느 사이엔가 변경되어 있는 것이다. 인쇄물이라면 이러한 개정 날짜도 포함하여 기록으로 남겠지만, 인터넷을 사용한 웹사이트에는 어떤 기록도 남지 않는다. 역사 기록으로는 참으로 불성실하여, 이보다 부적절한 것이 없다고 생각했다. 그런 면에서 이번에 인쇄물로 간행, 배포한 것을 환영하는 바이다.

이번 팸플릿은 현재 웹사이트 내용을 일부 보완하는 형태로 작성되어 있다. 물론 '죽도는 역사적 사실에 비추어 보아도, 또한 국제법 상으로도 명확하게 우리나라(일본국) 고유의 영토입니다'라는 종래의 일본정부의 주장은 일관되게 변하지 않았을 뿐 아니라, 왜 일본고유의 영토인지, 역사적 사실에 기초한 증명도 전혀 이루어지고 있지 않다.

그뿐 아니라 이 팸플릿 기술에는 역사적 사실에 대한 오인(誤認)이 있으며, 중요한 사실임에도 불구하고 의도적으로 무시하여 누락시키는 등 문제를 포함하고 있다고 말하지 않을 수 없다.

특히 2005년 3월 시마네현 의회에 의한 '죽도의 날' 조례제정 [2] 을 계기로 죽도 문제를 둘러싼 새로운 사료 발굴과 연구가 진행되었음에도 불구하고, 그러한 연구 동향을 전혀 고려하고 있지 않은 것이 마음에 걸린다. 분명 정부 당국자의 연구 부족이 노정된 것이, 이번의 외무성에 의한 "죽도" 팸플릿이다. 게다가 이러한 외무성의 견해가 문부성의 학습지도요령 해설서의 죽도 기술 문제의 전제가 되고 있는 이상, 그 영향력은 크다고 할 수 있다.

이하, 팸플릿의 기술 순서에 따라 순차적으로 문제점을 지적해 가기로 한다.

　現在の竹島は、かつて「松島」と呼ばれ、鬱陵島が「松島」「磯竹島」と呼ばれていた。その名称については、ヨーロッパの探検家等による測位の誤りにより、一時的に混乱はあったものの、日本が「竹島」と「松島」の存在を古くから承知していたことは、各種の地図や文献からも確認できるとして、パンフレットは長久保赤水[3]の『改正日本輿地路程全圖』[4](1779＝寛政3＝年 以下、日本の年号は略)を代表的な例としてあげている。

　だが、歴史的事実としていえるのは、鬱陵島については、11世紀に「芋琉麻島」として日本の史書に記録され、以来「磯竹島」と呼ばれてきていたが、17世紀に伯耆国[5]米子町人が航海するようになってからは「竹島」として知られていた。これに対して現竹島は、竹島渡航の途中に発見されて「松島」と呼ばれていたものの、限られた関係者以外には知られておらず、幕府当局もまた、竹島渡海禁止令を発する時まで、竹島の近くに松島(現竹島)があることは知らなかったのである。1667年に松江藩の斎藤勘介[6]が著した『隠州視聴合紀』は、隠岐国の西北に松島、竹島があることを記したが、隠岐国には含めず、同書付属の地図も、島前と島後だけで、松島、竹島は除外している。

　外務省が竹島、松島を記載している地図の代表としてあげた長久保赤水の『改正日本輿地路程全図』は、1778年に幕府官許となった交通図で、松島、竹島は記載しているものの、初版は異国と同じ扱いで彩色していない。どうしてこれを代表的なものとしてあげたのであろうか。外務省の意図するところがわからない。このほか林子平[7]により『三国通覧図

説』(1785年)付録の『三国接攘図』では、竹島について「朝鮮の持地」と注記して朝鮮領であることを明らかにし、松島は描いていない。つまり、1696年の幕府による竹島渡海禁止令以後の時期では、竹島、松島はともに日本領とは認識されていなかったのである。伊能忠敬[8]の地図(「大日本沿海輿地全図」)を元に作成された江戸時代で唯一の官撰地図『官板實測日本地図』(1867年)に竹島、松島が記載されていないのも当然のことというべきである。

　外務省はパンフレットで「鬱陵島と竹島を朝鮮半島と隠岐諸島の間に的確に記載している地図は多数存在します」と記しているが、現実には上述した地図以外は存在しておらず、当然に、竹島を日本領として古くから認識していたなどとはいえないはずである。

　　현재의 죽도는 일찍이 '송도'라고 불렸고, 울릉도가 '죽도', '기죽도(磯竹島)'로 불리고 있었다. 그 명칭에 대해서는 유럽 탐험가 등에 의한 측위 실수에 의해 일시적으로 혼란은 있었지만, 일본이 '죽도'와 '송도'의 존재를 예부터 알고 있었다는 것은 각종 지도나 문헌으로드 확인할 수 있다며, 팸플릿은 나카쿠보 세이스키의 『개정일본여지느정전도』(1779, 安永8년)를 대표적인 예로 들고 있다.

　　하지만 역사적 사실로서 말할 수 있는 것은 울릉도에 대해서는 11세기에 '우루마도(宇流麻島)'로 일본 사서에 기록된 이래 '기죽도'르 불려 왔지만, 17세기 호우키국(伯耆国)의 요나고 초우(米子町) 사람이 항해하게 된 후부터는 '죽도'로 알려졌다. 이에 대해 현 죽도는 죽드도항 도중에 발견된 '송도'로 불렸지만, 관계자 외에는 알려지지 않아, 막부당국 또한 죽도도항금지령을 발할 때까지 죽도 근처에 송드(현 죽도)가 있다는 것은 몰랐던 것이다.

　　1667년에 마쓰에번의 사이토우 칸스케[8]가 저술한 "은주시청합기(隱州視聽合紀)"는 오키국의 서북쪽에 송도와 죽도가 있다는 것을 기록했지만 오키국에는 포함시키지 않았고, 부록 지도에도 도우젠(島前)과 도우고(島後)만 있을 뿐, 송도와 죽도는 제외시키고 있다.

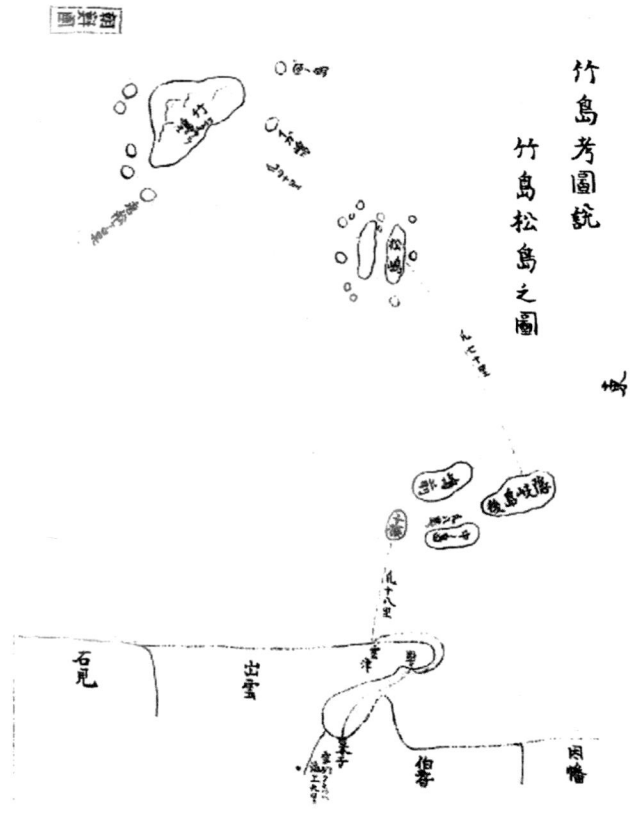

岡嶋正義『竹島考』(1828년)所收의『竹島松島之圖』(鳥取縣立博物館所藏)

외무성이 대표적인 지도로 든 나가쿠보 세키스이의 「개정일본여지
노정전도(改正日本輿地路程全図)」는 1778년에 막부 관청이 허가한
교통도로 송도와 죽도는 기재되어 있지만, 초판에서는 이국으로 취급
하여 채색되어 있지 않다. 이것을 대표적인 예로 든 이유는 무엇일
까? 외무성이 의도를 알 수 없다. 이외에 하야시 시헤이의 "삼국통람
도설(三国通覧図説)"(1785년)의 부록인 "삼국접양도(三国接攘図)"에서

는 죽도를 '조선의 것'이라고 주기하여 조선의 영토임을 분명히 하고, 송도는 기술하지 않았다. 즉, 1696년의 막부에 의한 죽도도해 금지령 이후에는 죽도와 송도는 모두 일본영토로 인식되지 않았던 것이다. 이노우 타다타카의 지도('대일본연해여지전도(大日本沿海輿地全図)'를 저본으로 해서 작성된 에도시대의 유일한 관찬지도인 "관판실측 일본지도(官板実測日本地図)"(1867년)에 송도와 죽도는 기재되어 있지 않은 것도 당연한 것이다.

외무성 팸플릿에서 "울릉도와 죽도를 한반도와 오키제도 사이에 정확히 기재하고 있는 지도는 다수 존재합니다"라고 기술하고 있지만, 현실에서는 위에 갈한 지도 외에는 존재하지 않아 당연히 죽도를 일본령으로 예부터 인식하고 있었다고는 말할 수 없는 것이다.

　パンフレットの記述は、ウェブサイトと同じものが多いなかで、この項目だけは記述を全面的に改訂し、一部の研究者が主張している新説を紹介するなどという特徴がみられ、現在の外務省の基本姿勢がうかがわれる。

　まずはじめに、ウェブサイトでの記述についてみてゆくことにする。

[韓国における竹島の認知について]

1. 概説

　韓国側は、朝鮮の古文献に出てくる「于山島」等の島が今日の竹島であると主張しています。しかし、この「于山島」等が今日の竹島に該当していることを確かに裏付ける根拠を見いだすことはできません。

2. 韓國側の主張

1) 韓国側は、朝鮮の古文献『世宗実録地理志』9)(1454年)や『新増東国輿地勝覧』(1531年)などの記述をもとに、「鬱陵島」と「于山島」という二つの島を古くから認知していたのであり、その「于山島」こそ今日の「竹島」であると主張しています。

2) しかし、この『新増東国輿地勝覧』ですら、「于山島」と「鬱陵島」の二島説をとりつつ、一島二名(称)の可能性を示唆する文言を含んでいます。また、その他の朝鮮の古文献には、「于山島」は鬱陵島の別名であり、そもそも同一の島を指しているとするものもあります。

3) さらに、朝鮮の古文献にある「于山島」の記述には、その島には多数

の人々が住み、大きな竹を産する等、竹島の実情に見合わないものがあり、むしろ、鬱陵島を想起させられるものとなっています。

4) なお、『新増東国輿地勝覧』に添付された地図には、鬱陵島と「于山島」が別個の二つの島として記述されています。もし、韓国側が主張するように「于山島」が竹島を示すのであれば、この島は、鬱陵島の東方に、鬱陵島よりもはるかに小さな島として描かれるはずです。しかし、この地図における「于山島」は、鬱陵島とほぼ同じ大きさで描かれ、さらには朝鮮半島と鬱陵島の間(鬱陵島の西側)に位置している等、まったく実在しない島であることがわかります。

　これに対してパンフレットでは、1)朝鮮の古文献では、「鬱陵島」と「于山島」という二つの島を古くから認知しており、その「于山島」が現竹島であると韓国側は主張している。2)『三国史記』(1145年)には、[10]于山国であった鬱陵島が512年に新羅に帰属したという記述はあるが、「于山島」についての記述はない。その他の古文献中にある「于山島」の記述には、竹島の実情には合致せず、むしろ鬱陵島を思わせるものになっている。3)『東国文献備考』(1770年)、『増補文献備考』(1908年)、『万機要覧』(1808年)に引用された『輿地志』(1656年)を根拠に、「于山島は日本のいう松島(現在の竹島)」と主張するが、『輿地志』の本来の記述は、于山島と鬱陵島は同一の島としており、正しい引用ではないとする研究もある。その研究では『東国文献備考』等の記述は、安龍福の信憑性の低い供述を無批判に取り入れた『疆界考』を底本にしていると指摘している。4)『新増東国輿地勝覧』の地図(現述ウェブサイトと同文)。

　パンフレットの記述で問題になるのは2)と3)についてである。2)のよう

に『三国史記』に「于山島」についての記述があるなどとは、韓国では誰も主張していない。何をもとにして外務省はそのようなことをいうのかわからない。鬱陵島については記してあるが、それ以外の島についての言及はないのである。したがって、そのことをもって、「今日の竹島は于山国に含まれていなかったとするのが、『三国史記』の記述に沿った読み方である」などという者もいるが、言及がないということから、于山島が于山国に含まれていなかったと断言するわけにはゆかないはずである。

　3の『輿地志』からの引用をめぐる問題では「一島二名」説をとる論者の説にもとづいて「于山島と鬱陵島は同一である」というのが『輿地志』本来の記述であるとする。

　だがしかし、『彊界考』(1756年)の鬱陵島の条には、「愚按、輿地志云、一説于山、欝陵本一島　而考諸図志　二島也　一則倭所謂松島　而盖二島倶是于山国也」(＝按ずるに、輿地志がいうには一説に于山、欝陵は本一島、しかるに諸図志を考えれば二島なり。一つはいわゆる松島にして、けだし二島ともに于山国なり)とあり、「一説に于山、欝陵は本一島」の文言を『輿地志』から引用しつつも、諸図志の説を併せ考えると「二島也」としなければならず、一つは倭のいう松島であり、まさしくこの二つの島は両方ともに于山国であるとしたのである。そして『東国文献備考』(1777年)の「輿地考」の記述では「輿地志云　欝陵、于山皆于山国地　于山則倭所謂松島也」(＝輿地志がいうには欝陵、于山ともに皆于山国の地であり、于山はすなわち倭のいうところの所謂松島である)と明記したのであった。わざわざ「批判する研究もあります」と、ここでだけ異説を取り上げた外務省の意図がわからない。

　6)　『新増東国輿地勝覧』の添付地図についての説明は、かつて川上健

三が[11]于山、欝陵の二島説は実際を見たことがないものが観念的に記したと述べていたものであるが、16世紀に作成された絵図である以上、島の位置や大きさが不正確にしか描かれなかったのは当然のこととしなければならない。しかもこの絵図における「于山島」を「まったく実在しない島であることがわかります」などと記しているのは、３）にも関連する「一島二名説」へのこだわりを示すものというべきであろう。

　要するに、「于山島」は現竹島であるとする韓国側の主張を否認したつもりでいるが、上述の説明では、到底相手を説得できるものでないことは明らかである。

望山石城〈周四百十六步五尺。將以爲邑城。內有四池·一泉。別罅天旱則天旱。〉

驛二〈仇水·秀夗山。〉凉〈古名德神。〉縣三〈興富〈古名也谷〉德神〈古名于山〉守山〈古名竹峴〉〉

沿革 本高句麗竹峴縣〈一云大文峴〉新羅改今名爲蔚珍郡領縣景德王改朔州今因之

厥地沙石多 安邊人以逋逃難在栗五神宗六年癸亥略權臣崔忠獻爲安陽

屬於安邊州人以道途艱險難往來至神宗六年癸亥略權臣崔忠獻爲安陽

都護府爲南京軍本三年後降爲知春州軍本朝因之 太宗十三年癸巳改春川郡十五年

乙未例改都護府別號壽春〈淳化所定〉又號鳳山〈屬縣一基麟本高句麗基知郡高麗改基〉

麟本朝因之鄉一史吞鎮山鳳山〈在府北〉母津〈在府北〉昭陽江〈在府北其源〉四境東距洪川四十

于山·武陵二島在縣正東海中。二島相去不遠,風日清明,則可望見。新羅時稱于山國,一云鬱陵島。地方百里。

烽火四處〈南仁山·反伊山·全反仁山在縣南〉

海中有石城

『世宗實錄』地理志

　　팸플릿의 내용은 웹사이트와 동일한 부분이 많다. 이 항목만큼은 전면적으로 기술을 개정하고, 일부 연구자가 주장하고 있다는 새로운 학설을 소개하는 특징이 보이는데, 현재 외무성의 기본자세가 엿보이는 대목이다.

　　우선 웹사이트의 기술을 보기로 한다.

[한국의 독도 인식에 대해서]

1. 개설

　　한국 측은 조선의 고문헌에 나오는 '우산도' 등의 섬이 오늘날의 독도라고 주장하고 있습니다. 그러나 이 '우산도' 등이 오늘날의 독도에 해당된다는 것을 확실히 뒷받침할 근거를 발견할 수 없습니다.

2. 한국 측의 주장

　　1) 한국 측은 조선의 고문헌인 "세종실록지리지"(1454년)나 "신증동국여지승람"(1531년) 등의 기술을 근거로 '울릉도'와 '우산도'라는 두 개의 섬을 오래전부터 인식하고 있었으며, 그 '우산도'야말로 오늘날의 '독도'라고 주장하고 있습니다.

　　2) 그러나 이 "신증동국여지승람"조차 '우산도'와 '울릉도'라는 이도설(二島說)을 주장하면서, 일도이명의 가능성을 시사하는 어구를 포함하고 있습니다. 또 그 외에 조선의 고문헌에는 '우산

도'는 울릉도의 별명이고 애초 같은 섬을 가리킨다고 하는 것도 있습니다.

3) 게다가 조선 고문헌에 있는 '우산도'의 기술은, 그 섬에 다수의 사람들이 살고 큰 대나무를 생산하는 등, 독도의 실정과는 맞지 않는 것으로, 오히려 울릉도를 상기시킵니다.

4) 더구나 "신증동국여지승람"에 첨부된 지도에는 울릉도와 '우산도'가 별개의 두 섬으로써 기술되어 있습니다. 만약 한국 측이 주장하는 것처럼 '우산도'가 독도를 가리키는 것이라면 이 섬은 울릉도의 동쪽에, 울릉도보다도 훨씬 작은 섬으로 그려져 있어야 할 것입니다. 그러나 이 지도의 '우산도'는 울릉도와 거의 같은 크기로 그려져 있고, 게다가 조선반도와 울릉도 사이(울릉도의 서쪽)에 위치하고 있는 등, 전혀 실재하지 않는 섬임을 알 수 있습니다.

이에 대해 팸플릿에서는 1)조선의 고문헌에서는 '울릉도'와 '우산도'라는 두 개의 섬을 오래전부터 인식하고 그 '우산도'가 현재의 죽도라고 한국 측은 주장하고 있다. 2)"삼국사기"(1145년)에는 우산국이 었던 울릉도가 512년에 신라에 귀속되었다는 기록은 있지만 '우산도(于山島)'에 대한 기록은 없다. 그 밖에 고문헌 속에 있는 '우산도'에 대한 기록은 죽도의 실정과는 맞지 않는데다가 오히려 울릉도를 상기시키는 내용으로 되어 있다. 3)"동국문헌비고"(1770년), "증보문헌비고"(1908년), "만기요람"(1808년)에 인용된 "여지지"(1656년)를 근거로 하여 '우산국은 일본에서 말하는 송도(현재의 죽도)이다'라고 주장하지만, "여지지"의 본 기록은 '우산도'와 울릉도를 같은 섬으로 보고 있어, 올바른 인용이 아니라는 연구도 있다. 그 연구에서는 "동국문헌비고" 등의 기록은 신빙성이 낮은 안용복의 진술을 무비판적으로 받아들인 "강계고"에 근거한 것이라고 지적하고 있다. 4)"신증동국여지승람"의 지도(앞에서 언급한 웹사이트와 동일 문장).

　팸플릿의 기록에서 문제가 되는 것은 2)와 3)이다. 2)처럼 "삼국사기"에 '우산도'에 대한 기록이 있다고는 한국에서는 아무도 주장하고 있지 않다. 무엇을 근거로 외무성이 그러한 말을 하는지 알 수 없다. 울릉도에 대해서는 기록하고 있으나 그 외의 섬에 대한 언급은 없는 것이다. 따라서 그러한 점을 들어 '오늘날의 죽도는 우산국에 속해 있지 않았다는 것이 "삼국사기"의 기록에 따른 해석법이다'라고 하는 사람도 있지만, 언급이 없다고 해서 우산도가 우산국에 속해 있지 않았다고 단언할 수는 없는 일이다.

　3)의 "여지지"에서의 인용을 둘러싼 문제에서는 '일도이명(一島二名)'설을 주장하는 논자의 설을 근거로 '우산도와 울릉도는 같은 섬이다'라는 것이 "여지지" 본 기록이라고 말한다.

　그러나 "강계고"(1756년)에 기록된 '울릉도'에 대한 대목에는 '愚按、興地志云、一説于山、欝陵本一島 而考諸図志 二島也 一則倭所謂松島 而盖二島 俱是于山国也'(살펴보건대 여지지에서는 일설에 우산과 울릉은 본디 같은 섬이라 한다. 그런데 여러 도지(図志)를 참고해 보면 두 섬이다. 하나는 이른바 송도라 하는데 아마도 두 섬 모두 우산국이다)라고 되어 있다. '일설에는 우산, 울릉은 본디 같은 섬이다'라는 문장을 "여지지"에서 인용하면서도 여러 도지(図志)의 설을 아울러 생각해 보면 '두 섬이다'라고 해석해야 하며, 하나는 왜에서 가리키는 송도로, 분명 이 두 섬 모두를 우산국으로 본 것이다. 그리고 "동국문헌비고"(1777년)의 '여지고(輿地考)'의 기술에서는 '輿地志云 欝陵, 于山皆于山国地 于山則倭所謂松島也'(여지지에서 이르길 울릉, 우산은 모두 우산국의 땅이며, 우산은 왜가 말하는 소위 송도이다)라고 명기되어 있다. 일부러 '비판하는 연구도 있습니다'라며 이 부분에서만 이설을 거론하는 외무성의 의도를 알 수 없다.

4)『신증동국여지승람』에 첨부된 지도에 대한 설명은 일찍이 카와카미 켄조우가 우산, 울릉이 두 섬이라는 설은 실제 그 모습을 보지 않은 자가 관념적으로 기술한 것이라고 말한 것인데, 16세기에 작성된 그림지도인 이상 섬의 위치나 크기가 부정확하게 그려진 것은 당연한 일이다. 게다가 그 그림지도에 있는 '우산도'를 '절대 실재하고 있지 않았던 섬임을 알 수 있습니다'라는 식으로 기술한 것은 3)과 관련된 '일도이명설'에 대한 집착이라 볼 수 있다.

요컨대 '우산도'가 현재의 죽도라는 한국 측의 주장을 부인하려 하지만, 위의 설명으로는 도저히 상대를 설득시킬 수 없음은 명백하다.

　ウェブサイトでは、「竹島の領有」としていたが、「欝陵島への渡海免許」の説明のなかでは、「領有」についての言及は何もしていなかった。しかしこのパンフレットでは、「こうして、我が国(日本国)は、遅くとも江戸時代初期にあたる17世紀半ばには、竹島領有権を確立していたと考えられます」と、新しく文言を加えて竹島領有権の確立を強調する。

　しかしながら、何をもって竹島領有権を確立したかということについては、その根拠は何の記述もしていないのである。

　伯耆国米子町人の大谷甚吉と村川市兵衛が幕府から竹島への渡海免許を受け、両家は毎年一回交替で渡航し、アワビやアシカを採取する事業を継続して行っていた。これが米子町人による竹島渡海事業である。

　幕府が米子町人両名が申請した渡海免許を鳥取藩主宛に交付した文書には5月16日の日付が記してあるだけで、年号は記していない。それを1618年とするのは、大谷家の文書にもとづく通説であって、公的記録ではない。免許状に著名している4名がそろって老中になるのは1622年であるから、問題の文書はその年以降に発給されたものとみなければならないのである。1618年の時点では、4名のうち2名だけが老中に就任しているにすぎず、老中連署の発給文書を1618年とすることはできない。外務省は「1625年との説もあります」とわざわざ注記しているが、それですませることのできる問題ではない。

　渡海免許状では、伯耆国米子から竹島へ、「先年」船で航海したこと

があるから、そのように今度も渡海したいという申請に対して許可したという内容になっている。幕府が許可したのは「今度」の渡海についてである。それにもかかわらず、米子町人はそれ以後も「将軍家の葵の紋を打ち出した船印をたてて」竹島への航海をつづけたのであった。

こうした竹島への渡海免許を、外務省は欝陵島への渡海免許といって怪しまない。欝陵島といえば朝鮮の島である。空島政策をとっていたため無人の島になっていたといっても、領有権を放棄したわけではない。朝鮮領の欝陵島への渡海を、幕府が許可するということが認められないことはいうまでもない。したがって幕府は、新島に「竹島」という名称をつけて、米子町人に排他的操業権を認めたのである。欝陵島については、日本では磯竹島と呼んで、対馬藩が領有化を画策して朝鮮王朝と交渉したのは1614年である。それだけに、新島には磯竹島とは異なる竹島の名称が必要であった。欝陵島に対する竹島の名称は、1693年からはじまる竹島一件の日朝交渉のなかでも問題となる。

かつて外務省のウェブサイトでは、米子町人が幕府から欝陵島を拝領して渡海免許を受けたと記していた。拝領というのは領主から領有権を譲渡されることであるが、欝陵島に対する支配権もなかった幕府が、藩や国を飛び越えて直接に町人に島の領有権を認めるなどということは、歴史の常識では考えられないことである。

現竹島（当時の松島）についても事情は同じである。現竹島は、欝陵島渡航の海道筋にあることから、船がかりとして、また漁採地として利用されていたことはたしかである。しかし、そのことをもってただちに「竹島の領有権を確立した」などということができないのは明らかである。現竹島については、かつて川上健三が、大谷家文書にある1661年に旗本の

阿部四郎五郎の幹旋によって、米子町人の松島(現竹島)渡海についての幕府の「内意」を得たという記述を、「松島拝領」と誇張したことにもとづく誤りである。領有権を確立したなどといえるものではない。

　幕府が松島のことを知るのは、後述する1696年の鳥取藩に対する質問と回答のなかである。そうである以上、それ以前の「17世紀半ばの時期に領有権を確立した」などということができないのは明らかである。

　なお、外務省は1635年の鎖国令を発した時、幕府は欝陵島や竹島への渡航については何らの措置もとらなかったのは、幕府が欝陵島や竹島を外国領とは考えていなかったからであるという。もし欝陵島を朝鮮の島であると認識しておれば、渡海免許は朱印状でなければならず、日本からの渡海は釜山への一路だけと定められていたから、竹島渡海に適用できるはずもない。幕府は、欝陵島を竹島と新しく呼称することにより、日本国内並みの扱いにして渡航を許可したと考えなければならず、当然に鎖国令の適用外となる。しかしながら、日本で竹島と呼んで幕府が渡海を許可したこの島は、朝鮮側では欝陵島ではないかと主張して争うことになったのが後述する「竹島一件」であり、1696年に日本が欝陵島を朝鮮領と認めることによって決着するのであった。

　웹사이트에서는 '죽도의 영유'라고 되어 있지만, '울릉도의 도해면허' 설명에서는 '영유'에 대한 언급은 아무것도 하고 있지 않다. 그러나 이 팸플릿에서는 '이와 같이 우리나라(일본)는 늦어도 에도시대 초기에 해당되는 17세기 중반에는 죽도 영유권을 확립하고 있었다고 생각됩니다'와 같이 새롭게 문장을 추가해 죽도 영유권 확립을 강조한다.

　하지만 어떤 근거로 죽도 영유권을 확립했는가에 대해서는 아무런 기술도 하지 않고 있다. 호우키(현재의 톳토리현 서부지방)의 요나고 상인이었던 오오야 진키치와 무라카와 이치베에가 막부로부터 죽도로 가는 도해면허를 받아, 양가가 매해 번갈아 도항하여 전복이나 강치를 채취하는 사업을 계속했다. 이것이 요나고 상인에 의한 죽도 도해사업이다.

　막부가 요나고 상인 두 사람이 신청한 도해면허를 톳토리 영주 앞으로 교부한 문서에는 5월 16일이라는 날짜만 기록되어 있을 뿐, 연호는 적혀 있지 않다. 그것을 1618년이라고 보는 것은 오오야 가문의 문서에 기초한 통설로 공적인 기록은 아니다. 면허장에 서명한 네 사람이 모두 막부의 노중이 되는 것은 1622년이므로 문제의 문서는 그 해 이후에 발급된 것으로 봐야 한다. 1618년 시점에는 4명 중 2명만이 그 책임자의 자리에 취임해 있었기 때문에 노중이 모두 서명한 발급 문서를 1618년의 것이라고 볼 수 없다. 외무성은 '1625년이라는 설도 있습니다'라고 일부러 주를 달고 있지만 그것으로 끝낼 문제는 아니다.

도해면허장에서는 호우키국(현, 톳토리현) 요나고어서 죽도로 '작년'에 배로 항해한 적이 있기 때문에 이번에도 그렇게 도해하고 싶다는 신청에 대해, 허가한다는 내용으로 되어 있다. 막부가 허가한 것은 '이번'의 도해에 대해서이다. 그럼에도 불구하고 요나고 사람들은 그 후에도 '장군가의 문양 접시꽃잎이 그려진 깃발을 달고 죽도로의 항해를 계속했던 것이었다.

이러한 죽도로의 도해면허를 외무성은 울릉도로의 도해면허라여 의심하지 않는다. 울릉도라면 조선의 섬이고 공도정책을 취하고 있어 무인의 섬이었다 하더라도, 영유권을 포기한 것은 아니다. 조선령인 울릉도로의 도해를 막부가 허가한다는 것이 인정되지 않는다는 것은 말할 필요도 없다. 따라서 막부는 새 섬에 '죽도'라는 명칭을 붙여 요나고 사람에게 배타적 조업권을 인정했던 것이다. 울릉도에 대해서는 일본이 '기죽도'라고 부르고, 쓰시마번이 영유화를 꾀해 조선왕조와 교섭한 것은 1614년이다. 그런 만큼, 새로운 섬에는 기죽도와는 다른 '죽도'라는 명칭이 필요했다. 울릉도를 죽도라 칭한 것은 1693년부터 시작된 '죽도일건'의 일조교섭 중에서도 문제가 된다.

한때 외무성의 웹사이트에서는 요나고 사람이 막부에서 울릉도를 배령받아 도해면허를 받았다고 기록되어 있었다. '배령'이란 영주에게 영유권을 양도받는 것인데, 울릉도에 대해 지배권도 없었던 막부가, 번이나 나라를 뛰어넘어 직접 마을 주민에게 섬의 영유권을 인정한다는 것은 역사적인 상식으로는 생각할 수 없는 일이다.

현 죽도(당시의 송도)에 대해서도 사정은 같다. 현 죽도는, 울릉도

도항의 해도 중에 있어, 정박 장소로, 또 어획지로 이용되고 있었던 것은 확실하다. 하지만 그것을 가지고 바로 '죽도의 영유권을 확립했다'고는 말할 수 없다. 현 죽도에 대해서는 일찍이 카와카미 켄조우가, 오오야가문서(大谷家文書)에 기록된 1661년에 하타모토(旗本)인 아베 시로우고로우(阿部四郎五郎)의 주선으로, 요나고 초우닌의 송도(현 죽도) 도해에 대해 막부의 '내의(內意)'를 얻었다는 기술을, '송도배령(松島拜領)'으로 과장했던 일에서 기인된 오류이다. 영유권을 확립했다고 말할 수 있는 것은 아니다.

막부가 송도를 알게 된 것은, 뒤에 기술된 1696년의 톳토리번(藩)에 대한 질문과 회답 안에 있다. 그러한 이상, 그 이전인 '17세기 중반 정도에 영유권을 확립했다'고는 말할 수 없는 것이다.

더구나 외무성은 1635년에 쇄국령(鎖国領)을 발표했을 때, 막부가 울릉도나 죽도로의 도항에 대해 어떠한 조치도 취하지 않았던 것은, 막부가 울릉도나 죽도를 외국령으로는 생각하지 않았기 때문이라고 한다. 만약 울릉도를 조선의 섬이라고 인식하고 있었다면, 도해면허는 주인장(朱印状)이었어야 하며, 일본으로부터의 도해는 부산으로 가는 길만으로 정해져 있었기 때문에, 죽도도해에 적용할 수 있었을 리가 없다. 막부는 울릉도를 죽도라고 새롭게 칭하는 것으로, 일본 국내와 같이 취급하여 도항을 허가했다고 생각해야 한다. 당연히 쇄국령 적용의 예외가 된다. 하지만 일본이 죽도라 부르며 막부가 도해를 허가했던 이 섬은 조선 측이 울릉도가 아닌가라고 주장하여 다투게 된 것이, 후술하는 '죽도일건(竹島一件)'으로, 1696년에 일본이 울릉도를 조선령으로 인정하여 해결하게 되었다.

Point 4. 日本は17世紀末、鬱陵島への渡航を禁止しましたが、竹島への 渡航は禁止しませんでした。 → 史実は？

　幕府から鬱陵島への渡航を「公認」された米子町人の大谷・村川両家は、70年にわたって、「竹島渡海事業」を独占的に行っていた。

　ところが、1692年に鬱陵島へ出かけた村川船は、多数の朝鮮人が同島で漁採に従事しているのに遭遇する。翌年に出漁した大谷船も、多数の朝鮮人と出会ったことから、安龍福[12]と朴於屯 [13]の2名を日本に連行して帰った。2名は米子で鳥取藩の取り調べを受けた後、幕府の指示によって両名を対馬藩から朝鮮国に送還するとともに、朝鮮人の鬱陵島への渡航を禁止するように要求して交渉をはじめた。しかし交渉は、鬱陵島を日本の竹島とする日本側と、朝鮮領であると主張する朝鮮側との意見が対立し、双方の合意には至らなかった。

　日韓両国の間で三年にわたって行われた交渉が決着したのは1696年であった。外務省のパンフレットは、「対馬藩より交渉決裂の報告を受けた幕府は、1696年1月、朝鮮との友好関係を尊重して、日本人の鬱陵島への渡航を禁止することを決定し」と記しているが、事実経過はこの説明とは大きく異なっているというべきである。

　竹島一件(韓国では「鬱陵島争界」)と呼ばれているこの外交案件は、鬱陵島を竹島と呼んで、日本領であるから朝鮮人の渡航を禁止することを朝鮮側に申し入れたことからはじまった。これに対して、鬱陵島は日本でも知られている『東国輿地勝覧』に記載されている朝鮮の領土であると主張する朝鮮側とが対立したもので、最終的には日本側が竹島は朝鮮領の鬱陵島であることを認めて、日本人の渡航を禁止するという正反対の結果でもって終

わった案件であった。

その決着にあたっては、外務省がいっているように、対馬藩が交渉の決裂を幕府に報告したことから、幕府が朝鮮との友好関係を尊重して、日本人の渡航禁止の措置をとったというものではなかった。3年にわたる交渉経過の詳細は、対馬藩がまとめた『竹島紀事』[14]を通じて明らかにすることができる。いまここでは、パンフレットが記述する交渉決着に至る経過についてだけみることにする。

ゆきづまった交渉を打開する方途を見出すため、対馬藩主が江戸に出向いて幕府と協議に入る。対馬藩はこの時、交渉決裂は報告していない。幕府に対して交渉の経過を報告し、幕府の意見を求めたが、対馬藩としては、「本邦竹島」として朝鮮人の渡航禁止を求める方針をとることを決めていた。

その一方で幕府は、竹島渡海の当事者である鳥取藩の意見を聞くため質問を行った。鳥取藩は竹島についての質問に答えるなかで、竹島は因幡[15]、伯耆両国に所属する島ではないことを明らかにした。この鳥取藩の回答によって幕府の対処方針は確立し、1696年1月9日に、竹島については鳥取藩の申請で渡海を許可したまでで、朝鮮の島を日本のものにしようとしたわけではない。島には日本人は住んでもいないし、島までの距離も伯耆からよりも朝鮮からの方がはるかに近く、朝鮮領の欝陵島のようである。このため幕府は、日本人の渡航を禁止することとし、その旨を対馬藩に伝えた。そして1月28日に、幕府は公式に竹島への渡海禁止を達したのであった。

ただし、この禁止令は、さしあたって鳥取藩と対馬藩に対してだけ伝えられ、鳥取藩は関係者への伝達は帰国の時でよいとされていたことか

ら、8月1日に大谷、村川両人に伝えて請書を受け取った。対馬藩はこのことを10月16日に朝鮮国東莱府に通告している。

　この時の幕府の渡海禁止令は、竹島(欝陵島)への渡航についてだけであり、松島(現竹島)についての言及はなかった。このためパンフレットは、「竹島(松島のこと)への渡航は禁止されませんでした。このことからも、当時から、我が国が竹島を自国の領土だと考えていたことは明らかです」と、ウェブサイトにはない文言を付加して記述している。

　現竹島の松島については、先の12月24日付の鳥取藩へ質問で、「竹島の外に因伯両国付属の島はあるか」と尋ねたのに対して、鳥取藩が「竹島松島其外両国に付属の島はない」と回答したことから、幕府は欝陵島である竹島のそばに、松島があることを初めて知る。このため改めて松島についての詳細を鳥取藩に照会することになる。鳥取藩からは、松島への伯耆国からの距離、鳥取藩領ではないこと、竹島への渡航の途中で立ち寄って漁をすること、因伯両国以外の者が出かけることはないなどを回答した。

　こうして松島についても竹島とともに、幕府としては鳥取藩領の島でないことを確認し、鳥取藩領の因伯両国以外から出漁している者がいない以上は、鳥取藩の関係者だけに竹島渡海を禁止すればよいと判断したものと思われる。竹島渡海の途中にだけ立ち寄る松島については言及する必要はなかったのである。したがって、松島への渡航の禁止を明記しなかったのは、松島を日本の領土と考えていたからなどということはできないのである。

　この後、幕府は1837年にも異国渡海の禁止令を出している。

これは、前年の1836年に石見国浜田藩領松原浦の会津屋八右衛門[16)]による竹島密貿易事件が摘発されたことによる。会津屋は、竹島については渡航が禁止されていることから、近くにある松島(現竹島)に渡航するという名目をつけて竹島に渡航して密貿易をしていたというものである。この事件は、竹島は渡航禁止であるが、松島は禁止されておらず、何ら問題がなかった例として、川上健三以来、現竹島の日本領土説を唱える人たちによって主張されてきたところがある。

　しかしながら、1837年の異国渡海禁止令は、竹島については「元禄の度朝鮮国への御渡しに相成候以来渡海禁止仰せ出され候場所」と述べるとともに、加えて「国々の廻船等海上において異国船に出会わざる様……以来は成るべくだけ遠き沖乗り致さざる様」と「遠き沖乗り」について特別に注意を喚起しているのであった。このことから当然ではあるが、「遠き沖乗り」でしか行くことができない松島を、渡海禁止令から除外できるというものではないことは明らかである。

　しかも、元禄度の禁止令が、この問題に直接関係のある鳥取藩にだけ達せられたのに対して、ここでの天保度の禁止令は、「御料は御代官、私領は領主地頭より、浦方村町とも洩れざる様触れ知らすべく」といって、全国各地の高札場に禁止令を書き記して周知徹底を図ったのであった。

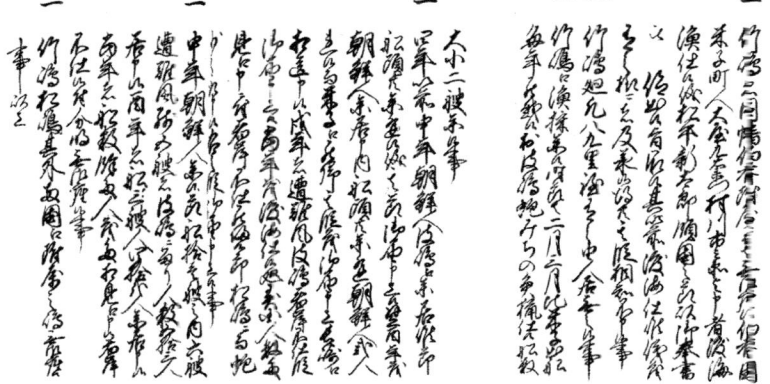

최후의 6항목에 '竹島·松嶋, 그 외에 양국에 부속하는 섬이 없습니다'라고 있다. 元祿 8년 12월 24일부, 鳥取県이 막부에 보낸 회답(鳥取県立博物館)

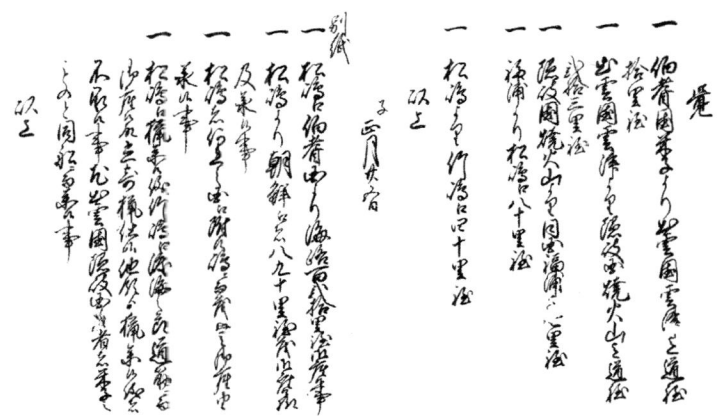

별지 3항목에 '松嶋는 어느 나라에도 부속하는 섬이 아니라는 것을 들었습니다'라고 있다. 元祿 9년 1월 25일부, 鳥取藩이 막부에 보낸 회답(鳥取県立博物館)

막부로부터 울릉도의 도항을 '공인'받은 요나고 상인 계층인 오오
야(大谷)·무라카와(村川) 양가는, 70년에 걸쳐, '죽도 도해사업'을 독
점적으로 실시하고 있었다.

그러던 중, 1692년에 울릉도로 나간 무라카와선(村川船)은 같은 섬
에서 어업에 종사하는 다수의 조선인과 만나게 되었다. 다음 해에 출
어한 오오야선(大谷船)도 다수의 조선인과 마주쳤기 때문에, 안용복
[12]과 박어둔[13] 2명을 일본에 연행해 왔다. 2명은 요나고에서 톳토리
번의 조사를 받은 후, 막부의 지시에 의해 쓰시마번에서 조선국으로
송환되었고 동시에 울릉도로 조선인의 도항을 금하도록 요구하는 교
섭을 시작했다. 그러나 교섭은, 울릉도를 일본의 죽도라고 생각하고
있는 일본 측과, 조선령이라고 주장하는 조선 측과의 의견 대립으로,
쌍방의 합의에 이르지 못했다.

한일 양국 사이에서 3년에 걸쳐 행해진 교섭의 결말이 난 것은
1696년이었다. 외무성의 팸플릿은 '쓰시마번에서 교섭결렬의 보고를
받은 막부는, 1696년 1월 조선과의 우호관계를 존중하여, 일본인의
울릉도 도항을 금지하는 것을 결정하고'라고 기록하고 있지만, 사실
의 경과는 이 설명과는 크게 다르다.

죽도일건(한국에서는 '울릉도 쟁계'라고 불리는 이 외교안건은,
울릉도를 죽도라고 부르며 일본령이기 때문에 조선인의 도항을 금지
한다는 것을 조선 측에 통보함으로써 시작됐다. 이 통보에 대해 울릉

도는 일본에도 알려져 있는 『동국여지승람』에 기재되어 있는 조선의 영토라고 주장하는 조선 측이 대립한 것으로, 최종적으로는 일본 측이 죽도는 조선령의 울릉도임을 인정하여 일본인의 도항을 금지한다는 정반대의 결과로 끝난 안건이었다.

이 결과에 대해 외무성이 말하고 있듯이, 쓰시마번이 교섭의 결렬을 막부에 보고한 후 막부가 조선과의 우호관계를 존중해서, 일본인의 도항금지 조치를 취한 것은 아니었다.

3년에 걸친 교섭과정의 상세한 내용은 쓰시마번이 정리한 『죽도기사』[14]를 통해 확인할 수 있다. 지금 여기서는 팸플릿에서 기술한 고섭 결과에 도달한 경과에 대해서만 보기로 한다. 정체 상태에 빠진 교섭을 재개할 방도를 찾기 위해, 쓰시마번주가 에도에 가서 막부와 협의에 들어간다. 이때 쓰시마번은 교섭결렬을 보고하지 않았다. 막부에 교섭의 경과를 보고하며 막부의 의견을 구했지만, 쓰시마번으로서는 '본방죽도(本邦竹島)'로 해서 조선인의 도항금지를 요구할 방침을 취하기로 마음먹고 있었다.

그런 한편 막부는, 죽도도해의 당사자인 톳토리번의 의견을 듣기 위해 질문을 했다. 톳토리번은 죽도에 대한 질문에 대답하면서, 죽도는 이나바(因幡)[15], 호우키(伯耆) 양국에 소속된 섬이 아니라는 것을 확실히 하였다. 이 톳토리번의 회답에 따라 막부의 대처방침은 확립되었고, 1696년 1월 9일 죽도에 대해서는 톳토리번의 신청으로 도하를 허가했을 뿐, 조선의 섬을 일본의 것으로 하려 했던 것은 아니다. 그 섬에는 일본인이 살지 않고, 섬까지의 거리도 호우키(伯耆)에서보다도 조선으로부터가 훨씬 가까워, 조선령의 울릉도인 것 같다. 그러한 이유로 막부는 일본인의 도항을 금지하기로 하고, 그 뜻을 쓰시마

번에 전했다. 그리고 1월 28일, 막부는 공식적으로 죽도의 도해금지
를 명한 것이다.

다만 이 금지령은 우선 톳토리번과 쓰시마번에게만 전해졌으며,
톳토리번은 관계자에게 전하는 것은 귀국할 때 전하면 된다고 들었
기 때문에, 8월 1일에 오오야(大谷), 무라카와(村川) 양가 사람들에게
전하고 승낙서를 받았다. 쓰시마번은 이 일을 10월 16일에 조선국 동
래부에 통고하였다.

이때 막부의 도해금지령은 죽도(울릉도) 도항에 대한 것일뿐, 송도
(현 죽도)에 대한 언급은 없었다. 때문에 팸플릿에서는 '죽도(송도를
말함)의 도항은 금지되지 않았습니다. 이 사실로도 당시부터 우리나
라가 죽도를 자국의 영토라고 생각하고 있었던 것이 명백합니다'라
고, 웹사이트에는 없던 문언을 추가로 기술하고 있다.

현 죽도인 송도에 대해서는, 먼저 12월 24일부의 톳토리번에 대한
질문에서 '죽도 외에 인하쿠(因伯) 양국에 부속된 섬은 있는가'라고
물은 것에 대해, 톳토리번이 '죽도, 송도 그 외에 양국에 부속된 섬은
없다'고 회답해, 막부는 울릉도인 죽도 옆에 송도가 있는 것을 처음
으로 알게 된다. 때문에 다시 송도에 대한 상세한 내용을 톳토리번에
조회하게 된다. 톳토리번에서는 호우키국에서 송도까지의 거리, 톳토
리번의 영토가 아니라는 것, 그리고 죽도바다를 건너는 도중에 들러
서 고기잡이를 한다는 것, 인하쿠 양국 이외의 사람이 나가는 일이
없다는 것 등을 회답했다.

이렇게 해서 막부는 송도에 대해서도 죽도와 함께 톳토리번령의
섬이 아니라는 것을 확인하고, 톳토리번령인 인백 양국 이외에서 출
어하는 자가 없는 이상, 톳토리번의 관계자에게만 죽도도해를 금지하

면 된다고 판단한 것으로 생각된다. 죽도도해 도중에만 들르는 송도에 대해서는 언급할 필요가 없었던 것이다. 따라서 송도의 도항금지를 명기하지 않은 것은, 송도를 일본영토라고 생각했기 때문이라고는 말할 수 없는 것이다.

이후 막부는 1837년에도 이국 도해금지령을 내리고 있다. 이것은 전년인 1836년에 이와미국(岩見国) 하마다번령(浜田藩領) 마쓰하라우라(松原浦)의 아이즈야 하치에몬(会津屋八右衛門)에 의한 죽도 밀무역 사건이 적발된 것에 따른 조치였다. 아이즈야는 죽도 도항(渡航)이 금지되자 근처에 있는 송도(현 죽도)에 도항한다는 명목으로 죽도로 건너가 밀무역을 하고 있었던 것이다. 이 사건은 죽도는 도항금지였지만, 송도는 금지되지 않아 아무런 문제가 없었던 예로, 카와카미 켄조우 이래 현 죽도의 일본영토설을 외치는 사람들에 의해 주장되어 왔다.

하지만 1837년의 이국도해금지령은 죽도에 대해서는 '겐로쿠시대에 조선국에게 넘겨준 이래 도해정지를 명받은 곳'이라고 진술함과 더불어, '각국의 회선 등 해상에 있어 다른 나라의 배를 만나지 않도록…… 이후에는 가능한 먼 바다로 나아가지 않도록'과 같이, '먼 바다를 도는 항해'에 특별한 주의를 하고 있는 것이다. 이로 인해 당연한 일이지만, 오직 '먼 바다를 항해하는 배'가 아니면 갈 수 없는 송도를 도해금지령에서 제외할 수 없음은 명백하다.

게다가 겐로쿠 시대의 금지령이 이 문제에 직접 관계가 있는 톳토리번에만 전달된 것에 대해, 여기서 말하는 텐호우 시대의 금지령은 '황실 소유의 영지는 대관이, 사유지는 영주와 지두가, 어촌 및 시골 마을까지 빠짐없이 알려야 할 것'이라며, 전국 각지의 게시판(高札場)에 금지령을 기록해 철저히 주지시킬 것을 꾀했던 것이다

　釜山の安龍福は、1693年と1696年の2回、日本に来ている。安龍福の
関係史料は、日本での事件であるだけに、日本での方が多く残ってい
る。韓国では、日本からの帰国後に捕えられて備辺司[17]での取り調べ、
供述が『朝鮮王朝実録』[18]等に記録されている。韓国における安龍福研
究でも、近年は韓国側の文献だけでなく、日本側の史料も利用して行わ
れており、韓国側の文献だけに依拠する主張はみられなくなっている。

　1693年の安龍福の来日は、欝陵島に来て漁採をしているところを、朴
於屯と一緒に米子町人の大谷船に捕らえられ、不本意ながら日本に連行
され、鳥取藩で取り調べられた後に、対馬藩から釜山に送還されたもの
であった。二度目の来日は、自らの意思でもって、朝鮮領である欝陵島
(竹島)と子山島(松島、于山島を安龍福は子山島といっていた)が日本人
によって侵犯されていることを抗議するために、1696年5月、隠岐を経て
鳥取藩にやって来た。2ヶ月の滞在後、鳥取の賀露(加路)から帰国し、
江原道で捕えられた。この間の安龍福の言動については、日本では鳥取
藩と対馬藩の記録に、韓国では、『粛宗実録』その他に記録されてい
る。[19]

　外務省のパンフレットは1696年の場合だけを取り上げているが、1693
年の連行による来日が「安龍福問題」の出発点になっていることはいうま
でもない。1693年に連行されて来日した体験から、朝鮮領の欝陵島に渡
航したのに、何故、日本人に捕らえて日本に連行されねばならなかった

かというのが、安龍福が抱いた最大の疑問であり、それが1696年の抗議来日を決意させた契機になる。

　1696年の来日は5月であった。その年1月には、幕府が日本人の鬱陵島渡航を禁止する決定をした後であるから、日本人は同島に渡航していないはずであるにもかかわらず、安龍福は同島で多数の日本人がいた旨を述べているなど、事実とは異なるとパンフレットは記している。しかし、1696年1月の幕府の渡海禁止令は即日全国に周知、施行されたものではない。同禁止令が鳥取藩から米子町に伝達されたのは同年8月であったから、あるいはその年も例年通り渡航していたかもわからないのである。したがって、このことを代表的な例としてパンフレットが「事実に見合わないものが数多く見られます」「それらが、韓国側により竹島の領有権の根拠の一つとして引用されています」というのは明らかに間違っている。

　また、安龍福は、江戸幕府から鬱陵島(竹島)と竹島(松島)を朝鮮領とする旨の書契(書き付け、書状)を得たといっているが、そうした記録は日本側にはないとも記す。安龍福が将軍の書契をもらったというのは1693年のことである。鳥取藩から江戸に送られ、幕府では厚遇された上に書契をもらったが、帰途に対馬藩によって没収されたと言っているが、これらはいずれも事実ではない。

　1696年の来日では、隠岐[20]の村上家文書が明らかにしているように、隠岐では「朝鮮八道之図」を示して、江原道のなかに竹島と松島、すなわち鬱陵島と子山島があることを主張した。両島がともに朝鮮の領土であるとし、そのことを日本の役人に記録させたことは重要である。

　次いで鳥取藩に行き、鳥取藩主に会って抗議しようとしたが、それは

実現しなかった。ただし、船中に予め準備していた「公方様へ差上候書物、或は因幡領主に差出候書物」が鳥取藩によって押収されたことが『竹島記事』に見られるが、「公方様宛」の書状は、鳥取藩によって幕府に提出されたと思われる。

강원도 안에 '죽도 송도가 있다'고 기록되어 있다. (村上家 문서)

それというのも、1697年2月に対馬藩が東莱府使に行った質問のなかで、「去秋、貴国人呈単の事あり、朝令に出ずるかと」したのに対し、朝鮮側からは「漂風の愚民に至りては、たとえ作為する所あるも、朝家の知る所にあらず」と回答し、さらに1698年3月の文書のなかでも「呈書の事に至りては、誠にその妄作の罪あり」と述べている。このことからすれば、関白宛の安龍福の文書が提出されていたことは、日朝両国共に認めているわけである。文書の内容についての詳細はわからないが、竹島と松島が朝鮮領の島であることを訴えたものとすることができよう。

安龍福は、朝鮮人として初めて松島(子山島)を現実に目で確かめ、それが竹島(欝陵島)の属島として江原道に所属することを明確にしたのであった。その結果として、朝鮮では子山島に対する認識が広がり、『疆界考』(1756年)や[21]『東国文献備考』(1770年)のなかで、「子山は即ち倭の所謂松島なり」と記されるようになるのであった。

五

 부산의 안용복은 1693년과 1696년 두 번, 일본에 왔다. 안용복과 관련된 사료는 일본에서 일어난 사건인 만큼 일본에 자료가 많이 남아 있다. 한국에는 일본에서 귀국한 후 붙잡혀 비변사에서 조사받은 진술이 "조선왕조실록" 등에 기록되어 있다. 최근에는 한국에서 행해지는 안용복 연구도, 한국 측 문헌뿐 아니라 일본 측 사료도 이용하고 있어, 한국 측 문헌에만 의존한 주장은 보이지 않는다.

 1693년의 안용복의 일본 방문은, 울릉도에서 어업을 하고 있을 때 박어둔과 함께 요나고의 오오야선에 붙잡혀, 본의 아니게 일본에 연행되어 톳토리번에서 취조받은 후에, 쓰시마번에서 부산으로 송환된 것이었다. 두 번째 일본 방문은 자신의 의사로, 조선령인 울릉도(죽도)와 자산도(송도, 우산도를 안용복은 자산도라고 불렀다)가 일본인에 의해 침범되고 있는 것을 항의하기 위해 1696년 5월에, 오키를 거쳐 톳토리번에 왔다. 2개월 체재한 후, 톳토리의 가로(加露)에서 귀국하여 강원도에서 붙잡혔다. 이 기간의 안용복의 언행에 관해 일본에는 톳토리번과 쓰시마번의 기록에, 한국에서는 『숙종실록』과 그 외에 기록되어 남아 있다. 외무성의 팸플릿은 1696년의 경우만을 다루고 있는데, 1693년의 연행으로 인한 방문이 '안용복연구'의 출발점이라는 것은 말할 필요도 없다. 1693년에 연행되어 내일한 경험에서, 조선영토인 울릉도에 도항한 것인데, 왜 일본인에게 붙잡혀 일본에 연행되지 않으면 안 되었는가 하는 점이 안용복이 품은 가장 큰 의문이었고, 그

것이 1696년 항의를 위해 일본 방문을 결의하게 된 계기가 된다.

1696년의 방문은 5월이었다. 그해 1월은 막부가 일본인의 울릉도 도항 금지를 결정한 후였으므로, 일본인이 울릉도에 도항했을 리가 없음에도, 안용복은 울릉도에 다수의 일본인이 있었다고 진술하는 등, 사실과는 다르다고 팸플릿은 기록하고 있다. 그러나 1696년 1월 막부의 도해금지령은 당일 전국에 알려져 시행된 것이 아니다. 그 금지령이 톳토리번에서 요나고 사람들에게 전달된 것은 같은 해 8월이었으므로, 어쩌면 그해도 예년대로 도항하고 있었을지도 모른다. 따라서 이러한 것을 대표적인 예로 들며 팸플릿이 '실제로 맞지 않는 것이 많이 보입니다', '그것들이 한국 측에서 죽도 영유권의 근거 중 하나로 인용되고 있습니다'라고 하는 것은 명백히 잘못된 것이다.

또 안용복은 에도막부로부터 울릉도(죽도)와 죽도(송도)를 조선령으로 한다는 취지의 서계(문서, 서장)를 받았다고 하는데, 그러한 기록은 일본 측에 없다고도 기록하고 있다. 안용복이 장군의 서계를 받았다는 것은 1693년의 일이다. 톳토리번에서 에도로 보내져 막부에서 후대받은 후 서계를 받았지만, 돌아가는 길에 쓰시마번에게 몰수되었다고 하는데, 이는 모두 사실이 아니다.

1696년 일본 방문에서는 오키의 무라카미가(家) 문서에 명백히 나타나고 있듯이, 오키에서는 '조선 팔도지도'를 보여 주고 강원도 속에 죽도와 송도, 즉 울릉도와 자산(우산)도가 있다고 주장했다. 두 섬이 함께 조선의 영토라고 하고, 그것을 일본 관리가 기록한 것은 중요하다.

이어서 톳토리번에 가서 톳토리 번주를 만나 항의하려 했지만 그것은 실현하지 못했다. 다만 선중에 미리 준비해 둔 '장군에게 올리는 문서 혹은 이나바 영주에게 드리는 문서'가 톳토리번에 의해 압수

된 사실이 "죽도기사"에 보이는데, 이 '장군 앞' 서찰은 돗토리번에 의해 막부에 제출되었다고 생각된다.

왜냐하면 1697년 2월에 쓰시마번이 동래부사에게 한 질문에 '지난 가을, 귀국 사람이 문서를 올린 일이 있습니다. 조정의 영에 따라 나온 것입니까?'라고 있는 것에 대해, 조선 측에서는 '표풍하는 우민에 대해서는, 설령 조작이 있다 해도 조정에서는 아는 바가 아니다'라고 회답하였다. 게다가 1698년 3월의 문서에도 '서장을 올린 일에 관해서는 진실로 그 경거망동의 죄가 있다'고 기술되어 있다. 이로 보아 관백 앞으로 안용복의 문서가 제출된 일에 대해서는 일조 양국 모두가 인정하고 있는 셈이다. 문서의 상세한 내용에 관해서는 알 수 없지만 죽도와 송도가 조선령이라는 사실을 호소한 것으로 볼 수 있다.

안용복은 조선인으로서 처음으로 송도(우산도)를 실제적으로 확인하고, 그것이 죽도(울릉도)의 부속 섬으로 강원도에 소속된 섬임을 분명히 한 것이다. 그 결과 조선에서는 우산도에 대한 인식이 확산되어, 『강계고』(1756년)와 『동국문헌비고』(1770년)에 '우산은 즉 왜가 말하는 송도이다'라고 기록되게 된 것이다.

　1868年の明治維新の変革とともに、新政府は、朝鮮国との関係のな
かで、竹島、松島の問題を検討する必要に迫られる。

　1870年4月、朝鮮国に派遣された外務省官員による『朝鮮国交際始末
内探書』[22]では、「竹島松島朝鮮附属に相成候始末」という項目のなか
で、松島は竹島の隣りの島であり、「松島については、これまでに記され
た史料は特にない。竹島については、元禄年間後しばらくの間は朝鮮国
より居留する人を派遣していたが、いまは以前のように無人島になってい
る……」と調査結果を報告している。

　また、太政官の正院地誌課による『日本地誌提要』[23](1875年)では、
隠岐のところで「隠岐の小島」の計179を「本州の属島」とした上で、それ
以外に松島、竹島があると記している。このことは、両島は「本州の属
島」でないことを意味している。

　そして地籍編纂事業のなかで、島根県から「日本海内竹島外一島地籍
編纂方伺」が提出された時、竹島とともに「外一島」の松島についても、
「本邦関係これなき儀」と、1877年3月29日に太政官は決定した。太政官
は当時の日本政府最高機関であり、そこでの意思決定は重要である。

　この時「外一島」とされた松島(現竹島)については、島根県より提出し
た伺書に添付された「由来の概略」のなかで、竹島の説明につづいて「次に
一島あり、松島と呼ぶ」として、その周囲が30町であり、竹島と同じ航
路にあり、隠岐からは80旦の位置にある島で、樹木や竹は稀であるが、

魚獣を産すると記してある。付属の「磯竹島略図」には、磯竹島(竹島)とともに松島が記載してある。

こうしたことから、1880年に内務省が作成した「大日本国全図」、1881年の「大日本府県分轄図」には、竹島、松島は記載されていない。また、帝国陸軍参謀局による「大日本国全図」(1877年)にも竹島、松島の記載はなく、同陸軍陸地測量部の「輯製二十万分一図一覧表」(1885年)では、竹島は記載されてはいるが点線表示であり、島名は記していない。そして松島は記載されていないのである。同海軍水路部による『寰瀛水路誌』(1883年)では、松島はリアンコールト列岩として、「朝鮮東岸及諸島」のなかで記載されることになる。

以上のような1870〜1880年という明治新政府の発足直後の時期に、地籍確定、地誌編纂の作業のなかで提起された重要な歴史の事実について、外務省がまったく無視していることは、それらが外務省の主張する「歴史的にも日本の固有領土である」とする説を根本から否定するものであるだけに、見過ごすことができないといわなければならない。

1905年のリヤンコ島の日本領土編入について、外務省のパンフレットは、「閣議決定により、我が国は竹島を領有する意思を再確認しました」という。

しかし、1905年1月28日の閣議決定は、「他国に於て之を占領したりと認むへき形跡なく」といわれる無人島について、中井養三郎[24]が「該島に移主し漁業に従事」していることをもって、「国際法上占領の事実にあるものと認め」たことから、「本邦所属」としたといって、無主地先占の国際法の理論にもとづいて説明しているのである。日本政府による領有意思の再確認とはいっていないことに注目したい。

当時、中井養三郎が記した記録によると、中井は無人島のリヤンコ島を韓国領と考えていた。中井自身がまとめたリヤンコ島でのアシカ漁についての「事業経営概要」のなかで、「本島は欝陵島に付属して韓国の所領なりと思はるる以て、将に統監府に就て為す所あらんとして上京」したと述べている。中井から直接話を聞いた奥原碧雲[25]も、「リヤンコ島を似て朝鮮の領土と信じ、同国政府に貸下請願の決心を起し」と、『竹島及欝陵島』(1907年)の中で記している。

　韓国政府にリヤンコ島の貸下請願をしようとしていた中井に、領土編入の申請に変更させたのは、対応した政府の高官たちの説得であった。農商務省の牧朴真水産局長は、リヤンコ島は韓国領ではないかとの疑義を呈し、海軍省の肝付兼行水路部長は、[26]リヤンコ島の位置は隠岐より85浬、欝陵島よりは55浬であるにもかかわらず、出雲国多古鼻から測ると108浬であるのに対して、韓国ルッドネル岬からは118浬で、日本の方が10浬も近いところである。しかも日本人が同島で漁撈をしている以上は、日本に編入するのがよいとする意見を述べる。こうして中井は、「肝付将軍断定に頼りて、本島の全く無所属なることを確かめたり」というに至る

　しかしながら、内務、外務、農商務三大臣宛に提出された「リヤンコ島領土編入並に貸下願」は、内務省で受け付けられず却下される。その理由は、中井自身の言葉を借りれば、「此の時局に際し、韓国領地の疑いある莫荒たる一個不毛の岩礁を収めて、環視の諸外国に我国の韓国併合の野心あることの疑いを大ならしむるは、利益の極めて小なるに反して、事体決して容易ならず」というものであった。ところが外務省で会った山座円次郎政務局長の意見では、「時局なればこそ領土編入は急を要するなり、望楼を建築し無線若しくは海底電線を設置せば、敵艦監視上

極めて屈境ならずや、特に外交上内務の如き顧慮を要することなし」と、時局が切迫している今こそ、リヤンコ島が果たすべき戦略的役割の重要性を強調して、領土編入を急ぐべきことを説いた。

このように、リヤンコ島の領土編入は、ロシア艦隊との日本海での決戦に備えて、急ぎ行われたものであった。中井のアシカ漁のためではなく、軍事的要請があったればこそ、領土編入を強行したのである。事実、当局が中井の願書を受理したのは9月29日であり、その直前には欝陵島望楼が完成し、リヤンコ島に建設する望楼と海底電線で結ぶことになっていた。

日露戦争のさなかの1905年1月28日の閣議決定であった。すでに韓国の首都漢城は日本軍によって軍事的に制圧され、日韓議定書[27]により韓国の施政は日本軍の指揮下におかれ、第一次日韓協約でもって、財政と外交の顧問に日本政府が推挙する者を雇い入れることになっていた。そうした状況下であるから、リヤンコ島は韓国領ではないかとする疑念があろうとも、これを無視し、韓国政府と協議することもなく、日本領土編入についても通告することさえしなかった。外務省のウェブサイトは「領土編入措置を外国政府に通告することは国際法上の義務ではない」とわざわざ注記しているが、この場合、韓国政府のことは完全に無視していたと考えた方がよい。

日本政府は、竹島の領土編入について官報で公示することもなく、島根県に訓令して管内への公示を指示したことから、島根県は2月22日に隠岐島司の所管となったことを告示し、『島根県報』で発表した。そして地元の山陰新聞[28]は、2月24日付で「隠岐の新島」と題して報道した。これらの措置は、たしかに秘密裡に行われたとはいえないが、国際法に照らして「有効に実施された」というには、程遠い公示であったといわなけれ

ばならない。

　日本政府によるリヤンコ島領土編入の5年前になる1900年には、韓国政府が大韓帝国勅令41号により、欝陵島(韓国では欝陵島)を欝島に改め、竹島と石島を加えて新しく欝島郡を設置する行政的な整備を行った。そこでの竹島は現在の竹嶼であり、石島が現独島を指すとされている。したがって、この勅令により、独島に対する韓国の領有権は明確にされることになったのである。

　この当時、独島については、日本での松島をはじめ、リアンクール列岩、リヤンコ、ヤンコなどと呼ばれていたが、欝陵島在住者は全羅道出身者が多かったことから、その方言でトル(石)をドク(独)とも発音することから、はるか彼方の岩石の島をトル島と呼んでいたものが、漢字表記するにあたって石島になったとする。発音のままなら独島である。したがって、1904年9月25日付け日本帝国海軍の軍艦新高による『行動日誌』[29]では、欝陵島でリアンコルド岩を見た者から得た情報として、「リアンコルド岩、韓人之を独島と書し、本邦漁夫等略してリヤンコ島と呼称せり」と記しているのであった。

　なお、外務所のパンフレットは、「同勅令の公布前後に、朝鮮が竹島を実効的に支配してきたという事実はなく、韓国による竹島の領有権は確立していなかったと考えられます」と記している。1900年当時、「朝鮮」は大韓帝国であり、「竹島」は松島あるいはリヤンコ島＝ヤンコ島であった。この当時、韓国進出のガイドブックとして日本人が執筆刊行した著書では、ヤンコ島を韓国江原道欝陵島の属島としているのである。すなわち、葛生修亮『韓海通漁指針』(1903年)、岩永重華『最新韓国実業指針』(1904年)、田淵友彦『韓国新地理』(1905年)などである。独島がヤンコ島と

明治10(1877년) 3월 29일의 太政官指令書(國立公文書館所藏)

呼ばれ、韓国領の島として取り扱われていることは、領有権を確立していることを意味している。なお、『韓海通漁指針』には、農商務所の牧朴真水産局長(前出)が、『最新韓国実業指針』には外務所の山座円次良政務局長(前出)がそれぞれ序文を寄せている。したがって、「領土編入並に貸下願」を提出した中井養三郎が、リャンコ島を「欝陵島に付属して韓国の所領なり」と思っていたのは、当然のことといえる。

　1906年3月に、島根県官員一行が欝陵島を訪問したさい、欝島郡守沈興沢はそのことを江原道観察使に報告した文書のなかで、「本郡所属独島」と島根県に編入された竹島について記している。欝島郡守は独島を管轄下に明確に掌握しているのであった。

1868년 메이지유신의 변혁과 함께 새로운 정부는 조선과의 관계에서 죽도, 송도 문제를 검토할 필요에 직면했다.

1870년 4월, 조선에 파견된 외무성 관원에 의한 『조선국교제시말내탐서(朝鮮国交際始末内探書)』[22]에 '죽도, 송도가 조선의 부속이 된 경위'라는 항목에서, '송도는 죽도 옆에 있는 섬으로, 송도에 대해서 지금까지 기록된 사료는 특별히 없다. 죽도에 대해서는 겐로쿠(元禄) 연간 이후, 잠시 동안은 조선이 거류할 사람을 파견했지만, 지금은 이전처럼 무인도가 되었다……'라는 조사결과가 보고되어 있다.

또 태정관의 정원지지과(正院地誌課)에 의한 『일본지지제요(日本地誌提要)』[23](1875년)에서는, 오키 부분에서 '오키의 작은 섬'의 합계 179개를 '혼슈우의 부속 섬'이라고 한 뒤, 그 외에 송도, 죽도가 있다고 기록하고 있다. 이것은 두 섬은 '혼슈의 부속섬'이 아님을 의미한다.

그리고 지적편찬사업 중에 시마네현에서 '일본해 내의 죽도와 그 외 하나의 섬의 지적 편찬 방사(日本海内竹島外一島地籍編纂方伺)'가 제출됐을 때, 죽도와 함께 '그 외 하나의 섬'인 송도에 대해서도 '우리나라와 관계없는 건(本邦関係これなき儀)'이라고 1877년 3월 29일에 태정관은 결정했다. 태정관은 당시 일본정부 최고 기관으로, 그곳에서의 의사결정은 중요한 것이다.

이때 '그 외 하나의 섬(外一島)'이라고 기록된 송도(현재의 죽도)에 대해서는 시마네현이 제출한 지시의뢰서(伺書)에 첨부된 '유래의 개략' 중에 죽도의 설명에 이어 '다음으로 하나의 섬이 있고 송도라 부른다'라고 기록하고, 그 주위가 30정(町)이고 죽도와 같은 항로에 있고, 오키로부터는 [80里] 떨어진 위치에 있는 섬으로, 수목이나 ㄷ 나무는 거의 없지만, 어수(魚獸)가 많이 난다고 기록되어 있다. 부속된 '기죽도약도(磯竹島略図)'에는 기죽도(죽도)와 함께 송도가 기재도어 있다.

이처럼 1880년에 내구성이 작성한 '대일본국전도(大日本国全図)', 1881년의 '대일본부현분할도(大日本府県分轄図)'에는 죽도, 송도가 기재되어 있지 않다. 또, 제국육군 참모국에 의한 '대일본국전도(大日本国全図)'(1877년)에도 죽도, 송도는 기재되어 있지 않고, 같은 육군 육지측량부의 '집제이십만-분일도일람표(輯製二十万分一図一覧表)'(1885년)에는 죽도가 기재되어 있지만 점선표시이고 섬 이름은 기록도어 있지 않다. 그리고 송도는 기재되어 있지 않다. 제국해군 수로부(水路部)에 의한 "환영수로지(寰瀛水路誌)"(1883년)에서 송도는 리안쿠트트열암(列岩)으로 '조선의 동해안 및 여러 섬(朝鮮東岸及諸島)' 안에 기재되어 있다.

이상과 같이 1870~1880년이라는 메이지 신정부의 발족 직후의 시기에 지적 확정, 지지편찬 작업에서 제기된 중요한 역사적 사실에 대해 외무성이 전혀 고려하지 않고 있는 것은, 이 사실들이 외무성이 주장하는 '역사적으로도 일본의 고유 영토이다'라는 설을 근본부터 부정하는 것인 만큼 간과할 수 없다고 말하지 않을 수 없다.

1905년의 리얀코도의 일본영토 편입에 대해 외무성 팸플릿은 '내각회의 결정에 따라 우리나라는 죽도를 영유할 의사를 재확인하였습니다'라고 말한다.

　그러나 1905년 1월 28일의 내각회의 결정은 '타국이 이를 점령했다고 인정할 만한 형적이 없고'라고 말해지는 무인도에 대해, 나카이 요우자부로우(中井養三朗)[24]가 '그 섬에 이주하여 어업에 종사'하고 있는 것을 가지고 '국제법상 점령 사실이 있는 것으로 인정'해 '우리나라 소속'으로 했다며, 무주지선점(無住地先占)의 국제법론에 근거해 설명하고 있는 것이다. 일본정부에 의한 영유의사의 재확인으로는 말하고 있지 않는 점에 주목해야 할 것이다.

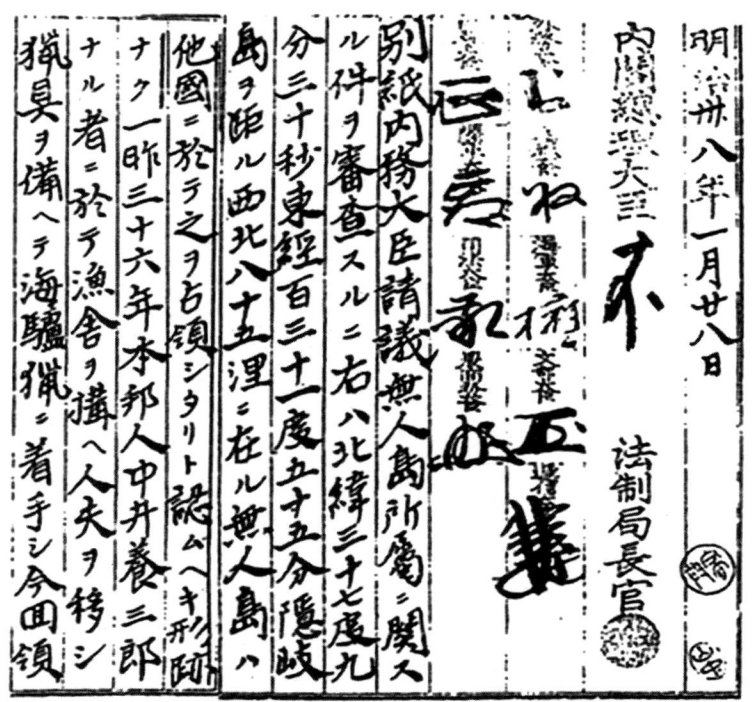

明治38(1905)년 1월 28일 閣議決定(아시아歷史資料센터所藏)

당시 나카이 요우사부로우가 쓴 기록에 따르면, 나카이는 무인도인 리얀코도를 한국령으로 생각하고 있었다. 나카이 자신이 정리한 리얀코도에서의 강치 잡이에 대한 '사업경영개요' 중에 '본 섬은 울릉도에 부속되어 한국이 영유하고 있다고 생각해, 장차 통감부(統監府)에서 할 일이 있을 것이라 하여 상경'했다고 진술하고 있다. 나카이로부터 직접 이야기를 들은 오쿠하라 헤키운(奧原碧雲)도 '리앙코섬을 조선의 영토라고 믿고, 조선정부에 대하청원(貸下請願)의 결심을 일으켜'라고 "죽도 및 울릉도"(1907년)에서 기록하고 있다.

한국정부에 리얀코도의 대하청원을 하자고 했던 나카이에게 영토 편입의 신청을 변경하게 한 것은, 신청에 대응한 정부고관들의 설득이었다. 농상무성의 마키 나오마사 수산국장은 리얀코도가 한국령이 아닌 것 아닌가라는 의문을 제시했고, 해군성의 키모쓰키 카네유키 수산부장은 리얀코도의 위치는 오키섬으로부터 85해리, 울릉도로부터는 55해리 떨어져 있음에도 불구하고, 이즈모국 타코바나(多古鼻)로부터 측정하면 108해리인 것에 대해 한국 롯도네루 곶에서부터는 118해리로, 일본에 10해리나 가깝다는 것이다. 게다가 일본인이 동도에서 어트를 하고 있는 이상, 일본으로 편입하는 것이 좋다는 의견을 말한다. 이리하여 나카이는 '키도쓰키 장군의 단정에 의해 본 섬은 완전한 무스속임을 확인하였다'라고 하기에 이른다.

그러나 내무, 외무, 농상무 세 대신에게 제출된 '리얀코도 영토 편입 및 대여청원'은 내두성에 접수되지 않고 기각된다. 그 이유는, 나카이의 말을 빌리자면 '최근의 시국에 있어 한국령이라고 의심되는 황막한 일개 불모의 암초를 편입시켜, 우리를 주시하고 있는 많은 나라로부터 우리나라의 한국 병합의 야심에 대한 의문을 키우는 것은,

이익이 극히 적은 데 반해 사태가 결코 쉽지 않다'라는 이유에서였다. 그런데 외무성에서 만난 야마자 엔지로우 정무국장은 '시국이라 한다면 지금이야말로 영토 편입을 서둘러야 할 때이다. 망루를 건축하고 무선 혹은 해저전선을 설치하면, 적함감시상 아주 좋지 않겠는가. 특히 외교상 내무 같은 고려를 필요로 하지 않는다'라며, 시국이 절박한 지금이야말로 리얀코도가 수행할 전략적 역할의 중요성을 강조하며, 영토 편입을 서둘러야 한다고 주장했다.

이처럼 리얀코도의 영토 편입은, 러시아 함대와의 일본 해에서의 결전에 대비해 급히 행해진 것이었다. 나카이의 강치 잡이를 위해서가 아닌 군사적 요청이 있었기에, 영토 편입을 강행한 것이었다. 사실 당국이 나카이의 원서를 수리한 것은 9월 29일이었고, 그 직전에 울릉도 망루가 완성되어 리얀코도에 건설할 망루와 해저전선으로 연결되게 되어 있었다.

일러전쟁이 한창이던 1905년 1월 28일의 각의 결정이었다. 이미 한국의 수도 한성은 일본군에 의해 군사적으로 제압되어, 일한의정서에 의해 한국 정치는 일본군의 지휘하에 놓였고, 제1차 일한협약으로 재정과 외교 고문에 일본정부가 추천하는 자를 임명하게 되어 있었다. 그러한 상황이었으므로 리얀코도가 한국령이 아닌가 하는 의심이 있었음에도 이를 무시하고, 한국정부와 협의한 일도 없고, 일본영토로 편입하고도 통고하는 일조차 하지 않았다. 외무성의 웹사이트는 '영토 편입조치를 외국정부에 통고하는 것은 국제법상의 의무가 아니다'라고 일부러 기록하고 있는데, 이 경우 한국정부에 대해서는 완전히 무시하고 있었다고 생각하는 편이 좋다.

일본정부는 죽도의 영토 편입에 대해 관보에서 공시하지도 않고,

시마네현에 훈령을 내려 관내에서 공시하도록 지시하여 시마네현은 2월 22일에 오키도사의 스관이 되었다는 것을 고시 하고 『시네마현코』에 발표했다. 그리고 그 지역의 산인신문은 2월 24일에 '오키의 스로운 섬'이라는 제목으로 보도했다. 이 조치는 분명히 비밀리 이루어졌다고는 말할 수 없으나, 국제법에 비추어 '유효하게 실시되었다'고 하는 것과는 거리가 먼 공시였다고 말하지 않을 수 없다.

일본정부에 의한 리얀코도 영토 편입의 5년 전인 1900년에는 한국정부가 대한제국칙령 41호로 울릉도를 한국에서는 을도로 개칭하고, 죽도와 석도를 합해 새롭게 울도군을 설치하는 행정적 정비를 단행했다. 거기서의 죽도는 현재의 죽서이고, 석도가 현재의 독도를 가리키는 것으로 되어 있다. 따라서 이 칙령에 의해 독도에 대한 한국의 영유권은 명확해진 것이다.

이 당시 일본에서는 독도를, 송도를 비롯한 리안쿠—루열암, 리얀코, 양코 등으로 부르고 있었으나, 울릉도 재주자는 전라도 출신이 많아 방언으로 돌(石)을 독(独)이라고도 발음한 데서, 저 멀리 있는 암석의 섬을 돌섬이라 부르던 것이, 한자 표기되면서 석도(石島)가 되었다 한다. 발음 그대로 하면 독도(独島)이다. 따라서 1904년 9월 25일자의 일본제국 해군의 군함 니이타카에 의한 '행동일지'에는, 울릉도에서 리안코루토암을 본 사람으로부터 얻은 정보라며 '리안코루토암, 한인은 이것을 독도라고 쓰고, 우리나라 어부들은 간략히 리얀코도라고 부른다'라고 기록하고 있는 것이다.

게다가 외무성의 팸플릿은 '동 칙령의 공포 전후에, 조선이 죽도를 실효적으로 지배해 왔다는 사실은 없고, 한국에 의한 죽도 영유권은 확립하지 않았다고 생각할 수 있습니다'라고 적고 있다. 1900년 당시,

'조선'은 대한제국이었고, '죽도'는 송도 혹은 리얀코도(얀코도)였다. 당시 한국 진출의 가이드북으로 일본인이 집필 간행한 저서에서는 얀코도를 한국 강원도 울릉도의 속도로 하고 있다. 즉, 쿠즈우 슈우스케 "한해통어지침"(1903년), 이와나가 시게카 "최신한국실업지침"(1904년), 타부치 토모히코 "한국신지리"(1905년) 등이다. 독도가 얀코도로 불리며 한국령의 섬으로 취급되고 있었다는 것은, 영유권이 확립되었다는 것을 의미한다. 또한 "한해통어지침"에는 농상무성의 마키 나오마사 수산국장(전술)이, "최신한국실업지침"에는 외무성의 야마자 엔지로우 정무국장(전술)이 각각 서문을 쓰고 있다. 따라서 '영토 편입 및 대하원'을 제출한 나카이 요우사부로우가 리얀코도를 '울릉도에 부속된 한국 영지이다'라고 생각한 것은 당연한 것이라고 할 수 있다.

勅令

勅令第四十號
外國語學校와 習藝校와 中學校卒業人을 該學校에 取用ᄒᆞᄂᆞᆫ 官制
第一條 外國語學校와 習藝校와 中學校에 卒業ᄒᆞᆫ 人은 該校敎官을 敘任ᄒᆞᆷᄋᆡ 在案ᄒᆞ다가 該校敎官이 有闕ᄒᆞᆯ 時에ᄂᆞᆫ 卒業生敎官敘任ᄒᆞᆫ 人ᄋᆡ로 特別試驗을 經ᄒᆞ야 塡任ᄒᆞᆷᄋᆡ라
第二條 本令은 頒布日로부터 施行ᄒᆞᆯᄋᆡ라
光武四年十月二十五日
御押 御璽
奉勅
議政府議政臨時署理贊政內部大臣 李乾夏

勅令第四十一號
鬱陵島를 鬱島로 改稱ᄒᆞ고 島監을 郡守로 改正ᄒᆞᆫ 件
第一條 鬱陵島를 鬱島라 改稱ᄒᆞ야 江原道에 附屬ᄒᆞ고 島監을 郡守로 改正ᄒᆞ야 官制中에 編入ᄒᆞ고 郡等은 五等으로 ᄒᆞᆯ 事
第二條 郡廳位置ᄂᆞᆫ 台霞洞으로 定ᄒᆞ고 區域은 鬱陵全島와 竹島 石島를 管轄ᄒᆞᆯ 事
第三條 開國五百四年八月十六日 官報中官廳事項欄內鬱陵島以下十九字를 刪去ᄒᆞ고 開國五百五年 勅令第三十六號
第五條 江原道二十六郡의 六字ᄂᆞᆫ 七字로 改正ᄒᆞ고 安峽郡下에
第四條 經費ᄂᆞᆫ 五等郡으로 磨鍊호ᄃᆡ 現今間인즉 吏額이 未備ᄒᆞ고 庶事草創ᄒᆞ기로 該島收稅中으로 姑先磨鍊ᄒᆞᆯ 事
第五條 未盡ᄒᆞᆫ 諸條ᄂᆞᆫ 本島開拓을 隨ᄒᆞ야 次第磨鍊ᄒᆞᆯ 事
附則
第六條 本令은 頒布日로부터 施行ᄒᆞᆯ 事
御押 御璽
奉勅
議政府議政臨時署理贊政內部大臣 李乾夏
光武四年十月二十五日

1900년 大韓帝國『勅令41號』. 石島가 竹島＝獨島에 해당한다.

1906년 3월에 시마네현 관원 일행이 울릉도를 방문했을 때, 울도군수 심흥택은 그것을 강원도 관찰사에게 보고한 문서 속에서 '본군소속독도'라고 시마네현에 편입된 죽도에 대해 적고 있다. 울릉군수는 독도를 관할하에 명확히 장악하고 있었던 것이다.

　外務省のパンフレットでは、サンフランシスコ講和条約は日本による朝鮮の独立承認を規定するとともに、日本が放棄すべき地域を定めたが、そこに竹島については何らの言及もなかったことから、「竹島が我が国の領土であることが肯定された」とする。

　そのことを立証する材料として、パンフレットは1951年7月の梁裕燦駐米韓国大使からアチソンDean G. Acheson[30]米国務長官宛てに提出した書簡と、それに対する同年8月のラスクDavid Dean Rusk[31]極東担当国務次官補から梁大使に宛てた書簡[32]をあげる。

　ラスク書簡に記してあった文面は、「ドク(独)島、または竹島ないしリアンクール岩として知られる島に関しては、この通常無人である岩島は、我々の情報によれば朝鮮の一部として取り扱われたことが決してなく、1905年頃から日本の島根県隠岐支庁の管轄下にある。この島は、かつて朝鮮によって領有権の主張がなされたとは見られない」というものであった。この8月10日付けラスク書簡は、アメリカ政府の竹島問題に対する基本的立場となり、1ヵ月後のサンフランシスコでの対日講和条約の領土条項に影響する。

　すなわち、対日講和条約では、竹島については日本領として明記することはしなかった。そのことは、韓国からの要請に対して、韓国の領土ではないといってアメリカが拒否したためであって、そのままただちに日本領として確定したことを意味するものではない。しかし日本では、「竹

島を日本が保持する島として確定した」といっているが、果たしてそのように理解することができるであろうか。

　何よりも問題なのは、ラスク書簡の言う「我々の情報」についての是非である。「朝鮮の一部として取り扱われたことが決してなく」とか、「朝鮮によって領有権の主張がなされたとは見られない」などと断言できるかどうかという疑問である。これまでみてきたように、歴史の事実は明らかに異なっているのである。

　いま、対日講和条約草案を作成する過程で、竹島(リアンクール岩)がどのように取り扱われたかをふりかえってみることにする。

　もともと講和条約草案では、1947年3月20日の第一次草案から1949年11月2日の第五次草案までは、竹島は日本が放棄すべき島とされていたが、1949年12月29日の第六次草案において、竹島は日本領として残ると変えられた。しかし1950年8月7日の第七次草案以降では、日本に残す島を個別に列挙することは省略されて、1951年5月の米英共同草案として最終的にまとめられ、条約の第2条(ａ)となる。

　問題は、1949年11月までは日本が放棄するとされていた竹島が、どうして1949年12月の第六次草案では日本領とされるようになったのか、さらに1950年8月からは、どうして日本領とすることについての言及をしなくなったのか、ということである。

　まず、1949年12月までの認識である。ここでは竹島＝独島は韓国領であった。1946年1月29日の連合国最高司令官覚書SCAPIN[33]677号により、独島は米軍政庁管轄下におかれるが、1948年に韓国が独立したことにより、その統治権を韓国が引き継ぎ、韓国政府が行政を及ぼす措置をとる。

　ところが、1949年12月8日になって講和条約草案に竹島を日本領とする

に至ったのは、駐日代表部政治顧問であったシーボルトWilliam J. Sebald が、竹島に対する日本の主張は正当と思われるので竹島を日本領とし、同島に気象およびレーダー基地を設置することが安全保障の上で考えられると、アメリカ国務省に提案したからである。

　この場合には、その当時の極東の政治情勢を考える必要がある。1949年9月23日にはソ連が原爆所有を発表、同年10月1日には中国本土で中華人民共和国が成立、極東での冷戦構造は緊迫していった。そして連合軍最高司令官マッカーサーの年頭の声明は日本の自衛権を強調し、1月31日に来日した米統合参謀本部(JCS)のブラッドレーOmar N. Bradley[34]議長は、沖縄と日本の軍事基地強化を声明した。そして7月には警察予備軍(自衛軍の前身)の創設と海上保安庁の増強が占領軍から指令され、日本は再軍備へと進む。そして1949年11月1日には、米国務省が対日講和条項案の起草を準備中と発表する。

　そうした状況下でのシーボルト提案であった。そこでは「合衆国の利害に関係ある問題として安全保障の考慮から」といっているように、アメリカの極東戦略のなかで竹島は位置づけられ、レーダー基地としての役割が期待されるのであった。

　しかしながら、あくる1950年4月、米国務長官顧問として対日講和条約案作成の責任者となったダレスJohn Foster Dulles[35]は、これまで具体的にあげていた日本の領土範囲を簡潔にまとめるかたちをとり、竹島への言及もしないことにした。

　一方、1951年4月の英国草案では、経度緯度で表示した線を日本の周囲にめぐらし、その線の内側を日本の領域とした。竹島はその線の外側に位置づけられ、日本から除外していたのである。この英国案について

は、1951年5月に米英両国間で協議が行われ、米英共同草案としてまとめられる。そして日本を線で囲む英国案をやめさせたことは、線の外側に竹島を位置づけることを否定したことを意味し、竹島を日本領にとどめることになったと解釈できるという者もいる。しかし1950年8月の第七次草案以降では、島名の記載はすべてなくなるのであるから、直ちに竹島が日本領になったと解釈できるとするのは早計にすぎる。英国案で否定されたのは、軽度緯度で線引きして囲む方式(方法)についてである。

　ところが、韓国はこうしたかたちで対日講和への作業が進められていることについて知らなかった。何よりも朝鮮戦争[36]のさなかであった。1950年6月25日に勃発した内戦は同年10月25日には中国が参戦、翌1951年7月10日には開城で休戦会談がはじまるという激動の時期でもあった。しかしその中で韓国政府は、対日講和条約案に韓国としての意見を反映させる必要があると考えて、アメリカに対して11項目の要求を行う。韓国として独島について初めて言及したのは、1951年7月19日ダレスとの間で行われた第2回面談で、梁駐米大使から日本が独島を放棄することを明記するように要求した。これに対する8月9日付回答が、前述のラスク国務次官補からの書簡である。

　たしかにラスク書簡は、韓国側の主張を明確に否定した。ラスク書簡が前提にしているのは、1949年12月のシーボルト提案である。それが、日本側の一方的な情報にもとづき、当面するアメリカの利害にかかわる安全保障の見地からまとめられた内容であることは前述の通りである。

　したがって、ラスク書簡を金科玉条にして、アメリカは竹島を日本領とみている、対日講和条約によって日本の竹島保持は確定したとする外務省の姿勢は如何なものかといわなければならないのである。日本はアメ

リカに期待をかけ、働きかけもしてきたが、アメリカは日韓両国の紛争に
まき込まれたくないという態度を基本の姿勢にしてきている。竹島の領
有権を決めるのはアメリカでない以上、当然のことというべきであろう。
　外務省のパンフレットにみられるようなアメリカ依存の姿勢では、竹
島問題の解決の展望はないといわなければならない。

외무성의 팸플릿에서는, 샌프란시스코 강화조약은 일본에 의한 조선의 독립 승인을 규정함과 동시에 일본이 포기해야 할 지역을 죽 했지만, 거기에 죽도에 대해서는 아무런 언급도 없었으므로, '죽도가 우리나라의 영토인 것이 긍정되었다'라고 한다.

이를 입증하는 재료로서 팸플릿은 1951년 7월의 양유찬 주미 한국 대사가 애치슨 Dear. G. Acheson(30) 미 국무장관 앞으로 제출한 서간과 그에 대한 같은 해 8월의 러스크 David Dean Rusk(31) 극동 담당 국무차관보가 양 대사 앞으로 보낸 서간(32)을 들고 있다. 러스크 서간에 기록된 문면은 '독(獨)도 또는 죽도 내지 리안쿠-루암으로 알려진 섬에 관해서는, 이 통상 무인인 암도는 우리들의 정보에 의하면 조선의 일부로서 취급된 일이 결코 없고, 1905년경부터 일본의 시마네현 오키지청의 관할하에 있었다. 이 섬은 과거에 조선의 영유권 주장이 있었다고는 보이지 않는다'라는 것이었다. 이 8월 10일부 러스크 서간은 죽도 문제에 더해 미국 정부의 기본 입장이 되어, 1개월 후 샌프란시스코에서 맺어진 대일강화조약의 영토 조항에 영향을 미쳤다.

즉, 대일강화조약에서는 죽도를 일본령으로 명기하는 일은 하지 않았다. 이는 한국의 요청에 대해 죽도가 한국의 영토가 아니라며 미국이 거부했기 때문으로, 이것이 바로 일본령으로 확정되었음을 의미하는 것은 아니다. 그럼에도 불구하고 일본은 '죽도를 일본이 보지하는 섬으로 확정했다'고 말하고 있는데, 과연 그렇게 이해할 수 있는 것일까?

가장 큰 문제는 러스크 서간에서 거론된 '우리가 가진 정보'의 확실성이다. '조선의 일부로 취급된 일이 결코 없었고'라든가, '조선의 영유권 주장이 있었다고는 보이지 않는다'와 같이 단언할 수 있는가 하는 의문이다. 지금까지 보아 왔듯이 역사적 사실과는 명백히 어긋나 있는 것이다.

다음으로 대일강화조약 초안을 작성하는 과정에서 죽도(리안쿠-루암)가 어떻게 취급받았었는지 살펴보도록 하자.

원래 강화조약 초안에서는 1947년 3월 20일의 제1차 안부터 1949년 11월 2일의 제5차 초안까지는 죽도를 일본이 방기해야 할 섬으로 다루고 있었으나, 1949년 12월 29일의 제6차 초안에서는 죽도를 일본령으로 남긴다로 변경했다. 그러나 1950년 8월 7일의 제7차 초안 이후에는 일본령으로 남길 섬들을 하나하나 열거하는 절차를 생략하였고, 이윽고 1951년 5월 미영공동초안으로 최종 정리되어 조약 제2조(a)가 되었다.

문제는 1949년 11월까지만 해도 일본이 포기하기로 되어 있던 죽도를 왜 같은 해 12월의 제6차 초안에서는 일본령으로 남도록 변경한 것인가, 게다가 왜 다음 해인 1950년 8월부터는 일본령으로 지정한 이유를 언급하지 않게 되었는가 하는 점이다.

우선 1949년 12월까지의 인식을 보도록 하자. 이때까지만 해도 죽도(독도)는 한국령이었다. 1946년 1월 29일 연합국최고사령관 각서 SCAPIN677호에 의해 독도가 미군정청 관할하에 놓이지만, 1948년에 한국이 독립함에 따라 그 통치권을 인계하고 한국정부가 직접 행정을 맡도록 조치를 취한다.

그런데도 불구하고 1949년 12월 8일 강화조약 초안에 죽도를 일본령으로 하게 된 것은 주일대표부 정치고문이었던 시볼트(William J. Sebald)가 죽도에 대한 일본의 주장은 정당하므로 이를 일본령으로 지정하고, 이 섬에 기상 및 레이더 기지를 설치하는 것이 안전보장상 적합하다고 판단된다며 미 국무성에 제안하였기 때문이다.

여기에서 당시 아시아 극동 지역의 정치 정세를 고려할 필요가 있다. 1949년 9월 23일에는 소련이 원폭소유를 발표, 같은 해 10월 1일에는 중국본토에서 중화인민공화국이 성립, 극동에서의 냉전구즈는 긴박하게 돌아갔다. 그리고 연합군 최고사령관 맥아더의 연초연술은 일본의 자위권을 강조한 것이었고, 1월 31일에 일본을 방문한 미통합참모본부(JCS)의 브랜들리(Omar N. Bradley)(34) 의장은 오키나와와 일본의 군사기지강화를 성명했다. 그리고 7월에는 점령군으로부터 경찰예비군(자위군의 전신)의 창설과 해상보안청의 증강이 지령되어, 일본은 재군비를 시작했다. 그리고 1949년 11월 1일에는 미 국무성이 대일강화조항안의 기초를 준비 중이라고 발표했다.

이러한 상황 아래에서의 시볼트 제안이었다. 거기에는 '합중국의 이해에 관계있는 문제로서 안전보장의 고려에서'라고 있는 것처럼, 미국의 극동전략 안에 독도는 위치했고, 레이더 기지로서의 역할이 기대되었다.

그렇지만 다음 하인 1950년 4월, 미 국무장관고문으로 대일강화조약안 작성의 책임자였던 달레스(John Foster Dulles)는 지금까지 구치적으로 주어졌던 일본의 영토범위를 간결하게 정리한 형태로서, 독도에 대한 언급도 하지 않게 되었다.

한편, 1951년 4월의 영국초안에서는 경도 위도로 표시한 선을 일본 주위에 두르고, 그 선의 안쪽을 일본 영역으로 정했다. 독도는 그 선의 바깥쪽에 위치해 일본으로부터 제외되어 있었다. 이 영국 안에 대해서는 1951년 5월에 미영 양국 간에 협의가 열려, 미영 공동초안으로 정리된다. 그리고 일본을 선으로 둘러싼 영국 안을 그만두게 한 것은, 선의 바깥쪽에 독도를 위치시킨 것을 부정한 것으로, 독도를 일본령으로 한 것이라 해석할 수 있다고 하는 사람도 있다. 하지만 1950년 8월의 제7차 초안 이후에는 도명이 모두 사라지게 되므로, 즉각 독도가 일본령이 되었다고 해석하는 것은 성급한 판단에 지나지 않는다. 영국안에서 부정된 것은, 경도 위도로 선을 그어 둘러싸는 방식(방법)에 대해서이다.

그런데 한국은 이런 형식으로 대일강화작업이 진행되고 있다는 것을 몰랐다. 무엇보다도 조선전쟁이 한창인 때였다. 1950년 6월 25일에 발발한 내전은 같은 해 10월 25일에는 중국이 참전, 다음 해 1951년 7월 10일에는 개성에서 휴전회담이 시작되는 등, 격동의 시기이기도 했다. 하지만 그런 와중에서 한국정부는 대일강화조약안에 한국의 의견을 반영할 필요가 있다고 생각하고 미국에 대해 11항목을 요구했다. 한국이 독도에 대해서 처음으로 언급한 것은 1951년 7월 19일 다레스와 행해진 제2회 면담으로, 양 주미대사로부터 일본이 독도를 방기할 것을 명기하도록 요구했다. 이에 대한 8월 9일부의 회답이 전술한 러스크 국무차관보의 서간이다.

분명 러스크 서간은 한국 측의 주장을 명확히 부정했다. 러스크 서간이 전제로 하고 있는 것은, 1949년 12월의 시볼트의 제안이다. 그것이 일본 측의 일방적인 정보에 의거해, 당면한 미국의 이해와 관련된 안전보장의 견지에서 정리된 내용임은 전술한 대로이다.

따라서 러스크 서간을 금과옥조로 미국은 독도를 일본령으로 보고 있다, 대일 강화조약에 의해 일본의 독도영유는 보장됐다고 하는 외무성의 자세는 과연 옳은가라고 말하지 않으면 안 된다. 일본은 미국에 기대를 걸고 로비활동을 해 왔지만, 미국은 일한 양국의 분쟁에 말려들고 싶지 않다는 태도를 기본자세로 해 오고 있다. 죽도 영유권을 결정하는 것은 미국이 아닌 이상, 당연한 일이라고 해야 할 것이다.

외무성의 팸플릿에 토이는 미국에 대한 의존적 자세로는, 죽도문제 해결의 전망은 없다고 말하지 않을 수 없다.

　竹島が在日米軍の爆撃訓練地域に指定されたのは、1952年7月26日の日米合同委員会であるが、翌1953年3月19日には韓米合同委員会の決定で指定が解除される。

　1年もしないうちにこの指定が解除されたのは、日米合同委員会で指定したことを知った韓国政府の抗議、つまり、1953年2月27日付けで指定の撤回を求める内容の公翰を韓国政府が送ったことにもとづく措置であった。したがって、この事実経過は外務省パンフレットが主張するように、日米合同委員会で在日米軍が使用する区域として決定したことをもって、そのまま「とりもなおさず竹島が日本の領土であることを示しています」というわけにはいかないことを現わしているのである。

　竹島(独島)を米軍の爆撃訓練地域に指定することをめぐっては、1952年以前から問題も生じていたが、そのいずれもが在韓米空軍と韓国政府との間で解決されていた。そのことは、独島が韓国領であったこと(少なくとも実質的な占領軍であるアメリカ当局＝連合軍ならびに韓国はそのように理解していたこと)を示している。

　1947年9月16日、SCAPIN 1778号で、独島は爆撃演習地に指定された。そして1948年6月30日に独島に出漁中の韓国漁民30余人が、米空軍機の爆撃演習で犠牲となる事件が発生する。この事件については、韓国が独立した後の1950年4月25日に韓国政府は米空軍に抗議するが、空軍は漁船群を演習目標には定めていないと回答した。しかしその後、米軍

は事実的にその非を認め、犠牲者に対する賠償金が支払われる。

米軍は1951年7月6日にSCAPIN2160号で独島を爆撃演習場に指定、1952年7月26日の日米合同委員会で再び指定する。そして同年9月18日、在韓米軍の許可を得て、韓国山岳会による第二次調査団が出かけたところ、米空軍の爆撃演習に遭遇して独島に上陸できず、そのことを政府に報告した。このため韓国政府は11月10日付けで米国の駐韓国大使に再発防止を要請する文書を送り、12月24日には米極東軍司令官から、今後独島周辺では爆撃演習をしないとする通報を受け、1953年3月19日の韓米合同委員会で演習地域の解除を決定した。以上の経過からすれば、これら一連の措置は、在韓米軍が独島を韓国領として認めた上での対処ということになる。

またウェブサイトでは、指定を解除した理由として、これらの韓国で起こっていた事態にはまったく言及しないで、「竹島周辺地域におけるアシカの捕獲、アワビやワカメの採取を望む地元からの強い要請があること、また米軍も同年冬から竹島の爆撃演習場としての使用を中止していたことから、1953(昭和28)年3月の合同委員会において、同島を演習区域から削除することが決定されました」と記している。

何を根拠にしてこのような記述をするのかわからないが、地元とされる島根県から「竹島を駐屯軍の爆撃演習地より除外されたい」とする陳情が外務大臣と農林大臣に提出されたのは、1952年5月20日であった。これは7月26日の日米合同委員会を直前にして提出されたものである。日米合同委員会海上練習場分科会の1953年3月19日の議事録(米韓合同委員会と同日)は、「竹島(リアンコールト列岩)爆撃場は今後在日米軍によって要求されないこと」と日米双方の合意を見た上で上申し、同日開催の

合同委員会で承認されている。

　こうした事実経過を詳細に見てゆくだけでも、外務省の上記主張が時系列的にみても整合性を持たないことは自明といわなければならない。

죽도가 주일미군의 폭격훈련지역으로 지정된 것은 1952년 7월 26일 일미합동위원회였지간, 이듬해 1953년 3월 19일에는 한미합동위원회의 결정으로 지정이 해제된다.

1년도 되지 않은 사이에 이 지정이 해제된 것은 일미합동위원회에서 지정했다는 사실을 안 한국정부의 항의, 즉 1953년 2월 27일부로 지정 철회를 요구하는 내용의 공한을 한국정부가 보낸 것에 의거한 조치였다. 따라서 이 사실의 경과는 외무성 팸플릿이 주장하듯이, 일미합동위원회에서 주일기군이 사용하는 구역으로서 결정한 사항을 가지고 바로 '즉, 죽도가 일본의 영토라는 사실을 보여 주고 있습니다'라고 말할 수는 없다는 것을 나타내고 있는 것이다.

죽도(독도)를 미군의 폭격훈련지역으로 지정한 일을 둘러싸고 1952년 이전부터 문제가 되었지만, 그 모두가 주한 미공군과 한국정부 사이에서 해결되었다. 그것은 독도가 한국령이었다는 사실(적어도 실질적으로 점령군인 미 당국＝연합군 및 한국은 그렇게 이해하고 있었다는 사실)을 보여 주고 있다.

1947년 9월 16일, SCAPIN 1778호에서 독도는 폭격연습지로 지정되었다. 그리고 1948년 6월 30일에 독도에 출어 중인 한국 어민 30여 경이 미 공군기의 폭격 연습으로 희생된 사건이 발생한다. 이 사건에 대해서 한국이 독립한 후인 1950년 4월 25일에 한국정부는 미 공군에 항의하지만, 공군은 어선들을 연습 목표로는 정하지 않았다고 회답했다. 그러나 그 후 미군은 실질적으로 그 잘못을 인정하고 희생자에게 배상금을 지불한다.

미군은 1951년 7월 26일 SCAPIN 2160호로 독도를 폭격연습장으로 지정, 1952년 7월 26일 일미합동위원회에서 다시 지정한다. 그리고 동년 9월 18일, 한국산악회의 제2차 조사단이 주한미군의 허가를 얻어 나갔을 때, 미 공군의 폭격연습에 조우하여 독도에 상륙하지 못하였고 그 사실을 정부에 보고했다. 이 때문에 한국정부는 11월 10일부로 미국의 주한대사에게 재발방지를 요청하는 문서를 보냈고, 12월 24일에는 미 극동군 사령관으로부터 금후 독도 주변에서는 폭격연습을 하지 않겠다는 통보를 받아, 1953년 3월 19일 한미합동위원회에서 연습 지역의 해제를 결정했다. 이상의 경과를 본다면, 이러한 일련의 조치는 주한미군이 독도를 한국령으로 인정했음을 나타내는 대처이다.

또 웹사이트에서는 지정을 해제한 이유로 이러한 한국에서 일어나고 있던 사태에 대해서는 전혀 언급하지 않고 '죽도 주변 지역에서의 강치 포획, 전복이나 미역의 채취를 바라는 지방의 강한 요청이 있었던 일, 또 미군도 같은 해 겨울부터 죽도를 폭격연습장으로 사용하던 것을 중지했던 사실로부터, 1953(쇼우와 28)년 3월의 합동위원회에서 동도를 연습구역에서 삭제하기로 결정했다'고 기술하고 있다.

무엇을 근거로 하여 이러한 기술을 하는지 모르지만, 지역에 해당되는 시마네현으로부터 '죽도를 주둔군의 폭격연습지에서 제외해 주었으면 한다'는 진정이 외무대신과 농림대신에게 제출된 것은 1952년 5월 20일이었다. 이는 7월 26일 일미합동위원회를 직전에 두고 제출된 것이다. 일미합동위원회 해상연습장 분과회의의 1953년 3월 19일의 의사록(한미합동위원회와 같은 날)은 '죽도(리안코—루토열암)

폭격장은 금후 주일미군에 의해 요구되지 않을 것'이라고 일미 쌍방의 합의 후 상신되어, 같은 날 개최된 합동위원회에서 승인되었다.

이러한 사실경과를 상세하게 보는 것만으로도, 외무성의 상기 주장이 시간의 흐름상으로도 정합성을 가지지 못한다는 것은 자명하다고 하지 않을 수 없다.

　外務省のパンフレットは、「韓国による竹島の占拠は、国際法上何ら
根拠のないまま行われている不法占拠」であり、「竹島に対して行ういか
なる措置も法的な正当性を有するものではありません」と記す。

　竹島を日本の領土であると主張する根拠は、1905年に領土編入して
以来、日本のものであったというだけである。しかし占領政策のなかで
は、SCAPIN677号により、竹島は日本の行政行使の区域から除外され、
さらにSCAPIN1033号[37]のマッカーサー・ライン[38]でもって、日本の船舶
と船員は竹島から12浬以内に近づくことはできないとされた。ただし、
SCAPIN1033号は1952年4月25日に廃止されているが、SCAPIN677号につ
いては廃止措置はとられなかった。このため韓国側では、竹島についての
明示的な規定があるのはSCAPIN677号だけであり、対日講和条約で日本
領に編入すると規定されない以上は、日本から分離したことに変わりは
ないとする。これに対して日本側では対日講和条約の発効と同時に
SCAPIN677号は失効し、講和条約で竹島について言及していないのは日
本領として残ったものと考えられるとするのであった。

　このため日本政府は、竹島の現状を「韓国の不法占拠」とする。しかし
何故に「不法」かについてはその根拠は何も記してはいない。

　李承晩ライン[39]についても、「国際法に反して一方的に設定」したもの
として非難する。しかし李ラインは、SCAPIN1033号にもとづくマッカー
サー・ラインを継承したものである。連合軍の占領政策が、日本漁船の

操業を制限する措置として、何故に設定したかについて検討してみなければならないはずである。

　資材、技術、資本を日本人が掌握支配していたのが植民地朝鮮の漁船であった。植民地から解放されたとはいえ、韓国漁業が自立してゆくためには、保護による育成が必要であり、そのためには日本漁船の進出を阻止するマッカーサー・ラインの設定が必要であった。それは戦前の日本漁業が沿岸国の立場を考えないで恣意的に操業していた漁業活動を規制すべしという国際世論を反映して実施されたものである。だがしかし、マッカーサー・ラインに対してさえ、日本の漁業団体[40]は、対日講和条約前の早期撤廃を要請していたのである。

　日本政府は李承晩ラインに対して、「公海自由の原則に反する」といって批判してきた。「公海自由の原則」といえば聞こえがよい。

　しかし戦後世界では、かつての時代とは異なって、沿岸国ないしは新興国の利益を優先するという新しい原則に変わってきているのである。このため対日講和条約第九条で、「日本国は、公海における漁猟の規制又は期限並びの漁業の保存及び発展を規定する二国間及び多数国間の協定を締結するために、希望する連合国とすみやかに交渉を開始するものとする」と規定していた。

　韓国は連合国でこそなかったが、第二十一条の受益条項によって、前述した第九条で規定された利益を受けることができるようになっており、日韓両国間での漁業協定締結の義務が日本には課せられていた。したがって、当然のこととして、韓国の沿岸漁業を保護しなければならないとする韓国政府の立場を思慮して、日本は韓国周辺地域での日本漁船の操業を制限すること、漁業協定でそのことを明文化することが期待さ

れていた。しかし日本側には、操業を制限する意思はなかったのである。そのための韓国側の自衛措置が、マッカーサー・ラインを継承する李承晩ラインの設定として具体化したのであった。

たしかに、日本側からすれば李承晩ラインの設定は、突如として、しかも一方的であったかもしれない。しかし日本側が非難してやまない「公海自由の原則に反する」「不法不当な一方的決定である」などについては、韓国政府国務院宣言等を通じて言及しているところである。韓国側は国際的先例に依拠しているとして、アメリカのトルーマン宣言[41]をはじめとする具体例を列挙して、公海自由の原則に代って戦後には沿岸国の利益を尊重するのが原則として確立しつつあることを明らかにしている。また水域設定にあたっても、関係国の同意は必ずしも必要としない方向に変わってきていることについても言及していたのである。だが日本では、マッカーサー・ラインと同様に、李承晩ライン内に竹島を取り込んだことをも併せて感情的な反発のみが優先して、日本海の水産資源の保護と利用には如何なる対策が望まれるかなどをめぐる見解表明はほとんどないままで終始したといってよい。

外務省のパンフレットは、1953年7月、竹島で漁業に従事している朝鮮漁民に対して「不法操業」であるとして退去を要求したと記している。前述のように、1953年3月19日に韓米合同委員会は独島を爆撃演習地域から解除することを決定した。同じ日、日米合同委員会もまた竹島を演習地から削除することを決定した。

日本の場合とは異なって、韓国では在韓米軍の許可があったにもかかわらず、独島で爆撃演習が行われたことに対して、韓国政府が抗議した結果、米軍から爆撃練習はしないという通報を受けた上での解除決定の

経過があった。そのことは独島を韓国領と認めた上での対処であったわけである。指定解除とともに韓国漁民は独島周辺海域に出漁した。それを「不法操業」ということができるだろうか。

　韓国は独島の統治を、1948年に韓国が独立した時に米軍政庁から引き継いできているのである。1952年の対日講和条約で何の記述もない独島を日本領とすることができるのであろうか。1953年以降、日韓両国の漁業者が衝突する事件が起るや、韓国では独島義勇守備隊が独島の守備に当たり、実効的占有を担当する。国家警察がこれをひきつぐかたちで警備を担当するのは1956年12月からである。なお、1953年からは日韓両国政府間で抗議口述書が往復されている。

외무성의 팸플릿은 '한국에 의한 죽도의 점거는 국제법상 아무런 근거가 없는 채 행해지고 있는 불법 점거'이며, '죽도에 대해 행하는 어떠한 조치도 법적인 정당성을 가지는 것이 아닙니다'라고 기록한다.

李承晩 라인

죽도를 일본영토라고 주장하는 근거는 1905년에 영토 편입한 이래, 일본의 것이었다는 이유뿐이다. 그러나 점령정책 중에는, SCAPIN 677호에 의해 죽도는 일본의 행정행사구역에서 제외되었고, 더욱이 SCAPIN 1033호의 맥아더 라인으로 인해 일본의 선박과 선원은 죽도부터 12해리 이내로 접근할 수 없게 되었다. 다만 SCAPIN 1033호는 1952년 4월 25일에 폐지되었는데, SCAPIN 677호에 대해서는 폐지 조치가 취해지지 않았다. 이 때문에 한국 측에서는 죽도에 대한 명시적인 규정이 있는 것은 SCAPIN 677호뿐이고, 대일강화조약에서 일본령에 편입된다고 규정되지 않은 이상, 일본에서 분리된 것에 변함이 없다고 한다. 이에 대해 일본 측에서는 대일강화조약의 발효와 동시에 SCAPIN 677호는 효력을 잃었고, 강화조약에서 죽도에 관해 언급하고 있지 않은 것은 일본령으로서 남은 것이라 생각할 수 있다고 하는 것이다.

이 때문에 일본정부는 죽도의 현 상황을 '한국의 불법점거'라고 보는 것이다. 그러나 어째서 '불법'인가에 관해서는 그 근거가 무엇 하나 기록되어 있지 않다.

이승만 라인에 대해서도 '국제법에 반하여 일방적으로 설정'한 것이라고 비난한다. 그러나 이 라인은, SCAPIN 1033호에 근거한 맥아더 라인을 계승한 것이다. 연합군의 점령정책이, 일본어선의 조업을 제한하는 조치로서, 왜 설정한 것인가에 대해 검토하지 않으면 안 될 것이다.

자재, 기술, 자본을 일본인이 장악 지배하고 있던 것이 식민지 조선의 어업이었다. 식민지에서 해방되었다고는 해도, 한국의 어업이 자립해 가기 위해서는 보호에 따른 육성이 필요했고, 그러기 위해서는 일본 어선의 진출을 저지할 맥아더 라인의 설정이 필요했다. 그것은 전쟁 전의 일본 어업이 연안국의 입장을 고려하지 않고 자의적으로 조업을 하고 있던 어업활동을 규제해야 한다는 국제여론을 반영해 실시한 것이다. 그러나 맥아더 라인에 대해서조차 일본의 어업단체는 대일강화조약 전의 조기철폐를 요청하고 있었던 것이다.

일본정부는 이승만 라인에 대해 '공해자유의 원칙에 반한다'라며 비판해 왔다. '공해자유의 원칙'이라고 하면 듣기에는 좋다.

그러나 전후세계에서는 이전 시대와는 달리, 연안국 또는 신흥국의 이익을 우선하는 새로운 원칙으로 변화하고 있는 것이었다. 때문에 대일강화조약 제9조에서 '일본국은 공해에서 어렵의 규제 또는 제한 및 어업의 보존과 발전을 규정하는 2국 간 및 다수국 간의 협정을 체결하기 위해, 희망하는 연합국과 신속하게 교섭을 개시하도록 한다'고 규정하고 있다.

한국은 연합국은 아니지만, 제21조의 수익조항에 의해 전술의 제9조에 규정된 이익을 받을 수 있게 되어 있고, 일한 양국 간에서의 어업협정체결의 의무가 일본에게 부과되어 있다. 따라서 당연히, 한국의 연안어업을 보호하지 않으면 안 된다는 한국정부의 입장을 고려하여, 일본은 한국 주변지역에서의 일본 어선의 조업을 제한할 것, 어업협정에서 그 사실을 명문화할 것이 기대되고 있었다. 그러나 일본 측에는 조업을 제한할 의사가 없었다. 때문에 한국 측의 자위조치가 맥아더 라인을 계승하는 이승만 라인의 설정으로 구체화한 것이다.

분명 일본 측에서는 이승만 라인의 설정은 갑작스럽고 일방적이었을지 모른다. 그러나 일본 측이 비난하여 마지않는 '공해자유의 원칙에 위반된다', '불법 부당한 일방적 결정이다' 등에 대해서는 한국정부 국무원 선언 등을 통해 언급하고 있는 바이다. 한국 측은 국제적 선례에 의거한다며, 미국의 트루먼 선언을 비롯해 구체적 예를 열거하고, 공해자유의 원칙을 대신해서 전후에는 연안국의 이익을 존중하는 것이 원칙으로 확립되고 있음을 분명히 하고 있다. 또 수역설정에 있어서도 관계국의 동의는 반드시 필요로 하지 않는 방향으로 변해가고 있는 것에 대해서도 언급하고 있다. 그러나 일본에서는 맥아더라인과 마찬가지로 이승만 라인 내에 죽도를 포함시킨 것도 모두 감정적인 반발만이 앞서, 일본해의 수산자원 보호와 이용에 어떤 대책이 요구되는가 등에 관한 견해표명은 거의 없었다고 보아도 좋을 것이다.

외무성의 팸플릿은, 1953년 7월 죽도에서 어업에 종사하고 있는 한국 어민에 대해 '불법조업'이라며 퇴거를 요구했다고 기록하고 있다. 전술한 것처럼, 1953년 3월 19일에 한미합동위원회는 독도를 폭격연습지역에서 해제할 것을 결정했다. 같은 날, 일미합동위원회도 또한 죽도를 연습지에서 삭제할 것을 결정했다.

일본의 경우와는 달리, 한국에서는 주한미군의 허가가 있었음에도 불구하고, 독도에서 폭격연습이 행해진 것에 대해 한국정부가 항의한 결과, 미국으로부터 폭격연습은 하지 않겠다는 통보를 받은 후의 해제 결정 과정이 있었다. 그것은 독도를 한국령으로 인정했다는 전제 하의 대처였던 것이다. 지정해제와 함께 한국 어민은 독도 주변해역에 출어했다. 그것을 '불법조업'이라고 할 수 있는가.

한국은 독도의 통치를, 1948년에 한국이 독립했을 때 미 군정청으로부터 계승해 온 것이다. 1952년의 대일강화조약에서 어떤 기술도 없는 독도를 일본령이라고 할 수 있는가. 1953년 이후, 일한 양국의 어업자가 충돌한 사건이 일어나자, 한국에서는 독도 의용수비대가 독도의 수비를 일임하여 실효적 점유를 담당했다. 국가 경찰이 이것을 이어받은 형식으로 경비를 담당한 것은 1956년 12월부터이다. 한편 1953년부터 일한 양국 정부 간에 항의 구술서가 왕래되고 있다.

日本は竹島の領有権に関する問題を国際可法裁判所に付託する
　　　　　　ことを提案していますが、韓国はこれを拒否しています。
　　　　　　→ ほんとうの事情は？

　日本政府は、1954年9月25日付け口上書で、竹島の領有権問題を国際可法裁判所に付託することを韓国側に提案したが、韓国は同年10月28日、この提案を拒否した。

　外務所のパンフレットは、何故に韓国側が拒否したのか、その理由について記していない。その理由がわからなければ、韓国側が逃げているとも誤解されることになる。韓国の立場は、独島に対する領土・領有権を初めから保持しており、この権利に対する確認を国際可法裁判所に求めなければならない理由はない、というものである。

　そして1951年以来の日韓国交正常化交渉では、さまざまな経緯から竹島＝独島問題は一時タナ上げされたが、「紛争の解決に関する交換公文」が1965年に取り交わされ、以下の合意を得ている－「両国政府は、別段の合意がある場合を除くほか、両国間の紛争は、まず外交上の経路を通じて解決するものとし、これによって解決できなつかった場合は、両国政府が合意する手続きに従い、調停によって解決を図るものとする」。

　この合意文からすれば、竹島問題の解決方法は当事者同士の外交交渉で解決するか、調停によるしかないわけで、日本側では政府与党から語られているように、いきなり直接的に国際司法裁判所に持ち込むなどということは考えられないはずのことといわなければならない。

　なお、パンフレットでは、1954年に韓国を訪問したヴァン・フリートJames A. Van Fleet[42]特使の帰国報告に、米国は竹島を日本領と考えて

おり、本件を国際司法裁判所に付託するのが適当であるとの立場であり、この提案を韓国に非公式に行ったところ、独島は韓国の一部であると反論したとの主旨が記されていると、わざわざ付言している。

この当時、日本の外務省が米国務省の支持を得て、竹島紛争を国際司法裁判所に付託させるべきであるとする安全保障理事会の勧告を得るための働きかけを行っていたことが明らかにされているが、日本側が米国に仲介者の役割を期待しているのに対して、米国はこの問題について巻き込まれたくないという姿勢をとり、両国政府が独力で話し合うべきであるとした(会議記録「リアンクール紛争を安全保障理事会に付託するとの日本の提案」1954年11月16日、会議覚書「リアンクール岩」1954年11月17日 -『竹島問題に関する調査研究』最終報告書)[43]。

前述した1951年のラスク書簡、そして1954年のヴァン・フリート特使の報告にしても、日本の外務省がもっぱら米国務省の権威を頼みにして、問題解決に当たろうとしていたことがよくわかる。しかし領土問題の解決に第三国の積極的な関与を期待することはできないわけで、基本は以下にも述べるように、両国間の協議にある。それにもかかわらず、日韓両国が合意している1965年の「紛争の解決に関する交換公文」についてまったく言及していないのは理解に苦しむところである。もっとも、韓国が、独島は韓国領土であるから紛争は存在しないとする立場から、紛争解決の交換公文の対象ではないとする説もあるが、それならそれで、もしその論理に正面から対抗、反論するというのであれば、独島が韓国領土ではない、竹島は日本領土であることを明確に証明することが必要である。いずれにしても今回発行された外務省のパンフレットの限りでいえば、日本政府の主張は説得力をもたないのである。

일본정부는 1954년 9월 25일 구상서에서 죽도의 영유권 문제를 국제사법재판소에 제소하는 것을 한국 측에 제안했지만, 한국은 같은 해 10월 28일 이 제안을 거부했다.

외무성의 팸플릿은 왜 한국 측이 거부했는지, 그 이유에 대해서는 기술하고 있지 않다. 그 이유를 알지 못하면, 한국 측이 피하고 있다고 오해할 수도 있다. 한국의 입장은 독도에 대한 영토·영유권을 처음부터 가지고 있어, 이 권리에 대한 확인을 국제사법재판소에 요청할 이유가 없다는 것이다.

그리고 1951년 이래의 한일국교정상화교섭에서는 여러 경위여서 죽도(독도)문제는 일시 보류되었지만, '분쟁의 해결에 관한 교환공문'이 1965년에 교환되어 이하의 합의를 얻었다 - '양국 정부는 별도의 합의가 있는 경우를 제의하고는, 양국 간의 분쟁은 우선 외교상의 경로를 통해 해결하는 것으로 하며, 이로써 해결되지 않았을 경우여는 양국 정부가 합의절차에 따라, 조정에 의해 해결을 도모하기로 한다.'

이 합의문에 의하면, 죽도 문제의 해결 방법은 당사자 간의 외교교섭으로 해결하든지, 조정에 의할 수밖에 없는 것으로, 일본 측에서는 정부여당에서 말하고 있는 것처럼 갑자기 직접적으로 국제사법재판소에 제소하는 일은 상각할 수 없는 것이다. 더욱이 팸플릿에서는 1954년에 한국을 방문한 반 프리트(James A. Van Fleet) 특사의 귀국 보고에, 미국은 죽도를 일본령이라고 생각하고 있고, 본건을 국제사법재판소에 위탁하는 것이 적당하다는 입장으로, 이 제안을 한국에 비공식적으로 행했으나 독도는 한국의 일부라고 반론했다는 취지가 기록되어 있다고, 특별히 덧붙여 말하고 있다.

이 당시 일본 외무성이 미국 외무성의 지지를 얻어, 죽도분쟁을 국제사법재판소에 위탁해야 한다는 안전보장이사회의 권고를 얻기 위해 로비활동을 한 것이 밝혀지고 있지만, 일본 측이 미국에게 중개자 역할을 기대하고 있는 것에 대해, 미국은 이 문제에 휘말리고 싶지 않다는 자세를 취하고, 양국 정부가 서로 의논해야 한다고 했다(회의 기록 '리안쿠-루분쟁을 안정보장이사회에 부탁한다는 일본의 제안' 1954년 11월 16일, 회의각서 '리안쿠-루암' 1954년 11월 17일 - "죽도 문제에 관한 조사연구" 최종보고서).

전술한 1951년의 러스크 서간, 그리고 1954년의 반 프리트 특사의 보고로도, 일본의 외무성이 한결같이 미 국무성의 권위를 믿고, 문제 해결에 임하려 하고 있음을 잘 알 수 있다. 그러나 영토 문제의 해결에 제3국의 적극적인 관여를 기대할 수 없어, 기본적 문제는 이하에도 말하듯이, 양국 간의 협의에 있다. 그럼에도 불구하고 일한 양국이 합의하고 있는 1965년의 '분쟁의 해결에 관한 교환 공문'에 대해 전혀 언급하고 있지 않는 것은 이해하기 어려운 점이다. 게다가 한국이 독도는 한국영토이기 때문에 분쟁은 존재하지 않는다는 입장에서, 분쟁해결의 교환공문 대상이 아니라는 설도 있지만, 그렇다면 만약 그 논리에 정면으로 대항, 반론하고자 한다면, 독도가 한국영토가 아니고 일본영토임을 명확히 증명할 필요가 있는 것이다. 결국 이번에 발행된 외무성의 팸플릿에 한해서 말하자면, 일본정부의 주장은 설득력을 지니지 않는 것이다.

あとがき

　外務省の『竹島』パンフレットを読んでの率直な感想は、「これはひどい、ひどすぎる』の一語に尽きる。

　過去の歴史と真正面から向き合おうとせず、歴史の一部をご都合主義でつまみ食いをして、その一方で、自分の主張と相容れない事実は無視して顧みないという内容である。それにもかかわらず、これが日本政府の基本的立場であるといって主張されるのでは、日本国民を惑わすことにもなるのであるから、黙って見過ごすわけにはゆかないのである。加えて韓国語版、英語版も同時に刊行され、全世界に発信されるということは、この問題に対する日本政府の不勉強ぶりを世界にさらけだすことでもある。

　私は歴史を研究している日本人として、何よりも歴史の事実を尊重すべきことを訴えたい。竹島の問題は、歴史的事実にもとづいて解決の筋道が明らかになるのである。外務省の主張のように、史実とかけ離れたところで勝手な議論をしているようでは、問題は解決されないといわなければならない。私は日本国の名誉のために、史実に基づいて歴史を解明する意図から本書を執筆した。

　『竹島』パンフレットにおける最大の問題点は、竹島をわが国固有の領土・領域であるといいながら、そのことを史実に基づいて証明していないことである。詳細は本書のなかで記述したところであるが、いま一度ここで確認しておく。

　第一は、幕府が松島（現竹島）の存在を初めて知ったのは、1696年1月の鳥取藩とのやり取りの中である。そうである以上、それ以前の時期にな

る 17世紀半ばに現竹島の領有権を確立したなどといえるはずはない。

　第二に、幕府は 1695年12月から1696年1月にかけての鳥取藩とのやり取りの中で竹島(欝陵島)と松島(現竹島)が、鳥取藩に属する島ではないことを確認した上で、幕府としても日本領ではないとする結論を出して、1696年1月に日本人の竹島渡海を禁止したのである。

　第三に、1877年に明治政府の太政官は、島根県が竹島外一島(現竹島)の取り扱いについて質問を受け、政府としての調査を行った上で「竹島外一島本邦無関係」と決定した。

　第四に、1905年の領土編入を領有権の再確認という主張は誤りである。幕府も明治政府も現竹島についての領有を主張したことはなく、逆に1696年と1877年の2度にわたって日本領ではないことを明らかにした。領土編入の閣議決定にあるのは、無主地であることを確認して領土編入したということである。無主地であるという以上、固有領土とはいえなくなる。問題は、その当時、現竹島は無主地であったかどうかである。

　日本政府が竹島を「わが国の領土」と、その領有権を主張するためには、以上の問題点について明確に解明されなければならない。そのために必要な論証の作業を怠っていたからこそ、『竹島』パンフレットのような杜撰な内容のものが刊行されるのである。竹島問題にかかわる新しい史料も出されている。しかも現在では、関係資料を日韓両国で共有するという状況がつくられている。したがって共通の土俵に上がって歴史認識の共有を図ることが課題となっているといってよい。そして両国政府は、史実に基づく研究の成果を正しく受け止めてくれればよいのである。さしあたって私は、この間違いだらけの外務省パンフレットに振り回されて、日本国民が恥をかくことだけは避けたいと願うものである。

こうした形で本書が刊行できたのは、ご支援をいただいている方々のお
かげであり、新幹社の高二三社長のご高配の賜と感謝申し上げる次笁で
ある。

2008年三月

著者

3. 후기

외무성의 '죽도' 팸플릿을 읽고 나서의 솔직한 감상은 '이것은 심해도 너무 심하다'라는 말 이외에 할 말이 없었다..

과거사를 정면에서 보려 하지 않고, 역사의 일부를 편의주의에 입각해 일부만 인용하는 한편, 자신의 주장과 일치하지 않는 사실은 무시하고 다루지 않은 내용이다. 그럼에도 불구하고 이것이 일본정부의 기본적 입장이라고 주장하는 것은, 일본국민을 혼동하게 하는 일이기 때문에 잠자코 보고만 있을 수는 없다. 덧붙여 한국어판, 영어판도 동시에 간행되어 전 세계에 배포되는 것은, 이 문제에 대한 일본정부의 무지함을 세계에 드러내는 일이기도 하다.

나는 역사를 연구하는 일본인으로서 무엇보다도 역사의 사실을 존중해야 한다고 호소하고 싶다. 죽도 문제는 역사적 사실에 근거하여 해결책을 찾아야 한다. 외무성의 주장처럼 사실과 동떨어진 곳에서 제멋대로 논의해서는 문제가 해결되지 않는다고 말하지 않을 수 없다. 나는 일본의 명예를 위해, 사실에 기초하여 역사를 해명하려는 의도에서 이 책을 집필했다.

"죽도" 팸플릿에 있어 최대의 문제점은, 죽도를 우리의 고유영토, 우리나라의 영토·우리나라의 영역이라고 하면서 이를 사실에 근거해 증명하고 있지 않다는 것이다. 자세한 것은 이 책 속에서 기술했지만, 지금 다시 한 번 여기서 확인해 둔다.

첫째, 막부가 송도(현 죽도)의 존재를 처음으로 안 것은, 1696년 1월의 톳토리번과의 왕래 과정에서였다. 때문에 그 이전 시기인 17세기 중반에 현 죽도에 대한 영유권을 확립했다고는 말할 수 없다.

둘째, 막부는 1695년 12월부터 1696년 1월에 걸친 톳토리번과의 왕래과정에서, 죽도(울릉도)와 송도(현 죽도)가 톳토리번에 속한 섬이 아니라는 것을 확인하고, 막부로서도 일본령이 아니라는 결론을 내고, 1696년 1월에 일본인의 죽도도해를 금지했다.

셋째, 1877년에 메이지 정부의 태정관은, 시마네현이 죽도 이도의 한 섬(현 죽도)의 취급에 대한 질문을 받고, 정부 차원의 조사를 행한 후 '죽도 외 한 섬은 일본과 관계없다'고 결정했다.

넷째, 1905년의 영토 편입을 영유권의 재확인이라고 하는 주장은 잘못됐다. 막부도 메이지 정부도 현 죽도에 대해 영유를 주장한 적은 없고, 반대로 1696년과 1877년의 두 번에 걸쳐 일본령이 아니라고 명확히 밝혔다. 영토 편입의 각의결정에는 무주지라는 것을 확인해 영토 편입했다고 되어 있다. 무주지라고 한 이상, 고유 영토라고는 말할 수 없다. 문제는 그 당시 현 죽도가 무주지였는가 아닌가 하는 점이다.

일본정부가 죽도를 '우리나라의 영토'라고 그 영유권을 주장하기 위해서는, 이상의 문제점에 대해 명확히 해명하지 않으면 안 된다. 이를 위해 필요한 논증 작업을 게을리 했기 때문에 "죽도" 팸플릿과 같은 터무니없는 내용의 것이 간행된 것이다.

죽도 문제에 관련된 새로운 사료도 나와 있다. 게다가 현재는 관계 자료를 일한 양국에서 공유하는 상황이 형성되고 있다. 따라서 같은 무대에 올라 역사 인식의 공유를 도모하는 것이 과제가 되고 있다고 할 수 있다. 그리고 양국 정부는, 사실에 기초한 연구 성과를 바르게 받아들이면 되는 것이다. 우선 저자는 이 오류투성이의 외무성 팸플릿에 휘둘려 일본국민이 창피를 당하는 일만은 피하고 싶은 마음이다.

이러한 형태로 이 책을 간행할 수 있었던 것은, 지원해 주신 분들

덕분이며, 신간사의 타카 니산 사장님의 배려에 감사드리는 바이다.

2008년 8월

저자

1) ウェブ上でもPDF版が公開されている。
   http://www.mofa.go.jp/mofaj/area/takeshima/pdfs/pmp_10issues.pdf

2) 1905(明治38)年2月22日の島根県へ版図「編入」の日を記念して「竹島の日」とする条例(36号)を県議会が制定した(「編入」100年目にあたる2005年3月25日公布)。

3) 本名: 玄珠、俗名: 源五兵衛、1717～1801年 江戸期の漢学者、地理学者。主著たる上記「改正日本興地路程全図」は1775年に完成、1779年に初版刊行。

4) 須原屋茂兵衛・浅野弥兵衛を版元とする木版彩色古地図。

5) 現在の鳥取県中西部の古称。別名伯州とも。

6) 斉藤豊宣とも。松江藩士、当時は隠岐郡代。

7) 1738～1789年 名は友直。江戸後期の経世・批評家。伊達(仙台)藩に生を受け、長崎、江戸で学ぶ。六無斎主人との異名も。主要著書に上記書のほかに「海国兵談」など。

8) 1745～1818年 幼名三治郎。近代日本の測量の父ともいえる測量家。「大日本沿海興地全図」(1821年完成、別名「伊能大図」)の基礎となる実側を奥州(東北)、蝦夷(北海道)を手始めに名地で実施した。

9) 券153 地理誌。

10) 韓国最古の紀伝体史書。1145年完成、全50巻。三国時代から統一新羅末期までの時期をカバーしている。

11) 外務省条約局にあって専ら竹島問題を担当した外交官。主著に『竹島の歴史地理学的研究』(古今書院、1966年)など。

12) 朝鮮、慶尚道東来釜山の漁民。1693年に欝陵島で日本漁民に遭遇、日本に連行されて取り調べを受け、1696年に再度自らの意思で日本に渡航、欝陵島の日本占拠に抗議を申し立て、併せて欝陵島を竹島、子山島を松島といって、ともに朝鮮の江原道に属することを明らかにした。

13) 朝鮮、慶尚道東莱県蔚山の漁民。

14) 対馬藩において、同藩士の公浦儀右衛門、越常右衛門が1726(享保11)年に編纂した対朝鮮交渉記録。

15) 現在の鳥取県東部、別名因州。

16) 1798～1836年 石見国浜田藩領内＝現島根県浜田市＝(藩御用掛)の廻船問屋。1836(天平7)年、密貿易を幕府間諜(隠密)の間宮林蔵に通牒され、大坂西町奉行の摘発を受けて死罪となる。(『竹島渡海－事件』)

17) 備局ないしは籌司ともいう。当時朝鮮の軍事行政部署のひとつ。

18) 『李朝実録』ともいい、李氏朝鮮時代をカバーする編年体で編まれた官撰史書。

19) 朝鮮王朝の粛宗(1661～1720)時代(在位1674～1720)を記録した史書。

20) 島根半島北部の島嶼。

21) 『東国文献備考』と並び、申景濬の編纂になる朝鮮の歴代版図図。

22) 前年12月まで朝鮮に滞在した 外務省吏員佐田白茅らによる復命鮮告書。

23)　　明治政府が編纂した最初の官撰地誌。1872～73(明治5～6)年に塚本明毅の手で撰述され、刊行に際しては稿を各府県へ下して訂正させ、校勘(校閲)を加えている。1874年刊行開始、1879年完結。総国、二京(東京/京都)、五畿七道、琉球、北海道の他、樺太も。

24) 鳥取県東伯郡小鴨村出身、島根県周吉郡西郷町に移住、潜水漁業や巾着網漁業の先駆者。竹島漁猟合資会社を設立、代表となる。

25) 奥原福市とも。島根県松江の郷土史家(1873～1935年)で主著に上記言のほかに『隠岐島誌』『秋鹿村誌』など。

26) 1853～1922年、貴族院議員、大阪市長などを歴任。測量分野では日本の位置を電信測定によって確定した。男爵、海軍中将。

27) 1904年に日露戦争を背景として締結された日韓条約。後に一次～三次に及ぶ日韓協約、さらには韓国併合条約(1910)に結びつく。

28) 1882年設立。松陽新聞との合併(1942年)を経て島根新聞から山陰新報への名称変更を経て現山陰中央新報。
http://www.sanin-chuo.co.jp/

29) 大日本帝国海軍『軍艦新高行動日誌 37』、1904(明治37)年。

30) 1893～1971年、米の弁護士、政治家。米33代大統領トルーマン政治下で国務長官(在位1949～52年)。

31) 1909～1994年 米の弁護士、政治家。米35代大統領ケネディ並びに米36代大統領ジョンソン政権下で国務長官。

32) 前出の米国務次官補ディーン・ラスクが 1951年8月10日付けで韓国政府に送った書簡。

33) Supreme Commander for the Allied Powers Memorandum Indx Instruction Note＝SCAPIN (本文中では「司令官覚書」とした。連合軍最高司令部訓令、もしくは対日指令というこ

とがある。)

34) 1893～1981年　米陸軍元帥、初代統合参謀本部議長、初代NATO(北大西洋条約機構)議長。

35) 1888～1959年　米の弁護士、政治家。米34代大統領アイゼンハワー政権下で国務長官(在位1953～59)。56年には日、比、豪などを歴訪する和平特使なども果たした。

36) 朝鮮戦争、Korean　Warとも。１９５０年6月25日の北朝鮮軍の南越によって始められ、1953年7月27日に休戦協定発効。これにより朝鮮半島の分断が固定化された。

37) 「日本の漁業及び捕鯨業に認可された区域に関する覚書」である。

38) 連合軍最高司令官覚書1033号を根拠とした前掲「日本の漁業及び捕鯨業に認可された区域に関する覚書」によって定められた日本漁船の操業可能海域。

39) 韓国大統領李承晩(イ スンマン)(1875～1965年、在位1948～60年)が1952年１月18日の海洋主権宣言にもとづき宣言、制定した軍事境界線。1965年の日韓漁業協定の成立によって廃止。

40) (社) 大日本水産会、全国漁業組合連合会(全漁連)など。

41) 米33代大統領ハリー・トルーマンHurry S. Trumanが1945年9月に発表した「排他的経済水域(EEZ, Exclusive Economic Zone＝国連海洋法条約に基づいて設定される経済的な主権がおよぶ水域」これによって米国は公開漁業資源について管轄権＝主権)を設定した。大統領行政命令第2667号。

42) 1892～1992年米軍人。1954年、アイゼンハワー大統領の特使として日韓台比などを歴訪、その報告書(フリート秘密報告1954年)を同大統領に提出した。

43) 島根県ウェブサイト http://www.pref.shimane.lg.jp/soumu/web－takeshima/takeshima04/takeshima04_01/

제2장

해설

1. 우산국(于山國)과 울릉도(鬱陵島)

일본이 말하는 죽도란 우리의 독도를 의미하나, 원래는 울릉도의 별칭이었다. 울릉도가 기록에 나타나기 시작하는 것은 "삼국사기"가 전하는 智証王 13년조의 기록이다.

> 13년 6월에 우산국이 귀복하여 해마다 토의(토산품)를 바치기로 하였다. 우산국은 명주의 정동쪽의 해도에 있어 혹은 울릉도라고도 한다.
> 十三年, 夏六月, 于山国帰服, 歳以土宜為貢, 于山国, 在溟州正東海島 或名欝陵島

이처럼 우산국을 이루는 도명으로 소개되고 있다. 우산국을 울릉도로도 부르는 사회적 인식을 반영한 기록으로 울릉도가 우산국을 대표하는 섬이었음을 알 수 있다. 이는 신라의 정동쪽에 존재하는 국가가 우산국이며, 우산국은 울릉도를 비롯한 주변의 여러 섬을 포섭한 국가였고, 그 국가를 울릉도로 불렀다는 것을 나타내는 기록이다.

이러한 기록으로 우산국과 울릉도를 동일한 것으로 보는 견해도 있지만, 국가의 중요 지명이나 도시명이 국가를 의미하는 경우가 많은 것을 고려할 때, 울릉도와 우산국을 같은 의미로 보는 것은 옳지 않다.

"삼국사기"는 이사부가 정벌한 대상을 '우산국'으로 명기하고 그것을 일명 '울릉도'로 소개하고 있다. 그리고 그 주민을 '우산인' · '국인'으로, 정벌 대상을 '其国'으로 표현했다. 울릉도는 일명으로 소개되어, '우산국'이 '국'으로 호칭되었다는 점을 강조한 기록으로 보아야 한다.

'국'과 '도'는 字意와 사용되는 범위부터 다르다. 울릉도가 국호 우산국을 대신한다 해도 결과적으로는 '국' 안에 포함된다. 우산국이라는 국호가 신라와의 관계에서 사용되기 시작한 점을 생각할 때, 그 의미는 신라와의 관계 안에서 확인되어야 한다. 따라서 우산국이라는 국호의 의미를 파악하기 위해서는 지증왕대의 국호의 의미를 알아야 한다. 신라의 국가발전은 족장(군장) - 국가(소국) - 연맹왕국 - 중앙집권국의 단계로 설정된다. '국'을 이 발전 단계에 적용시켜 보면 소국 시대에 해당된다.

이 소국의 규모는 "삼국유사"의 '조선유민이 70여 국으로 나뉘었는데 모두 그 땅은 방백리였다'와 '이곳을 진한이라 했다. 여기에는 12개의 조그마한 나라들이 있어 각각 1만 호나 되었는데 저마다 나라라고 일컬었다'를 토대로 추정할 수 있다. 기록의 '방백리'가 그 단서가 된다. '방백리'는 '발붙일 곳이 없기에 자신이 동북 1백 리의 땅을 내

주었다'와 같이, 마한 왕이 백제의 처신을 꾸짖을 때도 사용된 용어로, 소국을 일컫는 '국'의 영역을 의미함을 알 수 있다. 그 소국은 직경 30~40키로의 영역으로, 1만 명의 인구가 거주하고 있었다. 혈족제도만으로는 사회를 유지시킬 수 없어, 공적인 권력을 만들고 그 힘으로 사회를 지배하게 되었으나, 정치적·경제적·종교적·문화적 역량에는 한계가 있었다. 그 한계를 극복하기 위한 소국들의 병합 활동은 계속된다. 1세기 중·후반 이후 지속적인 소국병합이 전개되어, 3세기 중반경에는 중앙집권적인 통치체제가 완성되어 갔다. 이는 당시 만들어진 고분의 축조능력이나 금·은·동 등 다양한 재질의 유물을 통해 추정할 수 있다.

우산국 정벌이 이루어진 것은 지증왕 13(512)년이었다. 지증왕 때는 전반적으로 제도가 정비된 시기로, 6년에 실직주를 설치하고 그 군주로 이사부를 임명한 것도 그중 하나이다. 물론 군주라는 관직은 그 이전에도 있었으나, 점령지역의 획일적 지배와 왕권과 지방 세력과의 연결을 통한 통일적 지배를 위해, 왕의 측근자인 외관을 임명해 파견했다는 점에서 제도가 한층 발전된 것으로 볼 수 있다. 또 지증왕은 군신들이 건국 이래 일정하지 않은 국호와 왕호의 정립을 건의하자, 덕업이 날로 새로워진다는 의미의 '新'과 사방을 망라한다는 뜻의 '羅'를 택해 '新羅'로 국호를 정하였다. 또한 건국한 지 22대에 이르러 처음으로 왕호 또한 '신라국왕'으로 규정되었다. 그 기술을 보면 아래와 같다.

군신이 말하기를 '시조께서 창업한 이래로 국명이 일정치 아니하여 혹은 사라라 하고 혹은 사로라 하고 혹은 신라라 하였으나, 신들은 생각건대 신은 덕업이 날로 새로운 뜻이요, 라는 사방을 망라한다는 뜻이므로 그것으로 국호를 삼는 것이 좋을 듯하오며, 또 생각건대 자고로 국가를 가진 이가 다 제왕이라 칭하였는데 우리 시조가 건국한 지 22대에 이르도록 단지 방언으로 칭하여 존호를 정하지 아니하였으니 지금 군신은 한뜻으로 삼가 신라국왕이란 존호를 올립니다'고 하니 왕이 거기에 따랐다.

羣臣上言, 始祖創業已來, 國名未定, 或秤斯羅, 或秤斯盧, 或言新羅, 臣等以爲, 新者德業日新. 羅者網羅四方之義, 則其爲國號宜矣, 又觀自古有國家者, 皆稱帝稱王, 自我始祖立國, 至今二十二世, 但稱方言, 未定尊號, 今羣臣一意, 謹上號新羅國, 王從之(『三國史記』第4, 智証王 4年).

이처럼 '신라'라는 국호가 새로 정해졌다는 것은, 신라가 '국'에 대해 새로운 인식을 가지고, 이전의 '국'과는 성격이 다른 국가체제를 정비했다는 것을 의미한다. 그전에 사용되었던 연맹체의 하나인 '사로국'·'골벌국'·'음즙벌국' 등의 '국'이 의미하던 공간의 한계에서 벗어나, 그 모든 것을 포함할 수 있는 국호가 필요했던 것이다. 때문에 왕호도 거서간·이사금·차차웅·마립간 등과 같은 방언의 존호 대신 '국왕'으로 개칭한 것이다. 즉, 독자적 국가로 발전한 당시 체제에 맞는 국호와 왕호가 필요했던 것이다. 따라서 지증왕대의 '국'은 그 이전의 '국'과는 구별되며, 그 독자성이 인정되어야 한다. 우산국의 '국'도 그런 의미에서 볼 때, 단지 울릉도만을 의미하는 것이 아니라 울릉도 주변의 모든 섬, 멀리는 현제의 독도까지 포함한 호칭으로 판단된다.

2. 울릉도의 별명

조선 숙종 때 안용복과 박어둔을 납치한 일본은 쓰시마번(対馬藩)을 통해 그들을 송환하며, 조선인의 울릉도 어렵을 금지해 줄 것을 요구했다. 그러자 조선은 '일본의 죽도', '조선의 울릉도'라는 식으로 답하며, 울릉도의 출어를 금하고 있기 때문에 죽도는 말할 필요도 없다고 회신했다. 그러자 쓰시마번은 답서의 울릉도를 삭제하고 죽도로 통일해 줄 것을 요구했다. 조선은 일본이 죽도로 부르는 섬이 울릉도인 것을 알면서도, 일본과의 불화를 염려하여 죽도와 울릉도가 다른 섬인 것처럼 답했던 것이다. 근시안적인 대응책이었음은 말할 필요도 없다. 다음이 그 답서의 일부분이다.

> 우리나라의 도해 금지령은 극히 엄중하여 어민들은 외양에 못 나가게 되어 있습니다. 비록 우리나라의 울릉도일지라도 아득히 멀리 있다는 이유로 마음대로 왕래하지 못하는데, 하물며 그 밖의 섬이야 어떻겠습니까. 지금 이 어선이 감히 귀경의 죽도에 들어가 번거롭게 했음에도 호송해 보내고, 서신으로 우호의 정을 베풀어 준 것은 참으로 기쁘게 생각하는 바입니다.
> 弊邦海禁至厳, 制東浜海漁民, 使不得出於外洋, 雖弊境之蔚陵島, 亦以遼遠之故, 切不許任意往来, 況其外乎, 今此漁船入貴界竹島, 致煩領送遠勤書諭, 隣好之誼(『通交一覧』권137 p.25).

이처럼 울릉도와 죽도가 다른 섬인 것처럼 답하며, 국경을 넘은 자를 처벌하겠다고 약속하고 있다. 태종이 울릉도 출어를 금하자 대마번은 다음과 같은 행동을 하였다.

쓰시마도주 소우 사다시게가 타이라노 미치마사를 보내어 토산물을 바치고 붙잡아 갔던 사람들을 돌려보냈다. 소우 사다시게가 저들의 여러 부락 사람들을 인솔하여 무릉도에 이사해 살 것을 요청하였다. 임금이 가로되, 만약 이를 허락한다면 일본국왕이 저를 배반한 사람들을 우리가 불러들인다고 말할 것이다. 두 나라 사이에 불화가 생기지 않겠는가라고 말씀하셨다.
對馬島守護宗貞茂遣平道全 來獻土物發還俘虜 貞武請武陵島欲率其衆落徙居 上曰若許之則日本國王謂我爲招納叛人無乃生隙歟.

쓰시마도주는 쓰시마도민의 울릉 이주를 원했고 조선은 이를 거절했다. 쓰시마번의 울릉도에 대한 집념은 이로 그치지 않는다. 임진왜란이 끝난 1614년에는 이소타케시마(礒竹島)로 가는 해로를 조사하겠다며 길안내를 부탁했다. 이에 대해 조선은 아래와 같이 처신하였다.

울릉도에 왜노의 왕래를 금지하라는 뜻으로 전일 예조의 서계 가운데 이미 사리에 근거하여 회유하였습니다. 그런데 지금 쓰시마의 왜인이 아직도 울릉도에 와서 살고 싶어 하며 또 서계를 보냈으니 자못 놀랍습니다.
欝陵島禁止倭奴来去之意, 前日, 私曹書啓中, 已爲拠理回諭矣, 今者, 島倭, 猶欲来居欝陵島, 又送書契, 殊爲可駭.

조선이 일본인의 울릉도 왕래를 금한다는 사실을 전했음에도 쓰시마번은 뜻을 버리지 않았던 것이다. 비변사는 이때 경상감사 등에게 공문을 보내 의리에 입각하여 유시할 것을 명했다. 이 교섭에 임한 관리는 그 결과를 다음과 같이 보고했다.

단 서중에 이소타케시마라고 쓰여 있는 것을 보고 크게 놀라고 있는 것이다. 일본에서 온 사신은 이 일을 알지 못한다. 과연 누가 말을 꺼낸 것인가라고 말하고 있다. 본도는 경상도와 강원도의 해상에 있어 우리나라의 울릉도이다.

但, 書中有看審磯竹島之説, 深窃驚訝, 不知是計, 果出於誰某耶, 来
使口称, 本島介於慶尚江原両道海洋之中云, 即我国所謂蔚陵島者也,

쓰시마번이 울릉도를 달리 호칭하는 방법으로 울릉도 도해를 꾀하
고 있었다는 것을 알 수 있다. 그러나 조선은 그들이 말하는 이소타
케시마가 경상도와 강원도 사이에 있는 울릉도임을 알고 그것이 조
선 소속임을 분명히 하며, 지금은 황폐해졌지만 타국인에게 점거등할
이유는 없으며, 일본인이 조선에 왕래할 수 있는 길은 쓰시마를 경유
하는 길뿐이라는 사실도 분명히 밝혔다.

'이소타케시마(磯竹島)'
이 도명은 이수광의 『芝峰類説』(1614년 7월)에도 보인다.

> 임진변 후에 그곳에 가 본 자가 있다. 역시 왜에게 분략을 당해 아
> 직 인가의 연기가 없다. 근래에 듣자니, 왜노가 이소타케시마를 점
> 거하였다 한다. 혹은 말하길 의죽도는 울릉도이다.
> 壬辰変後 人有往見者 亦被倭焚掠 無復人煙 近聞 倭奴占拠磯竹島,
> 或謂磯竹即蔚陵島也.

임진왜란 이후의 울릉도 상황을 전하는 기록으로, 울릉도를 이소
타케시마로도 칭하고 있었음을 알 수 있다. 이소타케시마라는 도명을
임진왜란 후의 상황을 설명하며 사용한 것은, 그것이 일본인들이 사
용하던 도명이었기 때문이다. 임진왜란이 일어난 1592년의 기록인 『
多聞院日記』를 보면 호우키의 야시치라는 사람이 다문원의 히데토시
에게 '이소타키인삼'을 보냈다는 기록이 있다.
　"통항일람"에도 이소타케시마에서 밀무역을 하는 자들을 체포했가

는 기록이 있다.

> 상인 야자에몬, 닌우에몬은, 남몰래 도해하여, 이소타케시마에 있으므로<생각건대 이소타케시마는 죽도를 말한다.> 그들을 붙잡아 경도로 보내도록 하라는 막부의 명령이 있어,
> 商賈弥左衛門, 仁右衛門者, 窃渡海, 居磯竹島之間. (按するに磯竹島は竹島をいふなり) 捕之可送京都之由, 有台命,

울릉도로 몰래 도해한 상인 야자에몬과 닌우에몬을 붙잡아 쿄우토(京都)로 보내라는 막부의 명을 받은 소우 요시나리(宗義成)가, 오다(小田)와 아비루(阿比留) 등을 파견해 둘을 연행한 후, 후시미성(伏見城)의 토쿠가와 이에야스(徳川家康)에게 이를 보고하기 위해 사신을 보냈다는 것이다.

또 李景稷의 "李石門扶桑録" 중에도 1617년에 파견되었던 사절의 일화가 있다.

> 옛날 히데요시가 살아있을 때 한 왜인이 있었다. 스스로 원하여 의죽도에 들어가 재목 및 노위 등을 벌채하여 돌아왔다. 또 대와 같은 것이 많이 있어 히데요시가 크게 기뻐하여 그 이름을 이소타케야자에몬이라 불렀다.
> 昔年秀吉在時, 有一倭, 自願入蟻竹島, 伐取材木及蘆葦而来, 或有大者如篁, 秀吉大喜, 仍名曰蟻竹弥左衛門.

이곳의 蟻竹島는 磯竹島의 오기이다. 히데요시(秀吉)시대에 이소타케시마에 건너가 목재 등을 벌채한 자를 이소타케야자에몬(磯竹弥左衛門)이라고 불렀다는 사실이 조선통신사에까지 알려지자, 막부는 쓰시마번에 명하여 그들을 붙잡아 처분했다. 오오야가(大谷家)와 무라

카와가(村川家)가 죽도도해면허를 받았다고 주장하는 1618년보다 2년 늦은 1620(元和6)년의 일이었다.

죽도라는 명칭이 일본문헌에 나타나기 시작한 것은 죽도도해면허장이 처음으로 그 이전에는 이소타케시마로 칭해지고 있었다.

1587～90년 '이소타케(磯竹)'("日本国屏風"福井県 浄得寺蔵) 기타

1592년 '이소타키인삼(人蔘)'("多聞院日記"38 天正 20년 5월 19일)

1614년 '이소타케가 곧 울릉도이다(磯竹即蔚陵島也)'("芝峯類説"권
　　2 지리부)

1614년 '이소타케시마의설(磯竹島之説)'("朝鮮通交大紀", 万暦 42년
　　7, 尹守謙復書)

1614년 '이소타케시마(磯竹島)'("東莱府接倭事目抄", 광해군 6년 6월)

1617년 '이소타케시마(蟻竹島)'(李暒稷, "李石門扶桑録")

1617년 '이소타케시마(磯竹島)'("対州編稔略")

이외에 중국 명나라가 왜구대책으로 1561년에 만든 "일본도찬(日本図纂)"에 호우키국(伯耆国)의 '타케시마(他計汁麻)'로, "도서편일본국도(図書編日本国図)"에는 '타케시마(竹島)'로 기록되어 있다.

1625년에 발급되었다는 죽도도해면허서부터 '죽도'라는 도명이 사용되기 시작하여, 그때까지 사용되던 '이소타케시마'라는 도명은 볼 수 없게 되었다. 1667년에 발행된 "은주시청합기"는 "죽도가 있다. 통상 의죽도라 한다(有竹島, 俗言磯竹島)"와 같이 이소타케시마와 죽도의 관계를 정리했고, 1823년의 "은기고기집"은 '옛날부터 이것을 이소타케시마라고 한다'며 의죽도가 죽도의 고칭임을 밝히고 있다.

[죽도]

죽도가 조선의 기록에 나타나기 시작한 것은 "숙종실록" 20년조로, 쓰마번이 안용복과 박어둔을 송환하며 조선인의 죽도도해금지를 요구하자, 이에 응한 답서에 '귀국의 경지인 죽도(貴境竹島)', '왜인이 말하는 소위 죽도는 우리나라의 울릉도이다(倭人所謂竹島即我国欝陵島)'라는 기술이 그 시초로 보인다.

남구만은 울릉도에 대가 많아 죽도로도 호칭한다며, 울릉도와 죽도가 일도이명의 동도라는 사실을 설명했다. 그 섬에 대가 많다는 것은 태종실록 12년조의 '서까래와 같은 대나무와 해착 과목 등이 있다(竹如大椽海錯果木)'라는 기록과 17년조의 안무사 김인우가 대죽을 가져다 바친 기록, 세종실록의 대죽을 가지고 온 기록, 세종실록지리지의 대가 기둥만 하다(竹大如柱)는 기록, 숙종조의 대죽이 많다는 기록, 대가 생산되어 죽도라고 한다는 기록 등에서 확인된다. 울릉도를 대 생산과 연계시켜 죽도로 칭했음을 알 수 있다.

그뿐 아니라 울릉도와 독도의 별명으로 혼용되는 무릉이나 무릉도와도 연계된다. '武陵'이나 '武陵島'의 '武'는 일본음으로는 '타케'로, 타케다(武田), 타케오(武夫 · 武生 · 武男), 타케베(武部), 타케시마(武嶋)와 같은 용례가 얼마든지 있다. 大西俊輝는 아래와 같이 '다케(竹)'를 '武'와 대응시키고 있다.

> 타케시마라는 이름은 원래 울릉도를 가리키는 타케시마(竹島)의 이름에서 유래된다. 당시 리안쿠-루토암(독도)은 별도로 마쓰시마(松島)라 칭해지고 있었다. 그 두 섬이 처음부터 마쓰시마 · 타케시마(松島 · 竹島)로 명명되었던 것은 아니다. 섬으로 인식된 것은 다케시마가 처음이다. 마쓰시마는 타케시마에 이끌려, 마쓰(松)와 타

케(竹)라는 한 쌍의 경칭으로, 마쓰시마라 이름 붙여졌다.

마쓰우라 타케시로우(松浦武四郎)의 『타케시마잡지(他計甚麼雑誌)(明治 4년)』는 이 도명에 대해 '他計甚麼(일본 風土記에 있다) 또는 竹島라고 쓰는 것은 이 섬(동쪽, 大坂浦)에 대나무 숲이 있는데 큰 것은 2척(尺) 정도가 되어(竹島図説에 있음), 그렇게 부르는 것이다'라고 기술하고 있다.

야타 타카마사(矢曰高当)의 "장생죽도기(長生竹島記)"享和 2년간도 '대가 길게 자라 우거진 섬'이라 했다. 1694년 조선의 예조참판이 쓰시마번에 보낸 문서에도 '대를 생산하여 혹은 타케시마라고도 칭한다'라는 내용이 있다. 그러나 도명의 유래는 그렇게 단순한 문제가 아니었다. 나카이 타케노신(中井猛之進)의 『울릉도식물조사서(大正 8년간)』에 의하면, 이 섬의 옛 명칭은 타케시마(武島)라 한다. 원래는 타케(武)의 섬으로 그것이 어느 사이에 타케(竹)의 섬이 되었다 한다.

타케(武)의 섬이란 울릉도의 옛 이름 '武陵島'를 말한다. 쓰보이 쿠마조우(坪井九馬三)의 "울릉도"(역사지리38, 3, 大正10)도 같은 설을 주창하고 있다. 섬의 고명은 '우루', '우', '무'로 이를 한자인 무(武)나 우(于)에 해당시킨 것이라 한다. 무노시마(武의 島), 우노시마(于의 島)라는 의미이다(大西俊輝 저 權五曄・權靜 역 "獨島").

메이지 15(1882)년 발행으로 추정되는 해군수로국의 "일지한항로리정일람약도(日支韓航路里程一覧略図)"나 메이지 20(1887)년에 발간된 수로부의 "세계전도" 등은 울릉도에 해당하는 섬을 '송도'로만 기재하고 있지만, 메이지19(1886)년 9월 30일 수로부 발행의 "환영수로지" 제2권 제2판은 '울릉도일명송도, 양명 다게렛 운운'이라 기재했고, 메이지 24(1891)년 발행한 "일본총도", 메이지 29(1896)년 발행한 "조선" 등의 수로부 지도는 모두 울릉도와 송도를 병기하고 있다. 또 일본인의 울릉도 벌목사건과 관련, 메이지 16(1883)년 3월에 지방장관명으로 보낸 통달에는 아래와 같이 옛 지명과 구미식 지명 모두를 기재하고 있다.

일본은 송도(일명 죽도)로 칭하고 조선은 울릉도로 칭한다. 운운.
日本稱松島<一名竹島> 朝鮮稱 蔚陵島 云云

　이처럼 일본 고래의 송도(죽도)라는 이름과 구미식 이름은 상당 기간 혼용되었다. 그러나 현 죽도가 '죽도'로 불렸던 적은 없었다. 그것을 '죽도'로 부르게 된 것은 독도를 시네마현에 소속시키면서부터였다.

3. 도명의 혼란

　일본이 호칭하는 죽도란 울릉도의 별명으로 이소타케시마로 불리기도 했다. 일본이 오키에서 출발하여 조선에 가려면 송도와 죽도를 거쳐야 했다. 그래서 메이지 시대까지는 울릉도와 독도(子山島)를 죽도와 송도로 칭하는 것이 일반적이었다. 1693년 쓰시마번은 소위 '죽도일건'이라는 외교적 분쟁을 통해 울릉도(죽도)를 침탈하려 한 일이 있으나, 막부가 1696년 1월 28일 일본인의 도해를 금함으로써 울릉도가 조선령임이 분명해졌다. 그러나 1700년대 말 이후 유럽인이 위치를 잘못 측정하여 도명에 혼란이 생겼다.

　1787년에 프랑스 군함이 동해를 통과하던 중 해도에 없는 소도를 발견하고, 발견자 르포토 · 다쥬레(Lepaute Dagelet)의 이름을 따 다쥬레 섬으로 명명했다. 1789년에는 영국의 탐험가 제임스 코르넷트(James Colnett)도 울릉도를 발견해 함선의 이름을 따 아루고노트(Argonaut) 섬이라 했다. 1849년에는 프랑스의 포경선 리안쿠르토(Liancourt)호가 발견하여 리안쿠루토 섬이라 칭했다. 그런데 울릉도의 경위도가 서로 달라, 유럽 지도에는 두 개의 울릉도가 존재하는 것처럼 그려지게 되었다.

1823년에 네덜란드의 의사 필립 프란쓰 본·시볼트(Philipp Franz von Siebold)가 나가사키 데지마(出島)의 네덜란드 관사로 부임했다 그는 의사이자 지리연구에 조예가 깊어 "일본동물지", "일본식물지", "일본" 등을 저술했고, 1840년에는 일본지도를 간행했다. 그는 일본의 문헌과 지도에 오키도와 조선 사이의 일본 쪽에 송도, 조선 쪽에 죽도라는 섬이 있다는 것과 그것을 유럽제 지도가 일본 쪽에 다쥬레도, 조선 쪽에 아루고노트島를 그리고 있다는 것을 알고, 다쥬레도를 송도로, 아루고노트도를 죽도로 비정하여 일본지도에 기입했다. 이것이 종래 죽도(磯竹島)로 불리던 울릉도가 송도로 불리게 되는 계기가 되었다.

이처럼 울릉도는 다쥬레도와 아루고노트도라는 2개의 다른 섬처럼 기재되었는데, 그 후 1854년 러시아의 군함 팔라다호(Pallada)가 울릉도의 위치를 정밀하게 측정했다. 그 결과 코르넷트가 아루고노트라고 명명한 울릉도의 경위도가 부정확하다는 것이 밝혀졌다. 결국 아루고노트라는 도명은 지도에서 사라지게 된다.

그 사이 현재의 죽도가 1849년 프랑스의 포경선 리안쿠르토호에 의해 발견되어, 리안쿠-루토로 명명되었다. 이어서 1854년에는 울릉도를 실측한 러시아함 파루라다호도 지금의 죽도의 위치를 측정하고, 그것을 마나라이(Manalai) 및 오리부트사(Olivutsa)라고 명명했으나, 다음 해인 1855년에 영국의 호넷(Hornet)호의 함장 찰스 씨 포사이스(Charles C. Forsyth)도 이 섬을 측량하여, 영국의 해도에는 호넷암(Hornet rocks)으로 기재되게 되었다. 이 때문에 한때 구미에서는 아루고노트, 다쥬레, 리안쿠-루토(또는 호넷)라는 세 섬이 기재된 지도도

출현했다.

이런 지도류에는 조선반도와 오키도 사이에 북서에서 남동을 향해 3개의 섬이 그려져 있다. 북서부의 제1도를 아루고노트, 중앙을 다쥬레 또는 송도, 남동부의 제3도는 도명 없이 영국군함명인 호넷 1855라고 기재하고 있다. 또 아루고노트도에 대해서는 '현존하지 않음'이라고 주기하며 섬의 형태를 그리지 않고 있는 것이 주목된다. 그러나 1872년(明治 5년)의 지도나 1880년(明治 13년)의 지도가 되면 아루고노트의 이름은 자취를 감추고, 다쥬레(마쓰시마)와 리안쿠-루토(호넷·락스) 두 섬만 남게 된다. 1900년대가 되면 구미 지도에는 일반적으로 다쥬레 또는 마쓰시마, 리안쿠-루토 또는 호넷이라는 2개의 섬만 기재되어, 옛날 일본에서 죽도 또는 이소타케시마로 알려졌던 울릉도는 다쥬레 또는 송도(마쓰시마)가 된다.

일본에서는 메이지시대 초까지 일관하여 오늘의 죽도를 '송도', 울릉도를 '죽도'(혹은 '磯竹島')라고 불렀다. 그러나 라·페루즈 이래의 구미인에 의한 이 두 섬의 발견과 그 지리적 견해의 변천, 특히 다쥬레도를 송도로 비정한 시볼트의 착각으로 인해, 울릉도, 송도, 죽도의 명칭에 혼란이 일어나게 되었다.

일본정부 간행물인 해군수로국(부)해도의 경우, 메이지 13(1880)년 9월, 군함 '아마기(天城)'에 의해 '송도'로 불리는 섬이 고래의 울릉도(죽도)였음이 확인되어, 그 후 간행된 해도에는 일관되게 울릉도를 '송도', 오늘날의 죽도를 '리안쿠-루토암(石)'으로 표기했다.

4. 죽도고

숙종 19년(1693)어 일본에 납치당한 안용복은 울릉도와 자산도가 조선의 영토임을 주장하다 송환되어 처벌받았으나, 숙종 22년에 재차 도해하여 쓰시마번의 비리를 소송하고 귀국했다. 일본이 '죽도일건'이라 칭하는 사건으로, 울릉도(죽도)에서 배타적 독점권을 확보하려던 톳토리번 요나고 어민의 기도와 죽도를 탈취하려던 쓰시마번의 저의에서 기인된 영토분쟁이었다.

이 사건은 막부가 일본인의 도해를 금함으로써 종결되었으나, 울릉도에서 얻은 이익이 컸던 만큼 그 결정에 불만을 품은 세력이 많았다. 그 대표적인 사람이 오카지마 마사요시(岡嶋正義)였고, 그가 1828년에 발간한 것이 "죽도고"이다. 이 책에는 죽도와 안용복에 관한 기술이 많아 이를 토대로 안용복이 평가되어 왔다. 하지만 "죽도고"가 조선에 적대적 편견을 가진 자의 편찬인 만큼, 이 기록의 특성이 먼저 파악되어야 한다.

죽도가 조선의 울릉도라는 사실을 막부가 1696년 1월에 인정하며 일본인의 도해를 금했음에도, "죽도고"는 일본의 섬을 조선의 간계로 인해 침탈당했으니, 조선에 불행한 일이 발생할 경우 이를 기회 삼아 탈환해야 한다고 쓰고 있다.

안용복에 대한 기록은 당대의 기록과 후대의 기록으로 대별할 수 있는데, 안용복을 납치한 오오야가의 기록, 오오야가의 보고에 근거한 톳토리번의 기록, 안용복을 조선으로 송환시킨 쓰시마번의 기록, 안용복을 치죄한 조선의 기록 등이 전자에 속하고, 오카지마 마사요시의 "죽도고", "인부연표(因府年表)"등이 후자에 속한다.

즉, 납치당한 안용복의 진술을 바탕으로 한 "숙종실록", 납치를 자행한 오오야가의 "죽도도해유래기발서공", 당지의 "호우키시(伯耆志)", 안용복의 행적을 오키대관이 관찰 보고한 "원록구병자년조선주착안일권지각서(元禄九丙子年朝鮮舟着岸一巻之覚書)", 안용복의 송환을 책임졌던 쓰시마번의 "죽도기사" 등은 관련자들의 직접적 경험을 바탕으로 한 당대의 기록이다. 이에 비해 오카지마의 기록은 후대의 것으로 많은 자료를 참고했다는 이점은 있지만, 후대의 기록인 만큼 시대사상과 편자의 의도가 반영된 사료인 것이다. 그럼에도 죽도와 안용복을 논할 경우 "죽도고"가 많이 인용된다. 편찬의도에 대한 검증 없이 이를 그대로 신용하는 것은 위험한 일이다. 기록은 기록자나 사회적 사상에 따라 변화된다는 점에서 17세기의 안용복관련사건을 시간이 지난 19세기에 다룬 오카지마의 기록은 검토되어야 한다.

1828년에 발간된 "죽도고"는 죽도 주변의 이권을 배타적으로 독점하기를 바라던 돗토리한의 사고가 반영된 기록으로, 일본인의 울릉도로의 재도해를 염원하고 있다.

오카지마는 죽도로부터 얻는 이익이 지역사회를 발전시킨다는 생각에, 조선의 입장은 고려하지 않고 침략적인 방법으로라도 울릉도를 획득해야 한다는 주장을 했다.

그는 서장에서 여러 자료를 참고해 톳토리번이 막부에 제출했던 죽도관련 보고서를 근거로 그의 주장이 타당함을 강조했다. 당시의 막부와 톳토리번의 인식과 금지령이 결정된 과정을 알면서도 도해금지가 조선인의 간계에 의한 것으로 보고 있다. 즉, 오카지마는 조선인이 일본인을 혐오하여 죽도에 가지 않은 것은 폐도의 증거이고, 따라서 울릉도를 발견한 일본이 당연히 울릉도를 영유해야 한다는 논리를 펴고 있다. 그가 수집했다는 자료들을 '심찰상규(深察詳糾)'했다건 결코 취할 수 없는 주장이다. 그는 죽도에 대한 집념이 강해, 소유의 정통성을 확인할 수만 있다면 일본의 치부를 거론하는 일도 주저하지 않았다. 왜구들의 만행이나 토요토미(豊臣)의 침탈행위도 서슴없이 거론하며 이를 죽도영유의 정통성으로 삼고자 했다. 일본에 이익이 된다면 조선의 불행은 전혀 상관없다는 사고였다.

5. 죽도고도설(竹島考圖說)의 용어설명

• 이나바(因幡)

이나바국(因幡国)은 산인(山陰)에 위치한 톳토리현 동부에 해당한다. 인슈우(因州)라고도 하며 옛날에는 이나바노쿠니노미얏코(稲葉国造)의 영역이었다. 7세기 이나바국이 성립된 후, 무로마치(室町)시대에는 이나바의 야마나시(山名氏) 일족이 수호역을 맡았으나, 주변의 타지마(但馬)나 호우키(伯耆)의 야마나시에 비해 지바 기반이 취약캤다. 때문에 타지마총령가(但馬惣領家)가 가독 문제에 개입하는 등 정정이 불안한 부분이 있었다. 또 야가미(八上)·핫토우(八東) 등 이나바 남부에는 독립성이 강한 봉공중계(奉公衆系) 사람들이 많았으며, 그들의 일부가 반란을 일으키기도 했다.

전국시대에도 이나바 야마나시의 세력이 내분으로 약해지자, 오다(織田)·모리(毛利)의 쟁탄지가 되었다. 모리씨와 손을 잡은 타케다 타카노부(武田高信)가 세력을 확대했으나 일국을 지배하는 다이묘으로는 성장하지 못했다. 하시바 히데요시(羽柴秀吉)에 의해 톳토리성이 함락된 후에 오다(織田)씨의 지배하에 들어갔다. 에도시대 초기에는 복수의 다이묘우(大名)가 분할하였으나, 이후에는 이케다(池田)씨가 톳토리번 32만 코쿠(石)의 다이묘우가 되었다.

• 호우키국(伯耆国)

산인에 위치한 톳토리현 중부 및 서부지방으로서 하쿠슈우(伯州)로도 칭한다. 고대유적의 유사성 방언 등 문화적 공통점이 많아, 이즈모(出雲)와 합해 운파쿠(雲伯)지방이라고도 한다. 현재 톳토리현 서부를 가리킨다. "고사기"에는 호우키국(伯岐国)으로 되어 있다.

고분시대 이전에는 고대 이즈모의 특징인 요스미톳슈쓰카타훈큐우보(四隅突出型墳丘墓)가 만들어졌고, "이즈모후도키(出雲国風土記)"에도 호우키다이센(伯耆大山) 일화가 있어 이즈모문화권으로 생각되고 있다. 야요이(弥生)시대부터 철기제조가 성하여, 이 지방의 철이 야마토정권의 원동력이었다는 의견도 있다. "고사기"의 이자나미(伊邪那美)의 매장지 '이즈모와 호우키의 경계 히바노야마(比婆山)'는 島根県 야스기시(安来市)와 요나고(米子市) 근처로 비정된다. 고분시대 이후 율령시대가 되자 호우키노쿠니노미얏코(伯耆国造)가 있었던 영역에 호우키국을 설치했다.

• 요나고(米子)

전국 말기에 호우키는 이즈모의 동부와 같이 킷카와 히로이에(吉川広家)가 통치하게 되었다. 1601년 호우키국 18만코쿠의 영주로 나카무라 카즈타다(中村一忠)가 임명되었고, 1602년경에 요나고성이 완성되었다. 번주 나카무라 카즈타다가 유소(11세)했기 때문에 집정가로인 요코타 무라아키(横田村詮)가 새로 요나고번을 건설하고 번정을 행했다. 1609년 나카무라 카즈타다가 급사하자 나카무라가는 단절됐고, 대신 1610년 카토우 사다야스(加藤貞泰)가 입성했다. 후에 이케다씨가 통치했으나, 1632년 이후는 이케다씨 가로 아라오(荒尾)씨가 자분수정치(自分手政治)를 행했다. 1871년에 폐번치현(廃藩置県)으로 톳토리현이 되었다.

이곳에 사는 어민 오오야 · 무라카와 양가가 막부 관리들과의 곤계를 배경으로, 1625년부터 1696년 1월 28일까지 죽도에 도해하고 있었다. 오늘날 일본은 이를 근거로 죽도에 대한 정통성을 주장하고 있다.

• 미호(三保)

미호노세키(美保関)는 시마네현 야쓰카군(八束郡) 소속이다. 2005년 3월 31일 마쓰에시(松江市), 카시마초우(鹿島町), 시마네초우(島根町), 신지초우(宍道町), 야쿠모무라(八雲村), 타마유초우(玉湯町), 야쓰카초우(八束町)와 신설 병합되어 새로운 마쓰에시가 되어, 행정지역으로는 소멸되었으나 편입 후에도 '마쓰에시 미호세키초우'로 지명은 남아 있다.

예부터 해상교통의 요소인 항구로 번영했다. 조선반도 등과 교역하는 거점이었던 미호노세키(美保関)는 제철에 의한 철의 수출항으로 번영하여, 아시카가(足利)시대에는 장군의 직할령이 되었다. 에도시대에는 키타마에부네(北前船)교역의 요소지로 번영하여 많은 카이센톤야(廻船問屋) 등이 존재했다. 현재도 많은 고분이 발견되고 있다.

• 쿠모쓰(雲津)

요나고 어민들이 오키로 건너가는 길목이다. 무라카와가 어민들이

1695년 죽도에서 조선인을 만나 어렵을 포기하고 귀항하는데, 3월 27일 17시에 출발해 4월 1일에 세키슈우(石州) 하마다우라(浜田浦), 4월 4일에는 운슈우 쿠모쓰우라(雲州 雲津浦)에, 5일에는 16시에 요나고에 입항했다. 이곳의 운슈우는 이즈모의 별칭이다.

• 이즈모(出雲)

영제국(令制國)의 이즈모국 영역에 해당되는 지역이다. 현재의 시마네현 동부로 운슈우(雲州)라고도 한다. 국명의 유래는 구름이 피어오르는 풍경을 나타낸 이즈모(稜威母)이다. 일본국의 모신인 '이자나미'에 대한 경의를 표한 말에서 유래되었다. 혹은 이즈모(稜威藻)라고 하는데 용신신앙의 물풀(藻草)에 신위(神威)가 넘친다는 뜻의 말에서 유래되었다는 설도 있다.

고대 이즈모는 청동기를 주로 하는 서부 이즈모(현재의 시마네현 이즈모시 부근)와 철기를 주로 하는 동부 이즈모(현재의 시마네현 아기시(安来市), 톳토리현 요나고시, 다이센초우) 이대 세력에서 출발하였으며, 이후 통일왕조가 되자 바다를 중심으로 한 종교국가로 성장한 것으로 생각된다. 특히 동부 이즈모는 율령하의 호우키국까지 문화적으로 연결되어 있어, 야요이기(弥生期)에는 이즈모와 호우키(鳥取県西部)를 이즈모 문화권으로 보는 움직임도 있다. 고고학적 견지에서는 고분이 발달되기 이전의 매장양식인 요스미(四隅)돌출분구묘의 분포상황으로 보아, 호쿠리쿠(北陸)지방 등도 상고 이즈모로 보아야 한다는 설도 있다. 이러한 환일본해(동해)의 판도확대 일화는 나라 끌어오기(国引)신화가 되어 "이즈모노쿠니후도키(出雲国風土記)"에 게재된 것이라는 견해도 있다.

율령 이전 이즈모국의 영향력은 일본신화의 곳곳에 보여, 일본 창생신화의 대부분이 이즈모나 그 주변 관련 이야기이다. 그러나 결국 야마토(大和)왕권에 복속되자 나라양도신화 형식으르 "일본서기" 등에 기록되었다고 말해진다. 나라양도의 교환조건으로 건립된 이즈모다이샤(出雲大社)에서는 지금도 전국 참배가 계속되고 있다. 제사를 집행하는 이즈모노쿠니노얏코(出雲国造)는 아마테라스오오카미(天照大神)의 둘째 아들인 아메노호히노미코토(天穂日命)의 후손으로 황실과 같은 혈통이다.

10월의 이칭인 '칸나쓰키(神無月)'는 '신이 없는 달'로, 전국의 도든(八百万) 신들이 이달에 이즈모에 집결하여, 인연 만들기 등 회의를 한다는 전승이 있다. 이것은 중세 이후에 이즈모다이샤가 전국에 유포한 설이나, 현재도 이즈모에서는 10월을 '카미아리즈키(神在月)'로 부른다. 이즈모다이샤 외 여러 신사에서는 음력 10월 10일경에는 신을 맞이하는 제, 그 1주 후에는 신을 보내는 제를 지낸다.

이즈모국 지역은 현재 '이즈모지방' 또는 '이즈모지역'이라고도 불린다. 또 시마네현청을 비롯한 행정조직에서 '시마네동부', '현동투지방'이라고 표현할 때도 '이즈모지방'과 거의 같은 범위를 가리킨다.

• 이와미(石見)
이와미노쿠니(石見国)는 산인에 위치하는 시마네현의 서부에 해당한다. 세키슈우(石州)라고도 한다. 지역을 세분하여 오오타(大田)시를 중심으로 하는 동부지역을 '세키토우(石東)지방', 고우쓰(江津)시 나하마다시(浜田市)를 중심으로 하는 중부지역을 '세키오우(石央)지방', 마스다(益田)시를 중심으로 하는 서부지역을 '세키세이(石西)지방'이라고 부른다.

• 이와미긴잔(石見銀山)

시마네현 오오타시에 있다. 전국시대 후기부터 에도시대 전기에
걸쳐 최성기를 맞이한 일본 최대의 긴잔(현재는 閉山)이다. 오오모리
긴잔(大森銀山)으로도 불렸다. 에도시대 초기에는 사마긴잔(佐摩銀山)
이라 불렸다.

이와미긴잔이 개발된 시기는 일본경제의 상업적 발전 시기와 같다.
때문에 제동된 하이후키은(灰吹銀)은 소마은(ソーマ銀)이라 불려 일본
산은 상품(銘柄)의 하나로 거래되었다. 이 하이후키긴을 가공한 세키
슈우초우긴(石州丁銀) 및 도쿠가와막부(德川幕府)에 의한 케이초우초
우긴(慶長丁銀)은 기본통화로 국내에서 유통되었을 뿐 아니라, 전에
는 중국과 16세기 후반부터는 포르투갈, 17세기 초에는 동인도회사
사이에서 이 은을 매개로 한 세계규모의 교역이 이루어졌다. 특히 중
국은 상거래, 병사의 급여 등에 은화를 사용해, 은수요의 흡인력이 막
대했다. 당시 일본의 은 산출량은 전 세계의 3분의 1(생산량의 평균은
연간 200톤 정도, 그중 이와미긴잔이 38톤) 정도였다.

항해술의 발전에 따라 서구제국의 왕후, 특히 스페인 국왕은 이슬
람권에서 입수한 지도를 토대로 독자적으로 지도를 작성했다. 이 지
도를 가진 선단이 일본으로 무역권을 넓혀 이와미긴잔 산출의 은을
구하고 있었다.

은산을 수중에 넣은 무장들은 적극적으로 해외제국과 무역을 했다.
그 수입품 중에 당시 귀중했던 화승총이 포함되었을 가능성도 지적
되고 있다. 영국선이나 폴란드선은 일본에서 산출된 은을 '소모

(Somo)' 혹은 '소마(Soma)'라 불렸는데, 이는 오오모리(大森)의 옛 이름인 '사마(佐摩)'에서 유래된 것이다.

• 오키노시마(隱岐島)

오키도는 크게 도우젠(島前)과 도우고(島後)로 구성되는데, 도우젠(島前)은 아마초우(海土町＝中ノ島), 니시노시마초우(西ノ島町), 치부무라(知夫村＝千振)를 포함한다. 이때 '島'는 '토우'로 발음되는데 '도우(道)'로 읽는 것은, 왕조의 수도에 가까운 곳을 '도우젠(道前)', 먼 곳을 '도우고(道後)'로 구별한 것에서 기인한다. 왕도와의 거리를 나타내는 '도우젠'과 '도우고'를 오키가 섬이라는 사실을 함께 나타낼 수 있는 '도우젠'과 '도우고'로 표기한 것이다.

지도의 거리표기

雲津－凡十八里－千振(隱岐島)，隱岐島後－凡七十里－松島－凡四十里－竹嶋
쿠모쓰－대개 18리－치부리(오키노시마), 오키의 도우젠－대가 70리－송도－대개 40리－죽도

竹島周邊의 地名
イガ嶋, 間ノ島, 唐船ヶ鼻.
이가시마, 마노시마, 토우센가시마

죽도서북 방향에 '朝鮮国'이라는 표기가 있음.

이 지도에는 다음과 같은 설명문이 있다.

右ニ擧ル図ハ享保中從幕府竹島ノ地理物産並往年彼地ヲ朝鮮へ奪掠
セシ始末御穿鑿ノ有ケルトキ大谷村川ガ兩家ヨリ差上ル處ノ図ヲ斯
ニ縮図セルモノ也。又別ニ渠ガ家ニ持伝 フル大図アリ。此余御精
鑿アランニ於テハ是ヲ携へ出府致シ明細ニ可遂言上ノ由ニテ家 ニ
殘セシト也。

오른쪽 지도는 쿄우호우 중 막부에서 죽도의 지리, 물산 및 왕년에
그 땅을 조선에 약탈당한 시말을 조사했을 때, 오오야·무라카와
양가가 올린 지도를 축도한 것이다. 또 별도로 그의 집에 전하는
큰 지도가 있다. 더 이상 정밀히 조사할 것이 있으면, 이를 가지고
출부하여 자세히 말씀드리기 위해 집에 남겨 두었다 한다.

1. 죽도도해면허

일본은 울릉도 개발에 한 획을 긋게 된 것이 겐나(元和) 4년(1618년)의 죽도도해면허라며, 호우키국 요나고 상인인 오오야 진키치(大谷甚吉), 무라카와 이치베에(村川市兵衛)는 번주인 마쓰타이라 신타로(松平新太郎)를 통해 막부로부터 죽도(울릉도)도해면허를 받아, 그 후 매년 섬에 도해하며 전복채취, 강치 수렵, 단목이나 대나무의 벌채 등에 종사하였고, 그것들을 장군가 및 막부 관료들에게 헌상하게 되었다고 말하고 있다.

하지만 이는 오오야가의 『죽도도해유래기발서공』, 『대곡가유서실기(大谷家由緒実記)』 등이 전하는 기록과 다른 주장이다. 요나고어서 회선업(廻船業)에 종사하던 오오야 진키치(大谷甚吉)가 겐나 3(1617)년에 에치고(越後)에서 귀항하던 중, 죽도(울릉도)에 표착하여 그곳이 무인의 섬으로 천혜의 보고임을 발견하고, 요나고에 파견된 아버 시로우고로우 마사유키(阿部四郎五郎正之)에게 죽도로의 독점적 도해를 부탁했다. 진키치는 아베의 전우였던 무라카와 이치베에를 그 사업에 동참시켰고, 그들의 부탁을 받은 아베는 톳토리번주를 통해 오오야·무라카와 양가의 도해를 허가하는 봉서를 내렸다.

> 호우키노쿠니 요나고에서 죽도로, 선년 배로 건넜다 한다. 그러하므로 이번에도 그처럼 도해하고 싶다는 것을 요나고의 주민 무라카와 이치베에와 오오야 진키치가 신청한 것에 대해, 장군에게 말씀드렸더니, 이의가 없다는 말씀을 하셨으므로 그 뜻을 아시고 도

해를 명하여 주십시오. 삼가 아룁니다.
5월 16일

나가이 시나노노카미
이노우에 카즈에노카미
도이 오오이노카미
사카이 우타노카미

마쓰타이라 신타로우 토노

從伯耆國米子竹島江先年船相渡之由に候然者如其今度致渡海度之段
米子町人村上市兵衛大屋甚吉申上付而達上聞候之處不可有異儀之旨
被仰出候間被得其意渡海之儀可被仰付候 恐々謹言
五月十六日

永井信濃守
井上主計守
土井大炊頭
酒井雅樂頭

松平新太郎殿

전술했듯이 도해면허증이 1618년 발급이 아닌 이유는, 면허증에
서명한 네 명 중 두 사람은 당시 서명할 자격이 없었기 때문이다. 나
가이 시나노노카미와 이노우에 카즈에노카미가 그들로, 나가이가 서
명할 수 있는 토시요리(年寄)가 되는 것은 1622(元和 8)년이었고, 井上
도 같은 해에 연서할 수 있는 자격을 얻었다. 이러한 이유로 후지이
조우지(藤井讓治)는 죽도도해면허의 발급연도를 1624, 1625년으로 보
았다.

또 일본은 1618년 이래의 도해를 합법적인 것으로 주장하고 있으
나, 오오야가 휴대했던 면허를 보면, 오오야·무라카와 양가가 전년
에 배로 건넜기 때문에 '이번에도 그처럼 도해하고 싶다'고 요.구한
것에 대해 '금년'의 도해를 허가하고 있다. 그것도 오오야·무라카와
양가에게 직접 허가한 것이 아니라, 톳토리번주 앞으로 허가하여 번

주가 양가에 허가하는 형식을 취하고 있다. 이것은 도항 시 혹은 도항신청 시의 번주가 바뀌면 새로운 면허를 받아야 한다는 것을 의미한다(池内敏). 그러나 양가는 70여 년간 갱신하는 일 없이 처음 받은 면허의 사본을 가지고 도해했다.

내년 그쪽의 배가 죽도에 도해하고 송도에도 처음으로 배가 가는 것에 대해 무라카와 이치베에와 상의하는 것이 당연합니다. 자세한 것은 가신 가메야마 쇼우자에몬이 말씀드릴 것입니다 상세한 것은 생략합니다. 삼가 아룁니다.

아베곤하치로우 마사시게(화압)

9월 4일

오오야 큐우에몬사마

來年御手前舟竹嶋へ渡海松嶋へも初而舟可被指越之旨村川市兵衛と被致相談尤ニ候。委細者家來龜山庄左衛門方より可申達候間不能詳候。恐惶謹言°

阿部權八郎政重(花押)

九月四日

大谷九右衛門様

그리고 또 내년부터 죽도 안의 송도에 귀하의 배가 건너가야 한다는 취지는 전년에 시로우고로우가 노중님께 내의를 받았습니다. 도해의 년을 정하여 이치베에 님이 귀하에게 증서를 건네주었기 때문에, 무라카와 님과 상담하여 그 증서대로 해야 합니다. (후략)

카메야마 쇼자에몬 (화압)

9월 5일

오야큐에몬 사마

将又来年より竹嶋之内松嶋へ貴様舟御渡之筈ニ御座候旨先年四郎五郎御老中様へ得御内意申候　渡海之番年相定市兵衛殿貴様へ証文相渡し置候間村川殿と御相談候而其証文次第ニ可被成候(後略)

龜山庄左衛門 (花押)

九月五日

大谷九右衛門様

이처럼 아베가가 오오야가에게 보낸 답서에 '송도에도 처음으로 배가 가는 것'이라는 내용과, 아베가의 가신인 카메야마(龜山)가 보낸 서간의 '내년부터 죽도 안의 송도에 귀하의 배가 건너가야 한다는 취지는 전년에 시로우고로우가 노중님께 내의를 받았습니다'라는 내용을 근거로, 1660(万治 3)년이나 1661년부터 양가는 막부의 정식 승인 하에 송도에 도해하게 되었다고 주장하고 있다. 또한 송도는 오키에서 죽도로 가는 길목에 있어, 항해의 목표가 되거나, 도중의 정박지로 적당한 위치에 있어 강치나 전복 등의 어채지였다는 점을 강조했다. 그러므로 죽도도해 후 송도의 발견과 개발도 이루어졌을 것이라고 추정했다. 죽도나 송도를 17세기에 발견한 일본에게 영유의 정통성이 있다는 주장이다.

그러나 大谷·村川 양가가 1625년에 발급받았다는 죽도도해면허의 사본을 갖고 도해했던 것에 비해, 송도도해면허라고 할 수 있는 증명서나 사본을 휴대했다는 기록은 없다. 만약 그러한 도해면허가 있었다면 소지하지 않을 까닭이 없으며, 따라서 송도도해면허는 川上의 주장과는 달리 존재하지 않았다고 판단된다.

때문에 전술의 송도도해는 도해에 따른 이익을 둘러싼 양가의 분쟁에 阿部家가 개입한 내용으로 볼 수 있다. 함께 죽도로 도해하던 중, 村川家가 단독으로 송도도해를 기도하자, 상대적으로 세력이 약화된 大谷家가 阿部家에 호소하여 세력의 균형을 취하려 한 시도가 서간에 나타난 것이다. 이런 일련의 기록들을 종합한 池内敏는 「송도도해면허」라는 것은 존재하지 않으며, 万治~寛文의 서간에 나타난 양상은 새로운 도해면허 발행이 아니라, 도해를 둘러싼 大谷·村川 양가의 이해 조정에 지나지 않는다라고 단정했다 .

2. 죽도의 발견

오오야가 기록인 『죽도도해유래기발서공』에는 다음과 같은 기록이 있다.

> 회선업을 가업으로 살아가고 있었는데, 에치고노쿠니에서 귀범하던 중 폭풍을 만나 죽도에 표착했습니다. 진키치는 이 섬을 돌아 탐색하여, 금후의 일을 생각하였습니다. (중략) 며칠이 지나 다이센의 산자락 요나고로 돌아왔습니다.
> 回船家業相営候処 越後国ヨリ帰帆之砌 与風竹島ヘ漂流 甚吉全ク島廻リ 越方等熱思 致所 (中略) 日経漸湊山下江帰帆

1617년에 진키치가 죽도에 표착하자, 그곳을 답사하고 돌아와 마침 막부에서 파견된 막신(幕臣) 아베 시로우고로우에게 상황을 설명하고, 죽도의 독점적 도해를 요청했다. 그러자 아베는 그의 구우인 무라카와 이치베에를 동업자로 삼게 하고, '위에서 들으시고 겐나 4년에 죽도도해 면허의 봉서를 받게 되었습니다(則御詮議之上奉達 御上聞 元和四年竹島渡海御免之御奉書頂戴'와 같이 1618년에 도해면허를 발급받을 수 있도록 중개역할을 했다. 소원을 이룬 오오야가는 그 결과를 다음과 같이 기록했다.

> 장군님에게 공물을 상납한 일은 없습니다만, 공허의 섬을 진키치가 실제로 발견하여 일본의 토지를 넓힐 수가 있었던 것은 목록을 받는 것과 같은 영예로, 발군의 공적이라는 칭찬을 들을 수 있었습니다. (중략) 그야말로 신불이 도와주신 덕택입니다.
> 御公儀貢物上納ハ雖不仕ト 誠二空居之島 甚吉見顕日本之土地廣 御式帳戴之如抜群之功ト御称美(中略) 冥加之至

장군에게 상납한 일도 없는데, 죽도를 발견하여 영토를 확장한 대가로 막부로부터 독점적인 죽도도해를 허가받았다는 기록이다. 하지만 실제로는 오오야가는 죽도도해를 통해 구축한 부를 배경으로 기회가 있을 때마다 상납을 행하고 있었고, 오오야가 기록인『죽도도해유래기발서공』은 비자금장부라고 할 수 있을 만큼, 장군과 막신들에게 상납한 내용이 주를 이룬다. 무인도를 발견하여 영역을 확장했다는 주장 또한 사실과 배치된 것으로, 1413년 태조가 울릉도 주민을 본토로 이주시키자 쓰시마도주는 공물을 바치며 쓰시마도인의 울릉도로의 이주를 원했으나 거부당한 일, 광해군 6(1614)년에는 울릉도를 의죽도라 칭하며 도해하려 하다 실패한 일, 1620년에는 조선의 속도인 죽도에서 잠상하던 자를 잡아 쿄우토로 보내라는 막부의 명을 받은 쓰시마번이 잠상 둘을 붙잡아 연행한 사실 등과 같이, 당시 일본은 죽도의 존재를 알고 있었다(內藤正中『独島와 竹島』 P54).

3. 도해면허와 노중

요나고 어민들이 받았다는 죽도도해면허에는 네 노중의 가판이 있어, 그들의 역할과 정치적 행동, 특히 대외활동을 살펴볼 필요가 있다.

노중은 에도막부 및 번의 직명으로, 장군 직속으로 국정을 통할하는 상설직이었다. 다이묘우(大名)시대의 토쿠가와가의 토시요리에서 유래하며, 칸에이(寬永)경에 노중이라는 명칭으로 정착됐다. 제번에서는 가로를 노중이라 칭하기도 했다.

막부에서는 1634(寬永 11)년에 육인중(六人衆)을 두었으나, 1649(慶安 2)년에 육인중(後의 若年寄에 상당)이 폐지되고, 1662年에 다시 와

카토시요리(若年寄)가 설치되어 장군가의 가정을 분담했다. 숙노(宿老)로 사용되기도 했으나 당초 노중은 토시요리슈우(年寄衆)로 불려, 하타모토(旗本) 사이에서는 토시요리슈우(年寄衆)라는 호칭이 정착했다.

막부의 노중은 오오데스케(大目付)·쵸우부교우(町奉行)·온코구부교유(遠国奉行)·슨푸조우다이(駿府城代) 등을 지휘감독하고, 조정·공가·다이묘우·지샤(寺社)에 관한 일, 치교우(知行)의 결정 등을 통괄했다. 정원은 4∼5인으로, 일반 업무는 월번제로 마월 1인이 담당하여, 에도조우(江戸城) 흔마루고덴(本丸御殿)에 있는 고요구베야(御用部屋)를 집합소·집무실로 하여 중대한 사무는 합의했다. 외부에 알려져서는 안 되는 극비사항을 상의할 때는 도청되지 않도록, 문서에 증거를 남기지 않도록 재(灰) 위에 필담을 하기도 했다. 실제로 담당이 아닌 자도 월번과 마찬가지로 중요한 사항을 합의·처리하기도 했다. 1680년에는 1인이 캇테가카리(勝手掛)노중으로 재정을 전담했으며, 노중슈소(首座)로 불렸다. 이 외에도 경우에 따라 니시노마루(西の丸) 노중을 두었다. 니시노마루 노중은 막정에는 관여하지 않고 오로지 니시노마루에 거주하는 오오고쇼(大御所)나 쇼우군시시(将軍嗣子)의 가정을 총괄했다.

집무시간은 약 4시간 정도였다 한다. 일반적으로 노중은 오전 10시경 에도성에 등성하여 오후 2시경에 퇴출했다. 노중에 취임한 자는 대부분 니시노마루시타(西之丸下: 현재 皇居外苑)에 저택을 마련하였다.

죽도도해면허는 그 성격이 애매하다. 이국 도해 시 사용된 주인장(朱印状)처럼 반납되는 일도 없었다. 주인장은 도해할 때마다 새로 신청하였고 도해가 끝나면 반납했다. 그런데 죽도도해 시에는 1625년의 주인장 사본이 1696년까지 사용되고 있었다. 막부가 톳토리번주 앞으로 발행한 것이, 번주 교체 후에도 갱신되지 않은 것이다.

　주인선이란 16세기 말부터 17세기 초에 걸쳐 주인장(해외도항허가증)을 받아 해외교역을 한 배를 칭한다. 주인장을 휴대한 일본선은 일본과 외교관계가 있던 포르투갈, 네덜란드, 동남아시아 제국 지배자의 보호를 받을 수 있었다.

　천하통일을 달성한 토요토미 히데요시는 일본인의 해외교역을 통제하여, 왜구를 억제할 필요가 있었다. 1592년에 처음으로 주인장을 발행해 마닐라, 아유타야, 파타니 등에 파견했다고 하나 이때의 자료는 별로 없다. 세키가하라(関ヶ原) 전투에서 패권을 확립한 토쿠가와 이에야스는 해외교역에 힘쓴 인물로 1600년에 표착한 폴란드 항해사를 외교고문으로 채용할 정도였다. 1601년 이후 동남아시아 제국에 사자를 파견하여 외교관계를 수립하였고, 1604년에 주인선제도를 실시한 이래 1635년까지 350척 이상이 주인장을 받아 해외에 도항했다. 주인선은 반드시 나가사키에서 출항하고 귀항했다. 명제국(明帝国)은 일본선의 내항을 금했기 때문에 마카오 이외에는 주인선이 갈수 없었다. 조선과의 교역도 쓰시마번에서 일임했기 때문에 주인장은 발행되지 않았다.에도막부의 쇄국정책 진전에 따라 주인선의 해외도항도 어려워졌으며, 1633년에는 노중봉서선 이외의 해외도항과 귀국을 금하는 제1차 쇄국령이 발령되었다. 그 후 1635년에는 모든 일본인의 해외도항과 귀국을 금하는 제3차 쇄국령이 발령되어 주인선무역은 종말을 맞이하게 된다. 이 조치로 동남아시아에서 주인선과 경합하던 네덜란드의 동인도회사가 막대한 이익을 얻어, 결국은 데지마(出島) 무역을 독점하게 되었다.

　이런 상황에서 노중의 영향력은 절대적이었다. 1630~1632년에 주인장 발부의 주도적 역할을 하던 다이묘우 마쓰쿠라 시게마사(松倉重政)가 독살되었는데, 이는 주인선을 관장하던 나가사키에서 벌어진 암투의 결과였다. 이하는 당시의 네덜란드 상관이 기록한 내용이다.

> 다른 많은 쟌쿠선도 중국인의 명의로 출범한다. 그러나 이것은 실제로는 고관에 속하는 것으로, 고관의 개인적 이익을 얻기 위한 것이다. 왜냐하면 황제의 주인장이 지급되지 않기 때문에, 상인은 거래를 할 수 없어, 고관은 자신들의 이익을 얻고 있었던 것이다. 상품이 매우 고가이기 때문에 '고관은 거래해서는 안 된다'라는 황제의 명령에도 불구하고, 이들 고관은 큰 이익 때문에 이렇게 유혹되고 있었다.

이처럼 사건의 배경에 고관이 개입되어 있었으며, 네덜란드인들은 그 고관으로 이노우에 마사나리 · 사카이 타다카쓰 · 사카이 타다요 · 도이 토시카쓰를 거명했다. 이 중 이노우에 마사나리 · 사카이 타다요 · 도이 토시카쓰는 즉도도해면허에 서명한 노중들로, 사카이 타다카쓰는 1624(寬永元)년 11월에 도이 토시카쓰와 같이 혼마루 토시요리(노중)가 되었다. 비록 도해면허에는 가판하지 않았지만, 그들과 같이 활동하던 고관이었다. 이처럼 죽도도해에 서명한 노중들은 당시 해외무역의 이익에 개입해 있었으며, 그들이 죽도도해에 따른 이역에도 관여했을 가능성은 높다.

한 예로 죽도사건으로 불리는 밀무역 사건에 노중이 개입했던 사실로도 추정할 수 있다. 그것은 1830(天保元)년경부터 1836년까지 이와미 하마다번(松平家)을 무대로 한 밀무역사건이었다. 에도시디는 각 번이 사적으로 외국과 무역하는 일은 국법으로 금지되어 있었으나, 하마다번(浜田藩) 어용상인 하치에몬(八右衛門)은 재정을 재건할 목적으로 밀무역을 제안했고, 번은 지역의 이익을 살리기 위해 죽도(울릉도)에 건너가 밀무역을 했다.

그러한 행동은 조선에 한한 것이 아니라 스마트라·쟈와(인도네시아) 등 멀리 동남아시아에서도 행해졌다. 이 밀무역에는 하마다번 가로인 오카다 요리오야(岡田賴母)와 재국 토시요리인 마쓰이 즈쇼(松井図書)도 관여하였고, 번주이자 노중이었던 마쓰타이라 야스토우(松平康任)의 묵인하에 성공하는 듯했다. 그러나 막부의 정보원(隱密) 마미야 린조우(間宮林蔵)에 의해 발각되었고, 그는 오오사카봉행에 그 사실을 알렸다.

1836년 6월 오오사카봉행에게 요리오야(賴母)의 가신이자 회계담당(藩勘定力)이었던 하시모토 산베에(橋本三兵衛)와 아이즈야(会津屋)가 체포되었고, 12월 23일에는 막부의 처분이 내려졌다. 요리오야 즈쇼는 할복, 하시모토 산베에와 아이즈야는 참죄, 번주 야스토는 사죄 대신 영구 칩거를 명받았다.

마쓰다이라 야스토우(松平康任)는 이와미 하마다번의 제3대 번주이자 마쓰이마쓰다이라가(松井松平家)의 8대손이었다. 분가한 하타모토(旗本)·마쓰다이라 야스미치의 장남이었으나 하마다번주인 마쓰다이라 야스사다에게 아들이 없어 야스사다(康定)의 양자가 되어 마쓰이마쓰다이라가의 3대 번주가 되었다. 막부정치가로서 지샤봉행(寺社奉行), 오오사카 조우다이(大坂城代), 쿄우토쇼시다이(京都所司代), 노중을 역임했다. 분카(文化)·분세이기(文政期)에 막부의 실력자인 미즈노 타다아키라(水野忠成)와 보조를 맞추어 순탄하게 승진해 노중에 취임했다. 타다아키라의 사후, 노중슈소가 되었으나 각내(閣内)에서는 야스토우파와 미즈노 타다쿠니(水野忠邦)파의 항쟁이 격화되었다. 1834(天保 5)년 발생한 센코쿠(仙石) 소동에서 센세키사크우 (仙石左京)에 관여한 부정으로 노중을 사임하게 되었다.

　이러한 노중의 개입을 어떻게 볼 것인가. 요나고 어민들에게 도해 면허권을 발급해 준 것 역시 노중들이 그들의 이익을 위해 행한 면이 없었다고는 단정할 수 없을 것이다.

1. 죽도도해금제

요나고 어민들은 조선인을 납치해 죽도에 대한 배타적 도해권을 강화하려 했고, 톳토리번도 그에 동조하여 조선인의 처리를 막부에 요구했다. 막부는 조선인의 죽도도해금지를 조선에 요구할 것을 쓰시마번에 명했다. 그러자 대마(쓰시마)번은 그것을 기회로 죽도탈취를 시도했다.

이에 대해 조선은 일본과의 충돌을 피하기 위해, 울릉도와 죽도가 별도인 것처럼 대응했다. 즉, 일본의 죽도, 조선의 울릉도로 구별하여 조선인의 울릉도 도해를 엄금하고 있으므로, 일본의 죽도에 대한 도해금지는 당연하다고 답했다. 쓰시마번의 의도를 파악하지 못한 섣부른 대응이었다. 쓰시마번은 이 기회를 이용해 울릉도라는 표현을 삭제하고 죽도로만 기술해 줄 것을 요구했다. 당시 조선에서는 정권교체가 이루어져, 새로 집권한 세력은 사태의 중요성을 인식하고 울릉도와 죽도가 같은 섬으로 조선령이라는 사실을 분명히 밝히며, 오히려 일본인의 도해금지를 요구했다. 조선의 강한 반론에 접하자 일본 막부는 사실관계를 조사하여 쓰시마번의 반대에도 불구하고 일본인의 죽도도해를 금지했다.

> 전년에 마쓰다이라 신타로우토노가 인슈우 하쿠슈우를 영지할 때, 들은 바에 의하면 하쿠슈우 요나고의 정인 무라카와 이치베에와 오오야 진키치에게 죽도도해를 허가했다. 현재 어렵하고 있다 해도 향후 죽도도해는 금지할 것을 명한다. 이 뜻을 명으로 내렸으니, 그 취지를 충분히 이해할 것. 삼가 말씀드립니다.

1월 28일 　　　　　　　　　쓰치야사가미노카미 마사나오
　　　　　　　　　　　　　토다야마시로노카미 타다마사
　　　　　　　　　　　　　　아베분고노카미 마사타케
　　　　　　　　　　　　　오오쿠보카가노카미 타다토모
마쓰타이라흐우키노카미 도노

先年松平新太郎 因州伯州領知之節相窺之伯州米子之町人 村川市兵
衛 大屋甚吉竹島江渡海致 于今雖致漁候 向後竹島江渡海之儀制禁
可申付旨 被仰出候付 可被存其趣候恐々謹言
正月廿八日 　　　　　　　　　　　　　　　土屋相模守政直
　　　　　　　　　　　　　　　　　　戸田山城守忠昌
　　　　　　　　　　　　　　　　　　阿部豊後守正武
　　　　　　　　　　　　　　　　　　大久保加賀守忠朝
　　　松平伯耆守殿

　　　　　　　　　　　　　　　(『竹島渡海由來記拔書控』本文22)

　이는 1696년 1월 28일에 발부됐다는 죽도도해금지봉서이다. 열본
인의 죽도도해를 듣하며 죽도를 조선 영유로 인정한 것이다. 그 후
일본인의 울릉도와 독도에 대한 도해는 금지되었다. 그럼에도 카와카
미 켄조우와 같은 일본인은 「向後竹嶋江渡海之儀制禁可申旨被仰候」
에 송도에 대한 직접적 언급이 없다는 이유로, 죽도도해금제에는 송
도로의 도해는 포함되지 않았다고 주장한다. 오키도민 등이 전복이나
강치 어장으로 송도(현재의 독도)를 이용 개발하고 있었기 때문에 일
본은 송도(독도)영우의 정통성을 보유한다고 주장하고 있다.

2. 죽도도해금지와 송도

　죽도도해가 금지되자 오오야·무라카와 양가는 가업을 잃고 지방
어민으로 전락했다.

그러자 죽도도해로 부와 영예를 구축했던 무라카와가는 다음과 같은 소송을 올렸다.

죽도도해금지를 명받은 것에 의해 가업을 잃고 도세할 방법이 없자, 이것에 의해 무라카와 이치베에는 겐로쿠 11(1698)무인년부터 계미(1703)년까지 6년간에 걸쳐 농성하며 비탄의 소송을 올렸다.
竹嶋渡海制禁被為仰付候ニ付、家業を失、渡世可仕様無御座、依之、村川市兵衛門儀　元禄十一寅年より未年迄前後六ヶ年相詰、御歎キ之御訴訟申上候事(『因府歴年大雑集』元禄九).

죽도에 재도해하기 위한 필사적인 노력이었으나 결국 뜻을 이루지 못한다. 이 같은 노력은 오오야가도 마찬가지였다.

이때부터 카쓰후사는 여의치 않게 되었습니다. 도해금지가 있은 이후, 가업을 잃어버렸기 때문입니다. 이미 살아가기도 어렵게 되어 운슈우의 친척에게 몸을 의탁하기 위해, 이사 신청서를 번청에 제출했습니다. 그러자 태수님이 그러한 일을 불쌍히 여기시고, 특히 장군님을 알현한 이름 있는 유서 깊은 가문이므로, 다른 곳에 보낼 수 없다고 판단하셨습니다.
于時勝房　渡海御制禁以後　家業失渡世難仕ニ付　雲州親類之方江引越願差出候処　其段御太守様御不便ニ被為思召　殊ニ公方様江御由緒有之名前為達者　他所江難被遣　追而可被為思召在之間　他国出之儀堅御差留被仰付(本文23).

죽도도해금지로 맞이한 가문의 위기를 극복하기 위해, 오오야가의 당주 오오야 카쓰후사(大谷勝房)는 여러 방법을 강구했다. 그중 하나가 나가사키 건어물사업의 진출이었다. 그 뜻을 이루기 위해 에도에 체재하며 탄원하기도 했다(勝房江府滞留中　御願申上候長崎貫物問屋儀　其手之御役所江罷出御歎申上候). 그러나 결과는 비참했다.

카쓰후사는 에도에 거주하며 해를 보냈습니다. 장군께 호소를 되풀이하여 아뢰었습니다. (중략) 어쩔 수 없이 우선 귀국하게 되었습니다. 다시 에도에 참부하여 다시 탄원할 뜻이었습니다. 그러나 그러한 길도 거의 없어지고 말았습니다. 카쓰후사가 급병으로 사거하게 되었기 때문입니다. 이리하여 탄원은 끝나고 만사의 길은 끊기고, 또 가산도 없어지게 되었습니다. 이미 가문의 재력은 미력하여 에도에 거주하며 호소하는 일 등은 할 수 없게 되어, 가운은 중절되었습니다.

勝房江府江　相詰連年　御公儀江御愁訴申上候得共 (中略) 無是非一先ツ帰国　再参府之　志半　勝房急病ニ而死去　因玆萬事道絶　尚身代表微仕　微力ニ而　江府相詰御愁訴申上　ル儀モ不相叶　及中絶候(『竹島渡海由來記拔書控』本文33).

오오야 가문의 죽도도해 재개에 대한 열의와 노력을 엿볼 수 있는 내용이다. 모든 가세를 다해 혼신의 노력을 기울였으나, 뜻을 이루지 못하고 가산만 탕진하고 가독은 급사하고 말았다. 그 결과 지역 상인으로 전락되고 만다. 단일 도해금지령이 죽도에 한정된 것이었다면 송도 도해를 통해 쇠락해 가는 가세를 만회하려 했을 것이다. 그럼에도 그런 흔적이 없다는 것은, 양가의 도해가 처음부터 죽도를 목적으로 한 것이었고, 송도는 단지 도해 중간의 정박지로 사용되었을 뿐, 송도만을 목적으로 하는 도해가 이루어지지 않았다는 것을 의미한다. 송도도해는 죽도도해와 함께 이루어진 것으로, 죽도도해 금지령에 송도도해 금지도 당연히 포함되어 있었던 것이다.

해설 3. [막부의 영유질문과 톳토리번의 답서]

막부가 쓰시마번을 통해 조선인의 죽도도해를 금해 달라고 요구하자, 조선은 죽도가 조선의 울릉도라고 반론했다. 이에 막부는 죽도의 역사·지리적 사실을 알기 위해 톳토리번에게 1695(元禄 8)년 12월 24일에 다음과 같은 질문을 했고 25일에 답을 받았다.

겐로쿠 8년(을해) 12월 24일 아베분고노카미가 소가로쿠로우베에를 통해 물은 서부의 사본, 본서는 돌려드렸다.
       메 모
1. 인슈우와 하쿠슈우에 부속하는 죽도는, 언제쯤부터 양국에 부속한 것인가, 선조에게 영지가 내려진 이전부터의 일인가 또는 그 후의 일인가 하는 것
1. 죽도는 대략 어느 정도의 섬인가, 사람이 살고 있는지 없는지에 관한 것
1. 죽도에 어렵하러 사람이 간 것은 언제부터인가, 매년 가는가 또는 가끔 가는가, 어떻게 어렵을 하는가, 어선 수도 많은가 하는 것
1. 삼사 년 전에 조선인이 와 어렵을 하였을 때, 인질로 두 사람을 잡아 왔다 하는데, 그 이전에도 자주 왔었는가, 결국 오지 않았고 우(삼사 년 전)의 2년에만 계속해서 왔다는 것인가에 관한 것
1. 근래 1, 2년은 (죽도에) 가지 않았는가 하는 것
1. 전년 (조선인이) 왔을 때의 선박 수는 어느 정도였고, 사람은 어느 정도 왔는가에 관한 것
1. 죽도 외에 양국에 부속하는 섬이 있는가, 아울러 또 어렵에 양국 사람이 가는가에 관한 것
      위의 상황을 알고 싶다고 생각해 서부를 썼습니다. 이상.
12월 24일
元祿八亥十二月廿四日阿部豊後守様より曽我六郎兵衛を以、御尋之御書付写本紙は返進
       覚
一、因州伯州え付候竹島は、いつの此より両国之附属候哉、先祖領地被下候以前よりの儀候哉、但其後よりの儀候哉事。
一、竹島は大方何程斗の島候哉、人居無之候哉事。
一、竹島之魚採に人参候儀何此より相越候哉、年々参候哉、又は折節参候哉、如何様の猟仕候哉、船数も多参候哉事。
一、三四年以前朝鮮人参致猟、其砌人質に両人とらへられ候、其以前も折折参候哉、終不参右の節両年打続参候哉事。
一、両年は不相越哉事。

一、先年参候時分は船数何程斗、人も何程参候哉事。
一、竹島の外兩国え附属の島有之候哉、並是又魚採ニ兩国ノ者参候
哉事。
右様子承度存候書付可被差越候 以上
　　　　十二月 二十四日

　이에 대한 톳토리번의 답서는 다음 날 25일에 에드의 번저를 통해
즉각 막부에 제출되었다. 다음 날 회답한 것으로 보아, 그 이전부터
톳토리번에서는 사료를 근거로 한 조사를 행하는 등 준비를 하고 있
었던 것으로 판단된다. 톳토리번의 답서는 다음과 같다.

　을해 12월 24일 죽도를 묻는 서부에 대한 답서, 동 25일에 히라마
가 지참하여 소가 로쿠베에게 건넸다.
1. 죽도는 이나바 호우키의 부속이 아닙니다. 호우키국 요나고의
주민 오오야 큐우에곤, 무라카와 이치베에라는 자가 도해한 건은,
마쓰 다이라 신타로우가 영주였을 때의 일로, 봉서로 명령했다는
것은 알고 있습니다. 그 이전에도 도해하고 있었다고 듣고는 있었
습니다만, 그 건은 잘 알지 못합니다.
1. 죽도의 둘레는 대략 팔구 리쯤 되고, 살고 있는 사람은 없습니다.
1. 죽도로 어렵하러 가는 계절은 2, 3월경이고, 요나고에서 출선하
는 배는 매년 도해합니다. 그 섬에서 전복 등을 어렵하는 배는 대
소 2척입니다.
1. 4년 전인 임신년에 조선인이 그 섬에 왔을 때, 선드들이 만났던
일은 그때 말씀드렸고, 다음 계유년에도 조선인들이 왔기에, 우리
선두들이 조선인 두 사람을 연행해 요나고로 데리고 왔으며, 이에
관한 보고를 올린 후 나가사키로 보냈었습니다. 갑술년에 조난 풍
파로 어쩔 수 없이 그 섬에 착안한 것도 보고했습니다. 올해에도
도해했더니, 이국인이 많이 보였기에 착안하지 못한 채 돌아오게
되어, 송도에서 전복을 조금 잡고 돌아왔음을 위와 같이 보고해 올
립니다.
1. 임신년에 조선인이 왔을 때, 배 11척 중 6척은 난풍을 만났고,
남은 5척은 그 섬에 머물렀는데, 인원은 53명이었습니다. 계유년에
는 배 3척에 42명이 와 있었습니다. 올해에는 배와 많은 사람이 보

였으나 착안하지 못해 분명히 알지 못합니다.

1. 죽도 송도 이외의 양국의 부속도는 없습니다. 이상.

一、竹島は因幡伯耆附属にては無御座候、伯耆国米子町人大屋九右
衛門、村川市兵衛と申者渡海仕候儀松平新太郎領国の節、以御奉書
被仰出候旨承候、其以前渡海仕候儀も有之様には及承候之共、其段
相知不申候事。

一、竹島廻凡八九里程有之由、人居無之候事。

一、竹島之魚採参候時節は二月三月比、米子出船毎年罷越候、於彼
島蚫みちの漁猟仕候船数大小二艘参候事。

一、四年以前申年朝鮮人彼島え参居候節、船頭共参逢候儀其節御届
申上候、翌酉年も朝鮮人参居申、内船頭共参逢朝鮮人二人連候て米
子へ罷帰、其段も御届申上長崎え相送申候、戌年は遭難風彼島着岸
不仕段御届申上候、当年も渡海仕候処、異国人数多見え申に付着岸
不仕罷帰候節、松島にて蚫少々取申候、右の段御届申上候事。

一、申年朝鮮人参候節、船十一艘の内六艘遭難風、残五艘は彼島に
留り、人数五十三人居申候、酉年は船三艘人数四十二人参居申候、
当年は船数余多人も相見之申候、着岸不仕候付分明無御座候事。

一、竹島松島其外両国之附属の島無御座候事。　以上。

　　막부의 질문에 '인슈우와 하쿠슈우에 부속한 죽도'라는 표현이 있
는 것으로 보아, 막부는 죽도가 톳토리번에 속한 섬이라고 생각하
고 있었음을 알 수 있다. 그러나 톳토리번의 회답서에는 '죽도는 이
나바 호우키에 속해 있지 않음'이라고 명언되어 있다. 톳토리번의 이
러한 답안을 토대로 막부는 한 달 후인 1월 28일에 죽도 도해금지를
통고하기에 이른다.

　　톳토리번이 죽도와 송도를 속지로 여기지 않고 있었음은 1692년의
보고서를 통해서도 확인할 수 있다.

　　　　메모
　　1. 하쿠슈우 요나고인 오오야 큐우에몬, 무라카와 이치베에가 예년
죽도에 선두들을 도해시켜 전복을 잡게 했습니다. 1692(元禄 5)년에

도해했더니, 조선인이 그곳에 머물며 어렵을 하고 있었기 때문에 전복을 잡을 수 없어 돌아왔습니다. 동 6(1693)년에 도해했을 때도 전과 같이 조선인이 어렵을 하고 있어 전복을 잡을 수 없었기 때문에 그 조선인 중 통사 한 사람과 또 한 사람, 두 사람을 동선시켜 하쿠슈우 요나고로 들어왔습니다. 이에 따라 조선인의 구상서 등을 월번인 쓰치야 사가디노카미님에게 제출했습니다. 그 후에 위의 조선인 두 사람을 나가사키로 보내라고 하시어, 그곳의 봉행 카와구치 셋쓰노카미님, 야마오카 쓰시마노카미님에게 보냈습니다.

1693(元禄 6)년 5월 22일 간죠카시라 마쓰타이라 미노노카미님에게 제출한 서부의 사본
1. 호키노쿠니 요나고에서 죽도까지는 해상으로 대략 160리 정도라고 합니다. 예년 요나고를 출선해 이즈모로 가서 오키노쿠니로 도해해 죽도로 건너갑니다. 요나고에서 바로 죽도로 건너갈 수는 없습니다.
1. 무라카와 이치베에, 오오야 큐우에몬이 당지(톳토리)에 와서 알현할 때 죽도 전복을 헌상합니다.
1. 죽도에서 전복을 잡는 세금은 없습니다. 호키의 영주가 헌상하는 전복도 위의 두 상인이 직접 준비하여 바치는 것입니다.
1. 죽도에서 강치를 잡아 그곳에서 기름을 짜서 돌아와 장사를 합니다.
1. 죽도는 떨어진 섬으로 사람은 살고 있지 않습니다. 원래 호키의 영주가 지배하는 곳도 아닙니다.
　　　　　위와 같습니다.
1. 죽도 도해에 대한 자세한 것은 이곳에서는 알 수 없습니다.
1. 죽도 도해에 대한 주인은 없다고 생각합니다. 따라서 알아보고 보고드리겠습니다. 봉서의 사본도 이곳에 없습니다.
1. 죽도로 도해하는 배에 가문의 문장이 새겨져 있는 깃발을 다는 것은 이곳에서 알지 못합니다.
1. 무라카와 이치베에, 오오야 큐우에몬이 이곳(에도)에 오는 것은 몇 년에 한 번 으는지 그것도 이곳에서는 확실히 알지 못합니다. 위와 같이 돗토리성에 연락하여 차후에 보고하겠습니다. 이상.
　　　　　5월 22일

　　　　　覚
一、伯州米子町入大屋九右衛門・村川市兵衛、例年竹嶋江船頭共為致渡海蚫取遣申候。

元禄五年渡海候処、朝鮮人罷在猟仕候付、蚫取候事不成罷帰候。同
六年渡海之節も、前々之通朝鮮人猟仕罷在候故、蚫得取不申付、彼
朝鮮人之内通辞壱人外壱人、両人同船ニて伯州米子江罷帰候。依之
朝鮮人口上書等御月番土屋相模守殿江相届候。其以後右之朝鮮人両
人共、長崎江相送候様被仰出、彼地御奉行川口摂津守殿・山岡対馬
守殿迄 相送候事。

元禄六年五月廿二日 御勘定頭松平美濃守殿江差出候書付写
一、伯耆国米子より竹島江海上凡百六十里程有之由候。例年米子出
船、出雲江参、隠岐国江致渡海候て、竹嶋江渡申候。米子より直竹
島江渡候儀成不申候。
一、村川市兵衛・大屋九右衛門御当地江罷越、御目見被仰付候節、
竹嶋蚫献上仕候。
一、竹嶋ニて蚫取候運上は無之候。伯耆守献上之蚫も、右両人之町
人共手前より相調差出申候。
一、竹嶋ニて海馿取候て、彼地ニて油仕取帰候て商売仕候。
一、竹嶋ははなれ嶋ニて人住居は不仕候。尤伯耆守支配所ニても無
之候。右之通ニて御座候。
一、竹嶋渡海之儀、委細爰元ニて相知不申候。
一、竹嶋渡海付、御朱印は無之様覚申候。併相尋従是可申上候、併
御奉書之写も爰元ニ無之候。
一、竹嶋江渡海之船ニ御紋之船印相立候儀、爰元ニて相知不申候。
一、村川市兵衛・大屋九右衛門御当地江罷下候儀、何ヶ年一度罷越
候哉。其段爰元ニて慥相知不申候。
　右之通国元申遣、追而可申上候。以上。
　　五月廿二日

해설 4. [오타니 이베에가 제출한 죽도지서부]

　　　메모
1. 호우키국 요나고에서 이즈모의 구모쓰까지는 거리가 10리 정도.
1. 이즈모국 구모쓰에서 오키국 타키비산까지는 거리가 23리 정도.
1. 오키국 타키비산에서 오키의 후쿠우라까지는 7리.
1. 후쿠우라에서 송도까지 80리 정도.
1. 송도에서 죽도에 40리 정도.

이상.

1696(丙子)년 1월 25일

별지

1. 송도로 가는데 호키국에서 해로로 120리 정도입니다.

1. 송도에서 조선에는 8, 90리 정도라고 들었습니다.

1. 송도는 어느 지역(영지)에도 소속된 섬도 아니라고 들었습니다.

1. 송도에서 어렵을 하는 것은 죽도로 도해하는 도중에 있기 때문에 들려서 어렵을 합니다. 다른 곳에서 어렵하러 간다는 것은 듣지 못했습니다. 또한 이즈모국 오키국 사람은 요나고 사람과 배를 같이 타고 갑니다.

이상.

1월 25일

小谷伊兵衛差出候竹嶋之書附

覚

一、伯耆国米子より出雲雲津迄、道程拾里程

一、出雲国雲津より隠岐国焼火山迄、道程弐拾三里程

一、隠岐国焼火山より同国福浦迄七里

一、福浦より松嶋江八十里程

一、松嶋より竹嶋江四十里程

以上

子正月廿五日

別紙

一、松嶋江伯耆国より海路百弐拾里程御座候事

一、松嶋より朝鮮江は八、九拾里程も御座候様及承候事

一、松は何れ之国江附候嶋ニても無御座候由承候事

一、松嶋江猟参候儀、竹嶋江渡海之節道筋ニて御座候故立寄猟仕候。他領より猟参候儀は不承候事。尤出雲国・隠岐国之者は米子之者と同船ニて参候事

以上

正月廿五日

1. 안용복이 톳토리번을 방문한 의미

1693년에 울릉도에서 박어둔(朴於屯)과 같이 납치되었던 안용복은, 일본에 소송할 것이 있다며 일행 10인과 함께 톳토리번을 방문했다. 3년 전에 톳토리번은 안용복을 납치해 처벌을 요구했으면서도 송환할 때는 귀빈으로 대접했다. 그때 어떤 약속이 이루어졌는지 알 수 없으나, 안용복은 쓰시마번의 비리를 소송하기 위해 방문했고, 톳토리번은 일행 11인을 2대의 가마와 9필의 말로 영접하여 정회소(町会所)에 안내했다. 후에 태도를 바꾸어 일행을 코야마이케(湖山池) 아오시마(靑島)에 50일 가까이 유폐시킨 후 송환했으나, 그것은 톳토리번의 뜻이 아니라 막부의 뜻에 따른 조치였다. 안용복이 쓰시마번의 비리를 소송하기 위해 방문했다는 것은 톳토리번을 그만큼 신뢰하고 있었다는 것을 의미하며, 사전에 어떤 밀약 같은 것이 있었던 것으로 생각할 수도 있다. 그것을 이해하기 위해서는 다음과 같은 기록을 살펴볼 필요가 있다.

> 향후 그 섬에 조선인이 오지 못하도록 하여, 전복도 전과 같이 헌상하고 싶다는 뜻을 아뢰었다.
> 向後彼島江朝鮮人不參候樣致シ　鮑をも前之通獻上も仕度旨申達候処(『御用人日記』)、

이처럼 조선인의 죽도도해를 금해, 앞으로도 그곳에서 채취한 전복을 헌상하겠다는 뜻을 밝혔다. 그랬던 톳토리번이 안용복과 박어둔을 나가사키를 통해 조선으로 송환하라는 명을 받자 다음과 같은 태도를 보였다.

> 조선인 2인이 5월 7일에 이나바를 출발하여 6월 그믐에 나가사키에 도착했다. 이나바에서 총 90여 인이 수행하며 조선인을 가마에 태워 보냈다. (중략) 그 사이 곳곳에서 대접을 받았다. 식단은 국 하나에 반찬이 7, 8개 정도씩이었다.
> 朝鮮人弐人五月七日因幡発足六月晦日長崎江到差因幡より(中略)惣人数九拾余人相附尤朝鮮人駕籠にて被相送候。(中略)其間所々二而御馳走被仰付候、膳部一汁七八菜程宛二而御座候(『竹島紀事』)

가마에 태우고 90여 인이 호송하며 '일즙팔채(一汁七八菜)'를 대접했다는 것은 납치된 자에 대한 대우라고는 볼 수 없는 귀빈대접이었다. 그 원인이 무엇이었는가에 대한 규명은 아직 이루어지지 않으나, 안용복 일행이 3년 후에 톳토리번을 방문한 사실과 무관하지 않을 것이다. 안용복 일행 11명이 톳토리에 도착하자 톳토리번은 아래와 같이, 가마 9대와 말 2필을 내어 영접했다. .

> 동 21일에 전마 9필을 보냈다.
> 同廿一日傳馬九疋ヲ被遣(『竹島考』)

> 21일에 11인의 이객을 돗토리부에 맞아들이게 되었다. 전마 9필을 보냈다(안동지와 이진사 두 사람은 가마에 탔다).
> 十一日十一人ノ異客等ヲ鳥府ヘ御迎ヘ二相成、傳馬九疋ヲ遣サル
> (安同知・李進士両人ハ乗輿ナリニシヤ。『因府年表』)

이러한 환대의 의미를 규명하면 안용복이 톳토리번에 자진 도허한 이유를 밝힐 수 있을 것이다.

2. 울릉도와 자산도의 일본인

쓰시마번의 비리를 조선 관리에게 호소했던 안용복은, 직접 일본에 소송하기 위해 톳토리번으로 도해하던 중 울릉도에서 일본인들을 만난 일을, 후일 비변사에서 다음과 같이 진술했다.

> 제가 큰 소리로 말하기를, 그 울릉도는 본래 우리 지경인데 왜인이 어찌하여 감히 지경을 넘어 침범했는가. 너희들을 모두 포박해야 하겠다고, 뱃머리에 나아가 큰 소리로 꾸짖었더니, 왜인이 말하기를 우리들은 본래 송도에 사는데 우연히 고기잡이하러 나왔으나 지금 막 본소로 돌아갈 것이다 하므로, 송도는 자산도로서 그것도 우리나라 땅인데 너희들이 감히 여기에 사는가 하였습니다. 드디어 다음 날 새벽에 배를 저어 자산도로 가서 물고기를 삶고 있는 가마솥을 작대기로 깨뜨리고 큰 소리로 꾸짖었더니, 왜인들은 거두어 배에 싣고 돛을 올리고 돌아갔습니다.
> 渠倡言鬱島本我境, 倭人何敢越境 侵犯, 汝等可共縛之, 仍進船頭大喝, 倭言, 吾等本住松島, 偶因漁採出來, 今当還往本所, 松島卽子山島, 此亦我國地, 汝敢住此耶, 遂於翌曉抝舟入子山島, 倭等方列金鬻煮魚膏, 渠以杖撞破, 大言叱之, 倭等收聚載 船, 擧帆回去(『肅宗實錄』丙子二十二年九月戊寅).

안용복이 일본인에게 울릉도와 자산도가 조선령이며, 일본이 송도라 칭하는 섬도 자산도라고 밝히고 추방했다는 것이다. 이는 안용복이 울릉도와 자산도에 대한 당대 조선인의 인식을 바탕으로 한 행동이다. 그러나 일본의 카와카미 켄조우는 그해 1월 28일에 일본인의 울릉도 도해를 금하는 명령이 내려졌기 때문에, 5월에 울릉도와 자산도에서 일본인을 만났다는 진술 자체가 허위이며, 이를 근거로 안용복의 진술 전체를 부정하고 나아가 그것을 기록한 조선의 기록까지 모두 부정한다. 막부가 일본인의 죽도도해를 금하는 금제령을 내린 것은 1월 28일이었으나, 에도에 체재하던 번주가 7월 19일에 귀향해 8월 1일에서야 전달했다는 사실을 감안하지 않은 주장이다.

> 요나고의 오오야·무라카와가의 향후 죽도로의 도해를 금지한다는 내용의 봉서 사본을 아라오 슈리에게 건넸다.
> 米子大屋村川向後竹嶋渡海之儀無用之旨、御奉書之写荒尾修理江相渡之事(『控帳』)。

이처럼 8월 1일에 현지에 알렸기 때문에 그 이전에 도해한 안용복 일행이 울릉도와 자산도에서 일본인을 만났을 가능성은 크다. 바로 전달되었다 해도 통달 일정상, 매년 2월 초에 출항하는 오오야·무라카와가의 배가 그해에도 출항했을 가능성은 크다. 안용복의 진술이 사실에 근거한다는 것은, 오키 대관이 안용복 일행과 대담한 내용을 기록한 문서를 통해서도 확인할 수 있다. 그 내용은 다음과 같다.

> 안용복이 말하길 죽도는 대가 무성히 자란 섬이다. 그래서 죽도라고 칭한다 한다. 조선국 강원도 동래부의 관할 내에 울릉도라는 섬이 있다. 이것을 일본 측에서 죽도라고 말한다 한다. 조선팔도의 그림에 이 울릉도가 기록되어 있고, 그 팔도지도를 그들이 지금 소지하고 있다. 송도는 우의 동도에 있는 섬으로, 여기서는 자산이라고 하는 섬이다. 이것이 송도다. 이 섬도 팔도지도에 기록되어 있다고, 그들이 말하고 있다.
> 安龍福申候ハ竹嶋ヲ竹ノ嶋と申朝鮮国江原道東萊府ノ内ニ鬱陵嶋と申嶋御座候是ヲ竹ノ嶋と申由申候則八道ノ図ニ記之所持仕候　松嶋ハ右同道之内子山ト申嶋御座候是ヲ松嶋と申由是も八道之図ニ記申候(『元禄九丙子年朝鮮舟着岸一卷之覺書』本文9,10)。

이 내용을 오키의 다이칸(代官)이 돗토리번뿐 아니라 石州를 통해 막부에도 보고했다.

3. 관백(關白)의 서계(書契)

안용복이 관백의 서계를 받았다는 기록은 『증보동국문헌비고』와
『숙종실록』에 있다. 유사한 내용이나 전자가 수령한 장소를 톳토리로
하고 있는 데 차이가 있다. 현재는 전자가 통설이나 안용복을 납치한
오오야가의 기록에 다음과 같은 내용이 있다.

> 즉시 톳토리에서 심문한 후에, 조선인을 에도로 전도하게 되었습니
> 다. 곧 에도에서 조사하고, 조사가 끝나자 순차적으로 물건을 내려
> 주어 귀국하게 되었습니다.
> 右御両則鳥府表御吟味之上 唐人江府江御引渡 則江戸相済順々御贈
> 帰ト成ル(『竹島渡海由來記拔書控』本文17)。

이처럼 안용복이 에도에 간 내용을 기록하고 있다. 『호우키시(伯耆
志)』도 다음과 같이 에도행을 언급했다.

> 명이 있어 후지베에가 외국인 둘을 거느리고 본부에 갔다. 번사 가
> 노 오제키가 수호하여 두 사람을 에도로 불러들였다가 본토로 보
> 냈다.
> 命有て藤兵衛異人を具して、本府に至る、番士加納氏尾関氏守護た
> り、異人江戸に召されて本土に送らる。

『죽도도해유래기발서공』의 '어증(御贈)'은 조사를 마치고 송환하기
전의 일로, 당시 조선과 일본이 표류민을 송환할 때 물품을 하사했던
관례와도 일치한다. 따라서 '어증'은 안용복에게 물품을 하사한 사실

을 나타내는 표현으로, 그 하사품에 서계도 포함된 것으로 볼 수 있다. 그것은 1666년어 오오야가의 배가 부산에 표착하자, 조선이 그들을 송환 시 취한 대응과도 같다.

> 조선국 곳곳에서 대접을 받고 순조롭게 송환되어 귀극하게 되었습니다. (중략) 그리고 조선국왕이 선두나 수부에 준 전별목록이 2통 있습니다.
> 則朝鮮国所々ニ而御馳走順々ニ送帰シ相成事(中略)尤朝鮮国王ヨリ
> 船頭水主江餞別目録二通有之(『竹島渡海由來記拔書控』本文12)。

표착한 일본어민을 대접한 후 송환할 때, 국왕이 물품과 전별목록을 하사했다는 내용이다. 곳곳에서 대접을 했다(所々ニ而御馳走)는 표현은 그들을 이송하며 조사했다는 의미로, 안용복이 요나고-톳토리-에도-나가사키-쓰시마-왜관을 전전한 사실과 대응된다. 또 순조롭게 송환되어 귀국하게 되었다(順々ニ送帰シ相成事)는 표현은, 에도에서 조사를 마친 안용복에게 절차에 따라 물건을 주어 귀국하게 했다(相済順々御贈帰ト成ル)는 표현과 대응된다.

양 기록이 공유하는 '順々'과 '御贈帰', '送帰(中略)餞別目録'은 송환 전에 이루어진 조치였다. 전자는 무엇인가를 '증'하여 '귀'하게 했다는 표현이고, 후자는 '송귀'하는데 '전별목록'을 주었다는 표현으로 물품의 하사가 이루어졌음을 나타낸다. 양 기록은 서로 대응되는 내용으로, 안용복도 에도에서 무엇인가를 받은 것으로 해석할 수 있다. 누가 하사했는가가 문제가 되는데, 조선의 경우 '조선국왕'에 의헌 하사로 되어 있어, 안용복이 '관백'에게 받았다 해도 무리가 없다.

1. 조선국교제시말내탐서(朝鮮國交際始末內探書)

메이지정부는 조선의 사정을 내탐하기 위해 메이지 2(1869)년 12월에 외무성의 관리 사다 하쿠보우(佐田白茅), 모리야먀 시게루(森山茂), 사이토우 사카에(斎藤栄) 등을 부산에 파견했다. 조사를 마친 이들은 '죽도·송도가 조선부속이 된 시말'을 포함한 보고서를 1870년에 제출했다. 이는 다음과 같다.

죽도·송도가 조선부속이 된 경위

이 건은 송도는 죽도와 이웃하는 섬으로, 송도 건에 대해 지금까지 게재한 서류가 없다. 죽도 건에 대해서는 元祿 이후에 잠시 조선에서 체재민을 파견했었다. 당시는 이전처럼 사람이 없다. 죽목 또는 대보다 큰 갈대가 자라고 인삼 등도 자연적으로 자란다. 그 밖의 어렵물도 상당히 존재한다는 내용을 들었다.

竹島松島朝鮮附屬ニ相成候始末
此儀ハ松島ハ竹島ノ隣島ニテ松島ノ儀ニ付是迄揭載セシ書留モ無之
竹島ノ儀ニ付テハ元祿度後ハ暫クノ間朝鮮ヨリ居留ヲ爲差遣シ置候
當時ハ以前ノ如ク無人相成竹木又ハ竹ヨリ太キ葭ヲ産シ人蔘等自然
ニ生シ其餘漁産モ相應ニ有之趣相聞へ候事(『日本外交文書』第3卷、
事項6、文書番號87、1870년 4월 15일).

이는 일본 외무성과 당시 일본의 최고기관인 태정관이 메이지 초기에 ① 울릉도(죽도), 독도(송도)가 조선의 영토이고, ② 결코 주인이 없는 섬들이 아니며, ③ 독도(송도)는 울릉도(죽도)에 인접한 섬으로 울릉도의 부속도서이고, ④ 독도(송도)와 울릉도(죽도) 모두 일본영토가 아님을 명백히 인식해, 그것을 일본정부의 공식문서에 수록한 것이다(신용하, 『독도, 보배로운 한국영토』, p.96).

2. 죽도외일도(竹島外一島)

> 죽도 소속에 대해 시마네현이 별지의 질문을 하여 조사한바, 해도의 건은 겐로쿠 5년에 조선인이 입도한 이래 별지 서류에 기록된 바와 같이, 겐로쿠 9년 정월의 제1호 구 정부 평의의 취지에 의해, 제2호 역관에게 준 문서, 제3호 해당국에서 온 서간, 제4호 본방의 회답 및 구상서 등과 같은바, 즉 겐로쿠 12년에 이르러 서로 왕복이 끝나 본방과 관계없다고 들었으나, 판도의 취사는 중대한 사건이므로, 별지서류를 첨부해 확인하기 위해 이 건에 대해 묻는 것입니다.
>
> 내무경   오오쿠보 토시미치 대리
>
> 메이지 10년 3월 17일   내무소보 마에지마 히소카
>
> 우대신 이와쿠라 토모미 도노
>
> 竹島所轄之儀ニ付島根縣ヨリ別紙伺出取調候處該島之儀ハ元祿五年朝鮮人入島以來別紙書類ニ摘採スル如ク元祿九年正月第一號旧政府評議之旨意ニ依リ二號譯官ヘ達書三號該國來第四號本邦回答及ヒロ上書等之如ク則元祿十二年ニ夫々往復相濟本邦關係無之相聞候得共版圖ノ取捨ハ重大之事件ニ付別紙書類相添爲念此段相伺候也.
>
> 内務卿 大久保利通代理
>
> 明治十年三月十七日   内務小輔 前島密
>
> 右大臣岩倉具視殿

　일본 내무성은, 1876년 일본국토의 지적을 조사하고 지도를 편찬하는 사업에 임하여, 메이지 9(1876)년 10월 16일자 공문으로, 죽도와 송도를 시마네현에 포함시켜야 하는가 하는 질의서를 받았다. 내무성은 첨부된 문서와 17세기 말에 조선과 주고받은 문서들을 5개월에 걸쳐 조사하여, 양 도가 조선의 영토로 일본과는 무관하다는 결론을 내렸다. 그래도 영토문제는 중요한 일이라 단독으로 판단할 수 없어, 메

이지 10(1877)년 3월 17일에 국가최고기관인 태정관에 문의한 것이다. 그러자 태정관은 그 품의서를 검토하고 1877년 3월 20일자로 다음과 같은 지령문을 작성했다.

메이지 10년 3월 20일
대신 인   본국 인
참의 인
경보
별지로 내무성이 물은 일본해 안의 죽도 외 일도의 지적편찬건. 우는 겐로쿠 5년에 조선인이 입도한 이래 구정부와 해당국이 왕복한 결과 본방과 무관하다고 들었음을 보고하고, 질문한 취지를 듣고 좌와 같이 지령해도 좋은지 묻습니다.
　어지령안
　서면으로 물은 내용, 죽도 외 일도의 건은 본방과 무관하다는 것을 알아야 한다.
                                                        태정관
메이지 10년 3월 29일
明治十年三月卄日
大臣 印   本局 印
參議 印
卿輔
別紙內務省伺日本海內竹島外一島地籍編纂之件右ハ元祿五年朝鮮人入島以來舊政府該國ト往復之末遂ニ本邦關係無之相聞候段申立候上ハ伺之趣御聞置左之通御指令相成可然哉此段相何候也
　御指令按
　伺之書面趣竹島外一島之義 本邦關係無之義ト可相心得事
                                                        太政官
明治十年 三月 卄九日

　태정관은 결정된 이 지령문을 1877년 3월 27일에 정식으로 내무성으로 보내 지령 절차를 완료하였다. 일본 내무성은 이 지령문을 받고 먼저 태정관에 제출했던 품의서 마지막 부분에 '품의한 취지의 죽도

외 한 섬에 대하여 일본과 관계없다는 것을 심득할 것. 명치 10년 3월 29일'이라 덧붙여 이 안건처리를 끝냈다. 내무성은 이 지령을 1877년 4월 9일자로 시마네현에 송달 지시하여, 현지에서도 이 문제는 은전히 매듭지어졌다(신용하, 『독도, 보배로운 한국영토』).

3. 나카이 요우자부로우(中井養三郎)의 대하원

나카이 요우자부로우는 메이지 37년에 죽도사업의 독점을 계획하고 9월 29일부로 내무·외무·농상무 3대신에게 다음의 '란코도 영토 편입 및 대하원'을 제출했다.

란코도 영토 편입 및 대하원
오키열도의 서북 85해리, 조선 울릉도의 동남 55해리의 절해에 속세에서 란코도라 칭하는 무인도가 있습니다. (중략) 이에 대해 사업의 안전, 이익의 원천을 영구히 확보하고, 그것으로 븐도의 경영을 성공적으로 매듭짓기 위해 부디 서둘러 본국 영토로 편입시키고, 동시에 향후 10년간 저에게 빌려 줄 것을 별지 도면을 첨부해 부탁드립니다.
메이지 37년 9월 29일
시마네현 스키군 사이고초 오아자니시초 시고
나카이 요우자부로우
내무대신 자작 요시카와 아키마사 도노
외무대신 고무라 쥬타로 도노
농상무대신 남작 기요우라 케이고 도노
りゃんこ島 領土編入並ニ貸下願
隱岐列島ノ西北八十五里、朝鮮欝陵島ノ東南五十五里ノ絶海ニ俗ニりゃんこ島ト稱スル無人島有之候。(中略) 就キテハ事業ノ安全利源ノ永久ヲ確保シ以テ本島ノ經營ヲシテ終ヲ完ウセシメラレンガ為ニ何卒速ニ本島ヲバ本邦ノ領土ニ編入相成之ト同時ニ向フ十ケ年間私儀ヘ御貸下相成度別紙図面相添此段奉願候也。

明治三十七年九月二十九日

島根県周吉郡西郷町大字西町字指向
中井養三郎

内務大臣　　子爵　　芳川 顯正殿
外務大臣　　男爵　　小川壽太郎殿
農商務大臣　男爵　　清浦 圭吾殿

4. 각의결정(閣議決定)

메이지 38년 1월 28일 각의결정

별지 내무대신 요구로 무인도 소속에 관한 건을 심사함에, 우는 북위 37도 9분 30초, 동경 131도 55분, 오키노시마에서의 거리 서북 85리에 있는 무인도는 타국이 이를 점령했다고 인정되는 흔적이 없고, 재작년 36년 본방인 나카이 요우자부로우라는 자가 어사를 준비하고, 인부를 옮겨 엽구를 갖추고 강치 잡이에 착수했다. 이번에 영토편입 및 대하를 출원하였다. 이 기회에 소속 및 도명을 확정할 필요가 있어 그 섬을 죽도라고 명명하고 지금부터 시마네현 소속 오키도사 소관으로 하려 한다. 그러므로 심사함에 있어 메이지 36년 이래 나카이 요우자부로우라는 자가 그 섬에 이주하여 어업에 종사한 것은 관계서류가 명확하여 국제법상 점령의 사실이 있는 것으로 인정하고, 이를 본국 소속으로 하여 시마네현 소속 오키도사 소관으로 해도 지장이 없는 것으로 판단한다. 그래서 요구대로 각의 결정이 이루어졌음을 인정한다.

明治三十八年一月二十八日閣議

別紙内務大臣請議無人島所属ニ関スル件ヲ審査スルニ右ハ北緯三十七度九分三十秒東経百三十一度五十五分隠岐島ヲ距ル西北八十五浬ニ在ル無人島ハ地図ニ於テ之ヲ占領シタリト認ムヘキ形跡ナク一作三十六年本邦人中井養三郎ナル者ニ於テ漁舎ヲ構ヘ人ヲ移シ猟具ヲ備ヘテ海驢猟ニ着手シ今回領土編入並ニ貸下ヲ出願セシ所此際所属及島名ヲ確定スルノ必要アルヲモッテ該島ヲ竹島ト名ケ自今島根県所属隠岐島司ノ所管ト為サントスト謂フニ在リ依テ審査スルニ明治三十六年以来中井養三郎ナル者該島ニ移住シ漁業ニ従事セルコトハ関係書類ニ依テ明ナル所ナレハ国際法上占領ノ事実アルモノト認メ之ヲ本邦とし島根県所属隠岐島司ノ所管ト為シ差支無之儀ト思考ス

依テ請議ノ通閣議決定相な可燃卜認ム。

5. 내무대신훈령(内務大臣訓令)

내무대신 훈령

훈제87호

북위 37도 9분 30초, 동경 131도 55분 오키노시마에서 서북 85리에 있는 도서를 죽도라 칭하고, 지금부터 그 소속을 오키도사 소관으로 한다. 이 뜻을 관내에 고시해야 한다.

우를 훈령한다.

메이지 38년 2월 15

내무대신 요시카와 아키마사

시마네현 지사 마쓰나가 타케요시 토노

訓第八七号

北緯三十七度九分三十秒東経百三十一度五十五分隠岐島ヲ距ル西北八十五浬ニ在ル島嶼ヲ竹島卜称シ自今其所属隠岐島司ノ所管卜ス

此旨管内ニ告示セラルヘシ

右訓令ス。

明治三十八年二月十五日

内務大臣芳川顕正

島根県知事 松永武吉殿

　이 각의 결정 및 내무대신 훈령에 근거해서 시마네현 지사는 데이지 38년 2월 22일에 시마네현 고시 제40호로 본도의 명칭과 그 소속 소관에 대해 다음과 같이 공시함과 동시에 오키 도청에도 다음과 같이 지령했다.

시마네현 고시 제40호

북위 37도 9분 30초 동경 131도 55분 오키노시마에서 서북 85해리에 있는 도서를 죽도라 칭하고 지금부터 본 현 소속 오키도사 소관으로 정한다.

메이지 38년 2월 22일
시마네현지사 마쓰나가 타케요시

島根県告示第四十号

北緯三十七度九分三十秒東経百三十一度五十五分隠岐島ヲ距ル西北
八十五浬ニ在ル島嶼ヲ竹島ト称シ自今本県所属隠岐島司ノ所管ト定
メラル。

明治三十八年二月二十二日
島根県知事 松永武吉

시마네현서 제11호
오키도청

북위 37도 9분 30초 동경 131도 55분 오키노시마에서 서북 85리에
있는 도서를 죽도라 칭하고 지금부터 본 현 소속 오키도사 소관으
로 정한다는 조항, 이 내용을 알아둘 것.
우를 훈령한다.
메이지 38년 2월 22일
시마네현지사 마쓰나가 타케요시

島根県庶第十一号
隠岐島廳

北緯三十七度九分三十秒東経百三十一度五十五分隠岐島ヲ距ル西北
八十五浬ニ在ル島嶼ヲ竹島ト称シ自今本県所属隠岐島司ノ所管ト定
メラレ候条此旨心得フヘシ。
右訓令ス。
明治三十八年二十二日
島根県知事 松永武吉

6. 오쿠하라 헤키운(奧原碧雲)

란코도(독도)를 일본에 편입한 다음 해(1906년), 시마네현 제3부장
을 비롯한 45인이 3월 27일 죽도를 방문하고 28일에 울도군수를 방문
했다. 그 일행에 참가한 오쿠하라 헤키운이 그 과정과 울릉도·독도
에 관한 일반적인 사항을 정리했다. 그중 울도군수를 방문해 독도를

일본에 편입한 사실을 구두로 전하는 상황이 기록되어 있다.

> 오전 10시에 진자이 부장 이하 십수 명은 통역을 거느리고 군수를 방문했다. 일본인 부락을 몇 개 지나서 '울도어문'이란 편액이 걸린 정청에 들어가, 명함을 전하고, 군수 심흥택을 면회했다. 군수는 경성사람으로 나이는 52세에 관대한 상으로 방석 위에 가부좌로 앉아 백의를 입고 곤을 쓰고 긴 담뱃대를 지니고 곁에 있는 책상 위에 몇 부의 부책이 있을 뿐, 간단하고 소박하여 매우 고풍스러웠다. 진자이 부장은 방문한 유래를 말하고 죽도에서 포획한 강치 한 마리를 보냈다. 군수는 원래의 노고를 치하하고, 선물에 대해 사의를 표했다. 말이 매우 노련하다. 행정상의 질문에 대해서는 대체로 요령이 없었다. 일동은 기념으로 청 앞에서 촬영을 했다.
>
> 午前十時神西部長は以下十數名は通譯を從へ郡守を訪問す。日本人の部落をすぎて上ること數町「鬱島衙門」と扁額せる政廳の門を入り、刺を通じて、郡守沈興澤に面會す。郡守は京城の人、年齒五十二寬裕の相を備へ座蒲團の上に跪坐し、白衣を着し、冠をつけ、長煙管を携げ、傍なる机上に數部の簿冊あるのみ、簡單素朴頗る太古の風あり。神西部長は訪問の由來を述べ竹島にて捕獲せし海驢一頭をおくる。郡守は遠來の勞を謝し、贈物對して謝辭を述ぶ、辭令頗る巧なり。行政上の質問に對しては、多くは要領を得ざりき。一同記念のため廳前に於て撮影せり。(『竹島及鬱島』1907년、p.55)

울도군수를 방문하여 송도를 죽도로 개명해 일본영토로 편입시킨 사실을 흘리며 죽도에서 잡았다는 강치 한 마리를 선물하고 기념촬영까지 하고 있다. 조선의 독도를 일방적으로 시마네현에 편입시키는 중대한 국제적 범죄를 범하고도, 그 사실조차 정식으로 알리지 않고 '방문의 유래를 이야기'하는 식으로, 그곳에서 잡았다는 강치를 선물하는 뻔뻔함까지 보이고 있다. 조선의 주권을 무시한 처사였다. 이에 항변도 못하고 방관하고 있는 군수의 모습에서 당시의 무력한 조선의 국력이 느껴진다. 일행이었던 奧原碧雲은 울릉도와 죽도의 우래 등을 이야기하는 도중, 다음과 같이 中井養三郎가 죽도대하원을 낸 배경을 설명하고 있다.

> 강치 포획업이 유리하다는 것을 알고 37년의 어획시기에 각 방면에서 속속 도항해 경쟁적으로 남획한 결과 발생한 여러 폐해를 인지한 나카이 요우자부로우씨는 랸코도를 조선의 영토라 믿고, 조선 정부에 대하청원을 결심하고 37년의 어획기가 끝나자마자 바로 상경하여 오키 출신인 농상무성 수산국원 후지타 칸타로우씨와 상의하여, 마키 수산국장을 면회하고 진술한 바 있다. 국장 역시 이에 찬성하고 해군수로부에게 랸코도의 소속을 확인시켰다. 나카이씨는 바로 기모쓰키 수로부장을 면회하고 이 섬의 소속은 확실한 증거가 없고, 특히 일한 양 본국에서의 거리를 측정하면, 일본 쪽에 10리 가깝다. 게다가 일본인이 이 섬의 경영에 종사하고 있는 이상, 일본령에 편입하는 것이 좋다는 말을 듣고, 나카이씨는 결국 뜻을 정하고 랸코도의 영토 편입 및 대하원을 내무·외무·농상무의 세 대신에게 제출했다.
>
> 海驢捕獲業の有利なるを知り、三十七年の漁期には、各方面より續々渡航し、競爭濫獲の結果、種々の弊害を認めたる中井養三郎氏はリャンコ島を以て朝鮮の領土と信じ、同國政府に貸下請願の決心を起し、三十七年の漁期終わや、直ちに上京して、隱岐出身なる農商務省水産局員藤田勘太郎氏に圖り、牧水産局長に面會して陳述する所ありき。同氏またこれを贊し、海軍水路部につきて、リャンコ島の所屬を確めしむ。中井氏即ち肝付水路部長に面會して、同島の所屬は、確乎たる徵證なく、ことに、日韓兩本國よりの距離を測定すれば、日本の方十浬近し、加ふるに、日本人にして、同島經營に從事せるものある以上は、日本領に編入する方然るべしとの説を聞き、中井氏は遂に意を決して、リャンコ島領土編入並に貸下願を、内務外務農商務三大臣に提出せり。

이처럼 죽도가 조선령이라는 사실을 알면서도, 키모쓰키 해군 수로부장의 권유에 따라 일본에 대하청원을 제출했고, 그것이 송도를 죽도로 개명해 시마네현에 편입시키는 계기가 되었다고 밝히고 있다.

당대의 일본인들이 울릉도(죽도)와 독도(송도)를 조선령으로 인식하고 있었음을 알 수 있는 기록이다.

7. 울도군수 심흥택(沈興澤)의 보고

1906년 3월 28일에 일본 방문단이 죽도편입의 사실을 언급하자, 울도군수 심흥택은 깜짝 놀라 다음 날 29일에 강원 도청에 긴급 보고했다.

> 본군 소속의 독도는 본부의 외양에 있어 100여 리나 떨어져 있다. 본월 4일(음력 3월 28일) 오전 8시경 윤선 1척이 와서 도내 도동포에 정박했다. 일본관인 일행이 관청을 방문하여 말하기를, 독도가 이번에 일본 영지로 편입되었기 때문에, 시찰하러 왔으며 그 도중에 이곳을 방문했다 한다. 일행은 일본 시마네현 오키도사 아즈마 후미스케 및 사무관 진자이 유타로우, 세무 감독국장 요시다 헤이고, 분서장 경부 카게야마 이와하치로우, 순사 1인, 의사와 기사 각 1인, 그 외 수행원 10여 명이었다. 첫 질문은 호수 인구와 토지 생산물의 다소, 이어서 제반 사무의 인원과 경비에 대한 것으로 이를 조사 기록했다. 여기에 그 사실을 보고하고 대책을 검토할 것을 원한다.
>   광무 10년 병오 음력 3월 5일
>   本郡所屬 獨島가 在於本部外洋百餘理許이옵더니 本月初四日辰時量에 輪船一隻이 來泊于島內道洞浦而, 日本官人一行이 到于官舍하야 自云獨島가 今爲日本領地故로 視察次來島였다이온바 其一行則 日本島根縣隱岐島司東文輔及 事務官神西由太郎 稅務監督局長 吉田平吾 分署長警部 影山岩八郎 巡査一人 醫師技士各一人 其外隨員十餘人이 先問戶摠人口土地多少하고 次問人員及經費幾許 諸般事務를 以調査樣으로 錄去이압기 玆以報告하오니 照亮하심을 伏望.
>   光武十年丙午陰三月 五日(愼鏞廈, 독도연구총서6).

울도군수의 보고를 받은 강원 도청에서는, 4월 29일 강원도 관찰사

서리 춘천군수인 이명래(李明来)가 의정부 참정대신에게 '심홍택 보고서'를 보냈다. 심홍택이 강원도청에 보고한 날은 음력 3월 5일, 양력으로는 3월 29일이었으므로, 울릉도에서 본토로 가는 배편의 일정상 한 달 가까이 걸렸던 것으로 보인다. 중앙 의정부에서는 강원도청의 보고서를 5월 7일부로 수리하였고, 참정대신 박제순(朴齊純)은 5월 20일부의 지령 제3호로 '독도가 일본령이 되었다는 것은 전혀 근거가 없는 일이지만, 다시 독도의 상황과 일본인의 행동에 대해 조사보고할 것'이라고 지시했다.

8. 대한제국(大韓帝國) '관보(官報)' 기사

勅令第四十一號
鬱陵島를 鬱島로 改稱하고 島監을 郡守로 改正한 件
第一條 鬱陵島를 鬱島라 개칭하야 江原道에 부속하고 島監을 郡守로 改正하야 官制 中에 編入하고 郡等은 五等으로 할 事.
第二條 郡廳位置는 台霞洞으로 定하고 區域은 鬱陵全島와 竹島 石島를 管轄할 事.
第三條 開國五百四年 八月十六日 官報中 官廳事項欄內 鬱陵島 以下 十九字를 刪去하고 開國五百五年 勅令三十六號 第五條 江原道 二十六郡의 六字는 七字로 改正하고 安峽郡下에 鬱陵郡 三字를 添入할 事.
第四條 經費난 五等郡으로 磨鍊하되 現令間인즉 吏額이 未備하고 庶事草創하기로 海島收稅中으로 姑先 磨鍊할 事.
第五條 未盡한 諸條난 本島開拓을 隨하야 次第 磨鍊할 事.
光武四年 十月二十五日

御押 御璽 奉

則 議政府 臨時署理 贊政內務大臣   李乾夏

1. 카이로 선언(宣言)

　제2차 세계 대전이 일본의 진주만 습격으로 태평양전쟁으로 혼전 된 후, 1943년 11월 20일에 미국 · 영국 · 중국의 연합국 수뇌가 전후 처리 방침을 [카이로선언]으로 밝혔다. 이 선언에는 한국의 독립과 영 토문제에 대한 합의사항이 포함되어 있다.

『카이로宣言』 기사
The CAIRO DECLARATION
December 1, 1943
　　각국 사절단은 일본군에 대한 장래의 군사작전을 협정하였다. 3 대 연합국은 해로 · 육로 · 공로로써 야만적인 적군에 대해 가차 없 는 압력을 가할 결의를 표하였다. 이 압력은 이미 증대되고 있다. 3대 연합국은 일본의 침략을 제지하고 징벌하기 위하여 현재의 전 쟁을 수행하고 있는 바이다. 위 연합국은 자기 자신들을 위하여 이 득을 요구하고 있는 것이 아니며, 또한 영토 확장의 의도도 없다. 위 연합국의 목적은 일본으로부터 1914년 제1차 세계 대전 개시 이 후에 일본이 장악 또는 점령한 모든 섬들을 박탈할 것과 아울러 만 주 · 대만 · 팽호도 등 일본이 중국인들로부터 절취한 일체의 지역 을 중화민국에 반환함에 있다. 또한 일본은 폭력과 탐욕에 의하여 약취한 모든 다른 지역으로부터 축출될 것이다.
　　위 3대국은 조선민중의 노예상태에 유의하여 적당한 시기에 조 선이 자유롭게 되고 독립하게 될 것을 결의하였다.
　　이러한 목적으로 위의 3대 연합국은 일본과 교전 중인 여러 연 합국들과 협조하여 일본의 무조건 항복을 촉진하는 데 필요한 엄 중하고 장기적인 작전을 계속할 것이다.

　　한국의 영토는 일본이 폭력과 탐욕에 의하여 약취한 모든 다른 지역들에 포함되어, 그 상한은 1894~1895년 일청전쟁 때 일본이 절취한 영토에도 해당됨에서 알 수 있는 바와 같이, 비단 1910년부터만이 아니라 그 이전에라도 일본이 절취한 한국영토가 있으면 모두 독립된 한국에 반환되어야 함을 선언하고 있다. 따라서 일본이 대한제국으로부터 1905년 2월에 약취한 독도가 여기에 포함됨은 명백하다.

물론 이 카이로선언은 미국 · 영국 · 중국 3대 연합국에 의한 공동선언이며, 따라서 그 자체가 일본을 구속하고 있는 것은 아니었다. 그러나 이 카이로선언은 그 후 일본이 1945년 7월 26일의 미국 · 영국 · 소련의 포츠담선언을 수락함과 동시에 이 포츠담선언의 제8항에 흡수되어 일본을 구속하는 국제문서가 되었다(신용하 '獨島領有權資料의 探究', 독도연구보전협회 2000, p.243).

2. 포츠담 선언(宣言) 기사

[포츠담宣言] 제8항(1943. 7. 26.)

카이로선언의 모든 조항은 이행될 것이며 일본국의 주권은 본주 · 북해도 · 큐슈 · 시코쿠와 우리들이 결정하는 제 소도에 국한될 것이다.

이 포츠담선언에 의하여 전후 일본의 영토는 혼슈우(本州) · 혹카이도우(北海道) · 큐우슈우(九州) · 시코쿠(四国)와 우리들이 결정하는 작은 섬들로 한정되었다. 독도가 일본영토가 되려면 그 후 연합국이 독도를 일본영토라고 규정해야 하는 조건이 여기서 명확히 설정되었어야 한다. 그러나 독도는 1905년 2월 일본이 대한제국으로부터 탐욕에 의하여 약취한 섬이며, 이 선언이 있은 후에 연합국 최고 사령관부가 다시 일본영토로 규정한 일이 없었으므로 한국영토임이 분명하다.

물론 이 포츠담선언도 그 자체로는 4대 연합국 간의 공동선언에 불과하여 일본에 대해서 구속력을 가진 것은 아니었다. 그러나 일본은 1945년 8월 14일에 포츠담선언을 무조건 수락했고, 같은 해 9월 2일에는 이것을 성문화한 항복문서에 조인함으로써 포츠담선언, 따라서 카이로선언은 일제에 구속력을 갖게 되었다(신용하 "独島領有権 資料의 探究",독도연구코전협회 2000, p.244).

3. 일본(日本)의 항복문서(降伏文書)
(Instrument of the Surrender of Japan)

1945. 9. 2.

1945(昭和 20)년 9월 2일, 일본과 연합국 사이에 교혼된 휴전협정 명칭.

하명은 여기에 합중국, 중화민국 및 영국 정부의 수반이 1945년 7월 26일에 '포츠담'에서 시작한 이후에 '소련' 사회주의 공화국 연방이 참가한 선언의 조항을 일본국천황, 일본국정부 및 일본제국대본영의 명에 의해 또 여기에 대신 수락하는 위 4국은, 이것을 이하 연합국으로 칭한다.

하명은 여기에 일븐제국대본영 및 어떤 위치에 있는가를 불문하고, 일체의 일본국군대 및 일본국의 지배하에 있는 모든 군대의 연합국에 대해 무조건항복을 포고한다.

하명은 여기에 어떤 위치에 있는가를 불문하고 모든 일본국군대 및 일본국신민에 대해 적대행위를 즉시 중지할 것, 므든 선박, 항공기 및 군용 및 비근용 재산을 보존하여 이의 훼손을 방지할 것 및 연합국최고사령관 또는 그 지시에 근거하는 일본국정부의 제기관에 과해야 하는 모든 요구에 응할 것을 명한다.

하명은 여기에 일본제국대본영의 어떤 위치에 있는가를 불문하고 모든 일본국 군대 및 일본국의 지배하에 있는 모든 군대의 지휘관에 대해 자신 및 지배하에 있는 모든 군대가 무조건 항복해야 한다는 뜻의 명령을 즉시 발할 것을 명령한다.

하명은 여기에 모든 관청, 육군 및 해군의 직원에 대해 연합국최고사령관이 본 항복실시를 위해 적당하다고 인정하고 스스로 발하고 또는 그 위임에 즌거하여 발하게 하는 모든 포고, 경령 및 지시를 준수하고 또 이것을 시행할 것을 명하고, 또 위 직원이 연합국최고사령관에 의해 또는 그 위임에 특별히 임무를 해제하지 않는한 각자의 지위에 머물러, 또 계속해서 각자의 비전투적 임무를 행할 것을 명한다.

하명은 여기에 '포츠담'선언의 조항을 성실히 이행할 것 또 위선언을 실시하기 위해 연합국최고사령관 또는 그 외의 특정의 연합국대표자가 요구하는 일이 있는 모든 명령을 발하고, 또 그런 일체의 조치를 취할 것을 천황, 일본국정부 및 그 후계자를 위해 약속한다.

하명은 여기에 일본제국 정부 및 일본제국대본영에 대해 현재일본국의 지배하에 있는 모든 연합국 부로 및 피억류자를 즉시 해방할 것, 또 그 보호, 치료, 급양 및 지시받은 장소로 즉시 수송하기 위한 조치를 취할 것을 명한다.

천황 및 일본국정부의 국가통치 권한은 본 항복조항을 실시하기위해 적당하다고 인정하는 조치를 취하는 연합국최고사령관의 제한하에 두는 것으로 한다.

1945년 9월 2일 오전 9시 4분 일본국 동경만상에서 서명한다.

대일본제국천황폐하 및 일본국정부의 명에 의해 또 그 이름으로
시게미쓰 마모루
일본제국대본영의 명에 의해 또 그 이름으로
우메즈 요시지로우

1945년 9월 2일 오전 9시 8분 일본국동경만상에서 합중국, 중화민국, 연합왕국 및 '소련' 사회주의공화위연방을 위해 또 일본국과전쟁상태에 있는 다른 연합제국가의 이익을 위해 수락한다.

연합국최고사령관 더그러스 맥아더(DOUGLAS MAC ARTHUR)
합중국대표 시-따불유-니밋쓰(C. W. NIMITZ)
중화민국대표자 서영창
연합왕국대표자 BRUCE FRASER
'소련' 사회주의공화국 연방대표자 KUZMA DEREVYANKO
'호주' 연방대표자 THOMAS BLAMEY
'캐나다' 대표자 L. MOORE COSGRAVE

‘프랑스’ 국대표자 JACQUES LE CLERC
‘네덜란드’ 국대표자 C.E.L. HELFRICH
‘뉴질랜드’ 대표자 LEONARD M. ISITT

　下名ハ茲ニ合衆國、中華民國及「グレート・ブリテン」國ノ政府
ノ首班ガ千九百四十五年七月二十六日「ポツダム」ニ於テ発シ後ニ「
ソヴィェト」社会主義共和國聯邦ガ参加シタル宣言ノ條項ヲ日本國
天皇、日本國政府及日本帝國大本營ノ命ニ依リ且之ニ代リ受諾ス右
四國ハ以下之ヲ連合國ト称ス

　下名ハ茲ニ日本帝國大本營竝ニ何レノ位置ニ在ルヲ問ハズ一切
ノ日本國軍隊及日本國ノ支配下ニ在ル一切ノ軍隊ノ連合国ニ対スル
無條件降伏ヲ布告ス

　下名ハ茲ニ何レノ位置ニ在ルヲ問ハズ一切ノ日本國軍隊及日本
國臣民ニ対シ敵対行爲ヲ直ニ終止スルコト、一切ノ船舶、航空機竝
ニ軍用及非軍用財産ヲ保存シ之ガ毀損ヲ防止スルコト及連合國最高
司令官又ハ其ノ指示ニ基キ日本國政府ノ諸機関ノ課スベキ一切ノ要
求ニ應ズルコトヲ命ズ

　下名ハ茲ニ日本帝國大本營ガ何レノ位置ニ在ルヲ問ハズ一切ノ
日本國軍隊及日本國ノ支配下ニ在ル一切ノ軍隊ノ指揮官ニ対シ自身
及其ノ支配下ニ在ル一切ノ富岡定俊少将の回想

　下名ハ茲ニ一切ノ官庁、陸軍及海軍ノ職員ニ対シ連合國最高司
令官ガ本降伏実施ノ爲適当ナリト認メテ自ラ發シ又ハ其ノ委任ニ基
キ發セシムル一切ノ布告、命令及指示ヲ遵守シ且之ヲ施行スルコト
ヲ命ジ竝ニ右職員ガ連合國最高司令官ニ依リ又ハ其ノ委任ニ基キ特
ニ任務ヲ解カレザル限リ各自ノ地位ニ留リ且引續キ各自ノ非戦闘的
任務ヲ行フコトヲ命ズ

　下名ハ茲ニ「ポツダム」宣言ノ條項ヲ誠実ニ履行スルコト竝ニ右
宣言ヲ実施スル爲連合國最高司令官又ハ其ノ他特定ノ連合国代表者
ガ要求スルコトアルベキ一切ノ命令ヲ發シ且斯ル一切ノ措置ヲ執ル
コトヲ天皇、日本國政府及其ノ後継者ノ爲ニ約ス

　下名ハ茲ニ日本帝國政府及日本帝國大本營ニ対シ現ニ日本國ノ
支配下ニ在ル一切ノ連合國俘虜及被抑留者ヲ直ニ解放スルコト竝ニ
其ノ保護、手当、給養及指示セラレタル場所ヘノ即時輸送ノ爲ノ措
置ヲ執ルコトヲ命ズ

　天皇及日本國政府ノ國家統治ノ権限ハ本降伏條項ヲ実施スル爲
適当ト認ムル措置ヲ執ル連合國最高司令官ノ制限ノ下ニ置カルルモ

ノトス

　千九百四十五年九月二日午前九時四分日本國東京湾上ニ於テ署
名ス

大日本帝國天皇陛下及日本國政府ノ命ニ依リ且其ノ名ニ於テ

重光葵

日本帝國大本営ノ命ニ依リ且其ノ名ニ於テ

梅津美治郎

　千九百四十五年九月二日午前九時八分日本國東京湾上ニ於テ合衆
國、中華民國、連合王國及「ソヴィエト」社會主義共和囲連邦ノ爲ニ
竝ニ日本國ト戦争状態ニ在ル他ノ連合諸國家ノ利益ノ爲ニ受諾ス

　連合國最高司令官 ダグラス・マッカーサー(DOUGLAS MAC ARTHUR)
　合衆國代表 シー・ダブリュー・ニミッツ(C. W. NIMITZ)
　中華民國代表者 徐永昌
　連合王國代表者 BRUCE FRASER
　「ソヴィエト」社会主義共和國連邦代表者 KUZMA DEREVYANKO
　「オーストラリア」連邦代表者 THOMAS BLAMEY
　「カナダ」代表者 L. MOORE COSGRAVE
　「フランス」國代表者 JACQUES LE CLERC
　「オランダ」國代表者 C.E.L. HELFRICH
　「ニュー、ジーランド」i代表者 LEONARD M. ISITT

　이 자료는 1945년 9월 2일 연합국최고사령관 앞에서 일본정부 대표(외상)가 조약한 일본 항복문서의 포츠담선언 무조건수락 부분이다. 일본은 1945년 8월 14일 포츠담선언을 무조건 허락했고, 같은 해 9월 2일에 이것을 성문화한 항복문서에 조인함으로써 포츠담선언과 이에 고리로 연결된 카이로선언은 일본에 구속력을 갖게 되었다. 일본의 항복문서에 포츠담선언의 규정을 수락하고 수행할 것을 서약한 부분은 다음과 같다.

제2차 세계 대전 종전 직전 연합국의 일본영토의 처리에 관한 기본 지침은 일본영토를 일청전쟁 이전의 상태로 환원시키려고 한 것이 분명하다. 또한 일본의 독도 '취득'은 바로 카이로선언에서 밝힌 바 1905년에 '폭력과 탐욕에 의하여 약취'한 것에 해당하므로 당연히 독도로부터 구축되어야 한다. 오직 여기서 한 가지 문제는 독도가 포츠담선언 제8항에서 말하는, 후에 일본영토로 규정할 '우리들(연합국)이 규정하는 작은 섬들'에 포함되었는가만 확인하면 된다 (愼鏞廈, 『獨島領有權資料探究』, 3 p.246).

4. 미군의 접수

연합군총사령부(GHQ)는 1946년 1월에 GHQ각서(SCAPIN 제677호)에서 일본의 영토와 일본의 주권이 미치는 범위를 규정했다. 즉 '약간의 주변지역을 정치상 및 행정상의 면에서 일본에서 분리하는 건'의 각서이다.

여기서 리안쿠-루토암은 일본에서 분리되는 약간의 주변지역에 해당한다. 지금의 북방영토문제와 관련된 치시마(千島) 열도 하마이(齒舞) 군도 시키단도(色丹島) 또 오키나와 오카사와라(小笠原) 등, 그리고 울릉도 제주도와 더불어 리안쿠-루토암이 일본 주권이 미치는 범위에서 제외되었다. 즉, 일본정부가 정치상 또는 행정상의 면에서 그 권력을 행사할 수 없는 섬이 되었다 (『独島』).

5. 맥아더라인

1946년 6월의 GHQ각서(SCAPIN 제1044호), 즉 '일본의 어업 및 포경업 허가구역의 건'은 제3항에서 '일본선박 및 선원은 북위 37도 15분 동경 131도 53분에 있는 리안크루암에서 12마일 이내에 접근해서는 안 되고, 또 이 섬과의 일체 접촉도 금한다'라는 지령을 내렸다. 소위 말하는 맥아더라인의 설정이다.

리안쿠－루암은 이 맥아더라인에 의해 구획되어 일본 해역에서 제외되었다. 즉, GHQ는 어업권에 한정할 뿐 리안쿠－루암을 일본영해밖에 두어 코리아의 해역에 포함시켰다. 이것은 일본과 한국 사이의 GHQ가 판단한 구역 나누기, 즉 바다의 경계선이다.

GHQ는 그 구역의 구분에 임하여 대일본제국이 과거에 나누었던 전시전략상의 구분, 육군참모부의 육지측량부에서 발행한 '지역구분도'를 참조했다. 리안쿠－루암은 일본에서 떨어져 이후에 코리아 소속으로 바뀐 것일까. 당시의 코리아는 죤·홋지가 지휘하는 재한주류미군의 관할하에 있었고, 홋지의 미군청은 동경 맥아더 사령부(GHQ)의 지휘하에 있었다. 섬은 GHQ의 관할하에, 홋지의 주한미군정청(政厅)에 일단 속하였었다 (『獨島』).

1. 폭격사건

    독도에서 일어난 폭격이 문제가 되어 세간의 주목을 받은 것은 1948년 6월 8일과 1952년 9월 15일에 일어난 폭격사건이다. (중략) 폭격사건으로 인적·물적 피해를 본 국민은 한국국민이다. 독도 폭격문제를 다룬 1948년 6월 18일자 뉴욕 타임스 사설의 표현대로 독도는 '울릉도 주민들이 수 서기 전부터 조상 대대로 물려받으며 생활의 터전으로 삼아 온' 섬이었다. 그리고 SCAPIN 제677호가 내려진 1947년이나 1948년 사건 당시 독도는 1946년 1월 29일 SCAPIN 677호에 의해 일본의 행정관할구역에서 제외되어 있었고 1946년 6월 22일에 있은 SCAPIN 제1033호에 의해 일본의 어선들은 독도 12해리 내 수역으로 접근이 금지되어 있었다. 즉, 일본어민들의 독도 출어는 금지되어 있는 반면에 1950년 5월 4일자로 미군 측으로부터 받은 서한에서 보듯이 우리 어민들의 출어는 금지되어 있지 않은 상황에 있었다. 그러므로 한국이 독도를 실효적으로 지배하고 있었음을 볼 수 있다.

    그리고 독도가 폭격연습지에서 해제되는 과정을 보면 미국 측이 실질적으로는 독도를 한국의 영토로 다루고 있었음을 또한 볼 수 있다. 1952년 9월 15일 독도폭격이 있고, 약 2개월 후인 11월 10일, 우리 정부는 독도가 폭격연습지로 지정된 것을 모르는 듯 미국대사관 앞으로 사건의 자료제공과 사건의 재발방지를 요구하는 공문서를 느냈다. 20여 일 후인 12월 4일 미국대사관으로부터 그에 대한 답장을 받았는데, 독도를 폭격연습지로 사용하지 않을 것이라는 계획을 밝히고 있다. 그로부터 20일 후인 12월 24일 미극동군사령부는 독도에 대한 폭격연습을 중지할 것을 결정하게 되고, 그 후 한 달도 채 지나지 않은 1953년 1월 20일 미육군 소장 Thomas W. Herren명으로 독도를 폭격연습지로 사용하는 것을 즉시 중단하는 모든 조치를 취했다는 것을 우리 정부 앞으로 통고해 왔다(홍성근, 「독도폭격사건의 국제법적 쟁점분석」, 独島学会 編, 『韓国의 独島領有権 研究史』, p.398).

1. 죽도의 날

1854년의 일미화친조약은 무력에 의한 불평등조약이었다. 일본은 이를 통해 국내정치의 변혁을 이루고자 했다. 그 방법으로 일본은 정한론 노선을 택했는데, 이는 막부 이래의 사상으로 국내체제를 준비한 후에 실행하자는 반대론자도 있었으나 정한에는 의견이 일치했다.

메이지정부는 조선과의 국교개시 교섭이 여의치 않자, 1875년에 군함을 보내 조선의 강화도를 점령하고 민가를 불태웠다. 그 과정에서 일본은 손해를 입지 않았음에도 함대를 보내 배상을 요구하며 강화도조약을 체결했다. 조선의 무지와 일본의 무력에 의해 성립된 조약이었다. 그 조약의 제1관은 다음과 같다.

> 조선국은 자주의 나라로 일본국과 평등의 권리를 보유한다. 이후 양국 화친의 결실을 나타내 기 위해서는 서로가 동등의 예의를 갖고 접대하고 조금도 침월 시혐하는 일이 있어서는 안된다. 먼저 종전의 교정을 해칠 우려가 제 예규를 모두 개정하는 데 노력하여, 관용 홍통의 법을 개확하여 쌍방 모두의 안녕을 영원히 기하도록 한다.
> 朝鮮國ハ自主ノ邦ニシテ日本國ト平等ノ權ヲ保有セリ嗣後兩國和親ノ實ヲ表セント欲スルニハ彼此互ニ同等ノ禮義ヲ以テ相接待シ毫モ侵越猜嫌スル事アルヘカラス先ツ從前交情阻塞ノ患ヲ爲セシ諸例規ヲ悉ク革除シ務メテ寬裕弘通ノ法ヲ開擴シ以テ雙方トモ安寧ヲ永遠ニ期スヘシ

위와 같이 양국 평등과 화친 그리고 안녕을 약속하며 예의 있는 접대를 강조하고 있어 평등한 조약처럼 보이지만, 이는 1858년 일본이 영국과 맺은 수호조약과 흡사한 것으로, 그때의 불평등한 내용을 그대로 조선에 강요한 것이었다. 일본은 후속조치를 위해 군함으로 입국하여, 1876년 8월 20일에 『수호조규부록 및 통상장정(通商章程)』을 조인했는데, 이는 미야모토 오카즈(宮本小一)가 조인희(趙寅熙)에게 보낸 문서의 '우리 인민이 귀국에 수송하는 물건은 우리 해관(海關)에서 수출세를 과한다. 귀국이 우리 내지에 수입하는 물건도 수년, 우리 해역에서 수입세를 과하기로 우리 정부 내의(內議)에서 결정했다'라는 내용에서 알 수 있듯이 매우 불평등한 조약이었다. 이로서 왜관의 출입통제가 없어지고, 일본인은 개항지의 사방 10리를 자유롭게 활보하게 되어, 일본인이라면 누구나 무역에 종사할 수 있게 되었다. 후에 조선이 과세의 불합리함을 알고 과세하려 했으나, 일본이 군함을 파견해 발포하며 육전대(陸戰隊)를 상륙시켜 무산시키고 만다.

조약의 결과 조선의 경제가 핍박해지자, 빈민층과 하층무사가 봉기하여 일본 공사관을 포위하는 일이 발생했다. 임오군란이었다. 이를 계기로 6개조의 제물포조약을 맺게 되는데 일본은 배상금을 받는 것은 물론 현안의 문제를 무력으로 해결해 상시주병권(常時駐兵權)까지 확보했다. 당시의 조선은 위정척사파와 개화파가 세력다툼을 벌이고 있었는데, 임오군란 후 개화파들이 메이지유신을 모방한 개혁을 구상하며 메이지정부에 접근했다. 일본을 믿고 갑신정변을 감행했으나 실패하자 일본으로 탈출했다. 그러나 일본은 책임지기는커녕 한국이 사죄보상하고, 참가자들을 처벌해야 한다는 내용의 '한성조약'을 체결시킨다.

1894년에 동학혁명이 일어나자 청과 일본이 출병하여 충돌이 시작되었다. 갑신정변 후에 맺어진 천진조약의 '장래 조선국에 혹시 변란 중대사건이 있어, 중일 양국 혹은 일국의 파병을 요할 때, 먼저 서로 행문지조(行文知照)를 행한다'를 근거로 한 출병이었으나, 이로 인해 일청전쟁이 발생되었고 이 전쟁에서 승리한 일본은 1895년 4월 '얼청강화조약'을 조인시켜, 조선에서의 정치적 · 군사적 우위를 확보했다.

1904년 2월 4일 러시아와의 전쟁을 결정하고 10일에 선전포고했는데, 그 전(2월 23일)에 '일한의정서'를 강제로 조인했다. '일한 양 제국 간에 항구불역의 친교를 보지하여 동양의 평화를 확립하기 위해'라는 표현을 취하며, 대한제국은 일본을 믿고 '시설의 개선에 관하여 그 忠告를 받아들일 것'이라는 내용을 포함하도록 해, 필요한 기계를 마음대로 설치하고, 추요(枢要) 부서에 일본인 고문을 두어 내정을 간섭하기 시작한 것이다. 연이은 조약을 통해 침략의 목적을 달성한 일본은 최종적으로 1905년 '을사보호조약(제2차 日韓協約)'을 체결하였다. 한양에 온 이토우 히로부미는 일본군으로 왕궁을 포위시키고, 조선의 각의에 들어가 대신들을 협박하고, 국새를 탈취해 심야에 조인시키고 만다. 이처럼 이토우 히로부미가 조선의 각의에서 횡포를 부린 그해 2월 22일에 일본은 죽도편입을 자행했다. 현재의 일본은 그러한 당시 상황에서 영유권의 정통성을 구하고 있는 것이다. 세계 평화와 한일 간의 친선을 이야기하는 일본이 침략의 일환으로 자행했던 사건에서 정통성을 구하는 것을 어떻게 보아야 하는가. 이하 1905년의 조약을 살펴보기로 한다.

일본국 정부 및 한국정부는 양 제국을 결합하는 이해공통주의를 공고히 하는 것을 바라고 한국 부강의 결실을 인정할 때까지 이 목적으로 좌의 조관을 약정한다.

제1조 일본국 정부는 재동경 외무성을 통해 금후 한국의 외국에 대한 관계 및 사무를 감리 지휘하도록 일본국의 외교대표자 및 영사는 외국에 있는 한국의 신민 및 이익을 보호해야 한다.

제2조 일본국 정부는 한국과 타국 간에 현존하는 조약의 실행을 완수하는 책무에 임하여 한국정부는 금후 일본정부의 중개에 의하지 않고 국제적 성질을 가지는 어떠한 조약 혹은 약속을 하지 않을 것을 약속한다.

제3조 일본국 정부는 그 대표자로 한국 황제폐하의 궐하에 1명의 통감을 둔다. 통감은 오직 외교에 관한 사항을 관리하기 위해 경성에 주재하여 친히 한국 황제 폐하를 내알하는 권리를 갖는다. 일본 정부는 또 한국의 각 개항장 및 기타 일본국 정부가 필요하다고 인정하는 땅에 이사관을 두는 권리를 갖는다. 이사관은 통감의 지휘 하에 종래 재한 일본영사에 속한 일체의 직권을 집행하고 아울러 본 협약의 정관을 완전히 실행하기 위해 필요로 하는 일체의 사무를 장리할 것이다.

제4조 일본국과 한국 사이에 현존하는 조약 및 약속은 본 협약의 조관에 저촉되지 않는 한 모두 그 효력이 계속되는 것으로 한다.

제5조 일본국 정부는 한국 황실의 안녕과 존엄을 유지할 것을 보증한다.

우 증거로 하여 하명은 각 본국정부에서 상당의 위임을 받아 본 협약에 기명 조인하는 것이다.

  메이지 38년 11월 17일   특명전권공사 하야시 곤스케 인
  광무   9년 11월 17일   외무대신   박제순 인

日本國政府及韓國政府ハ兩帝國ヲ結合スル利害共通ノ主義ヲ鞏固ナラシメムコトヲ欲シ韓國ノ富強ノ實ヲ認ムル時ニ至ル迄此目的ヲ以テ左ノ條款ヲ約定セリ

第一條 日本國政府ハ在東京外務省ニ由リ今後韓國ノ外國ニ對スル關係及事務ヲ監理指揮スヘク日本國ノ外交代表者及領事ハ外國ニ於ケル韓國ノ臣民及利益ヲ保護スヘシ

第二條 日本國政府ハ韓國ト他國トノ間ニ現存スル條約ノ實行ヲ全フスルノ任ニ當リ韓國政府ハ今後日本國政府ノ仲介ニ由ラスシテ國際的性質ヲ有スル何等ノ條約若ハ約束ヲナササルコトヲ約ス

第三條 日本國政府ハ其代表者トシテ韓國皇帝陛下ノ闕下ニ一名ノ統監(レヂデントゼネラル)ヲ置ク統監ハ專ラ外交ニ關スル事項ヲ管理スル爲京城ニ駐在シ親シク韓國皇帝陛下ニ內謁スルノ權利ヲ有ス

日本國政府ハ又韓國ノ各開港場及其他日本國政府ノ必要ト認ムル地
ニ理事官(レヂデント)ヲ置クノ權利ヲ有ス理事官ハ統監ノ指揮ノ下
ニ從來在韓國日本領事ニ屬シタル一
切ノ職權ヲ執行シ並ニ本協約ノ條款ヲ完全ニ實行スル爲必要トスヘ
キ一切ノ事務ヲ掌理スヘシ
第四條　日本國ト韓國トノ間ニ現存スル條約及約束ハ本協約ノ條款
ニ抵觸セサル限總テ其效力ヲ繼續スルモノトス
第五條　日本國政府ハ韓國皇室ノ安寧ト尊嚴ヲ維持スルコトヲ保証ス
右証據トシテ下名ハ本國政府ヨリ相當ノ委任ヲ受ケ本劦約ニ記名調
印スルモノナリ
　　　　明治三十八年十一月十七日　　　特命全權公使　林權助
　　　　光武九年十一月十七日　　　　　外部大臣　　　朴齊純

　어느 조약과 마찬가지로 '이해공통주의'나 '한국부강'과 같은 표현
이 있으나, 한국으로서는 치욕스러운 조약이었다. 이로서 조선은 외
교권을 상실하고, 통감이 조선을 통치하게 되었다. 일본의 무위를 배
경으로 한 조약이었다. 1905년 당시 일본은 그 정도로 국제적 위치를
확보하고 있었고, 조선은 그에 저항조차 할 수 없었다.

　조선에서 유력한 입지를 갖게 된 일본은 1905년 2월 22일에 송도나
리안쿠-루토로 불리던 섬을, 울릉도의 이명으로 사용하던 죽도로 개
명하고, 무주지라는 이유로 시마네현에 편입시키고 만다. 이러한 침
략행위를 당시 일본은 '화친'이나 '평화' 등의 용어르 포장하여 정당
화시켰던 것이다.

　그로부터 100년이 지난 2005년 시마네현은 1905년의 침탈을 근거
로 죽도의 날을 제정하기에 이른다. 1905년(明治 38년) 1월 28일에 죽
도는 시마네현 오키군에 편입되었으며, 동년 2월 22일에 시마네현 지
사가 소속소관을 분명히 하는 고시를 했다(明治 38년 島根縣告示第40
号). 2005년은 이 각의결정 및 고시로부터 100주년에 해당되는 날로

이를 기념하여 동년 3월 16일에 시마네현의회는 2월 22일을 '죽도의 날'로 제정했다. 2005년 2월 22일을 기념한다는 것은 그 당시의 침탈 정책을 기념한다는 것으로, 그 정신을 계승하겠다는 의지의 표명이다. 즉, 시마네현의 사고는 1905년의 침탈행위의 연장선에 있는 것이다. 그 조례는 다음과 같다.

[죽도의 날을 정하는 조례](헤이세이 17년 3월 25일 시마네현 조례 제36호)
(취지)
제1조 현민, 시정촌 및 현이 일체가 되어 죽도 영토권의 조기확립을 목표로 하는 운동을 추진하고, 죽도문제에 대한 국민세론의 계발을 꾀하기 위해, 죽도의 날을 정한다. (죽도의 날)
제2조 죽도의 날 2월 22일로 한다.
(현의 책무)
제3조 현은 죽도의 날의 취지에 맞는 사업을 추진하기 위해 필요한 시책을 강구하도록 노력한다.
부칙 이 조례는 공포일부터 시행된다.

[竹島の日を定める条例(平成17年3月25日島根県条例第36号)]
(趣旨)
第1条 県民、市町村及び県が一体となって、竹島の領土権の早期確立を目指した運動を推進し、竹島問題についての国民世論の啓発を図るため、竹島の日を定める。(竹島の日)
第2条 竹島の日は、2月22日とする。
(県の責務)
第3条 県は、竹島の日の趣旨にふさわしい取組を推進するため、必要な施策を講ずるよう努めるものとする。
附則 この条例は、公布の日から施行する。

1. 국제사법재판소

일본정부는 1954년 9월 25일 독도영유권문제를 법적 분쟁으로 보고, 국제사법재판소에 제소할 것을 한국에 제의해 왔다. 한국정부는 ㅇ에 대해 1954년 10월 28일, 일본정부에 다음과 같은 구술서를 보냈다

> 분쟁을 국제사법재판소에 제출해야 한다는 일본정부의 제안은 법률적 위장을 하여 허구의 주장을 하려는 또 하나의 다른 시도에 불과한 것이다. 한국은 처음부터 독도에 대한 고유의 영유권을 가지고 있으며, 따라서 어떠한 국제사법재판소에도 독도에 대한 한국의 영유권 증명을 추구해야 할 어떠한 이유도 발견되지 않는다. 존재하지도 않는 하나의 유사 영유분쟁을 상상으로 그려내려 하고 있는 것은 바로 일본이다. 일본은 독도문제를 국제사법재판소에 제소할 것을 제안함으로써, 일본은 소위 독도영토분쟁과 관련하여 일시적으로라도 한국과 대등한 입지에 서려고 시도하고 있는 것이다. 그리하여 협상할 여지가 전혀 없는, 완전하고 분쟁의 여지없는 한국의 독도영유권에 대해서 일본이 유사한 주장을 정립하고 있는 것이다(慎鏞廈 編著, 『獨島領有權 資料의 探究』 제4권, 독도연구보전협회, p.307).

이처럼 일본의 제의를 단호히 거부했다. 일본이 가장한 객관적인 태도를 잘 간파한 것이다. 일본은 19세기 말부터 무력을 배경으로 하여, 화친과 평화를 나타내는 미사여구를 남용하며 불평등한 조약을 맺기 시작했다. 그때마다 우리의 독자성은 상실되었고, 독립 후에는 중단되었던 역사로 인해 혼란스러울 수밖에 없었다. 그러한 혼란 속에서 가혹한 민족상잔의 전쟁까지 발발하였고, 그런 상황에서 일본은

국제사법재판소의 중재를 제의한 것이다.

일본은 1905년에 '한국정부는 금후 일본정부의 중개에 의하지 않고 국제적 성질을 가지는 어떠한 조약 혹은 약속을 하지 않을 것을 약속한다'라고 조약하여 우리의 외교적 능력을 봉쇄하고, 1907년에는 다시 '정미칠조약'을 맺었다.

일본정부 및 한국정부는 속히 한국의 부강을 꾀하고, 한국국민의 행복을 증진하게 할 목적으로 아래의 조관을 약정한다.
제1조 한국정부는 시정개선에 관하여 통감의 지도를 받을 것.
제2조 한국정부의 법령의 제정 및 중요한 행정상의 처분은 미리 통감의 승인을 거쳐야 할 것.
제3조 한국의 사법사무는 보통행정사무와 구별할 것.
제4조 한국 고등 관리의 임면은 통감의 동의로써 이를 행할 것.
제5조 한국정부는 통감이 추천하는 일본인을 한국 관리에 용빙할 것.
제6조 한국정부는 통감의 동의 없이 외국인을 한국 관리에 용빙하지 말 것.
제7조 메이지 37년 8월 22일 조인한 일한협약 제1항을 폐지할 것.

　　　메이지 40년 7월 24일　　일본국통감 후작 이토우 히로부미 인
　　　광무 11년 7월 24일　　　대한국내각총리대신 이완용　　인
日本政府及韓國政府ハ速カニ韓國ノ富強ヲ圖リ韓國民ノ幸福ヲ增進
セムトスルノ目的ヲ以テ左ノ條約ヲ約定セリ
第一條 韓國政府ハ施政改善ニ關シ統監ノ指導ヲ受クルコト
第二條　韓國政府ノ法令ノ制定及重要ナル行政上ノ處分ハ豫メ統監
ノ承認ヲ經ルコト
第三條 韓國ノ司法事務ハ普通行政事務ト之ヲ區別スルコト
第四條 韓國高等官吏ノ任免ハ統監ノ同意ヲ以テ之ヲ行フコト
第五條 韓國政府ハ統監ノ推薦スル日本人ヲ韓國官吏ニ任命スルコト
第六條 韓國政府ハ統監ノ同意ナクシテ外國人ヲ傭聘セサルコト
第七條 明治三十七年八月二十二日調印日韓協約第一項ハ之ヲ廢止スルコト
　　　明治四十年七月二十四日　　　　統監 侯爵 伊藤博文 (印)
　　　光武十一年七月二十四日 內閣總理大臣勳二等 李完用 (印)

이 조약에도 '한국의 부강', '한국민의 행복'과 같은 미사여구가 사용되고 있다. 이런 미사여구로 포장된 조약이 맺어진 결과, 나라를 잃고 민족은 식민의 치욕을 경험해야 했다. 그런 일본이 '분쟁의 평화적 해결을 보기 위한 간절한 희망에서, 이에 일본정부는 일본정부와 한국정부의 상호협의에 의하여 분쟁을 국제사법재판소에 제출하자'는 제의를 한 것이다. 여기서도 '평화'라는 표현이 사용됐는데, 이 단어를 어떻게 해석해야 할 것인가. 17세기에 쓰시마번이 임진왜란을 통해 과시한 침략능력을 바탕으로, 울릉도를 침탈하려 했을 때 쓰시마번의 유학자 스야마 쇼우에몬(陶山庄右衛門)은 다음과 같이 말했다.

> 죽도의 위치는 일본에서 떨어지길 164리인 것에 비해 조선에서는 수목과 물가까지 보일 정도로 가깝습니다. 그야말로 조선에 속하는 것이지요. 지도나 서적의 논고는 말로 변론할 여지도 없을 정도로 조선령으로 널리 알려진 것입니다. (중략) 그 섬을 영구히 일본의 속도로서 결정지어 버리려고 하는 것은, 설령 그 일이 성사되었다고 해도, 타국의 섬을 억지로 빼앗아서 일본의 장군에게 바친 것이 되어 불의라고 말해야 할 것입니다. 그러한 행위는 충공이라고는 결코 말할 수 없습니다. 조선에서는 선조 이래 은우를 입어 쓰시마는 유지되어 왔습니다. 억지로 그 섬을 탈취하여 일본의 부속으로 해 버리는 것 등은 정달로 불인불의라는 것이 됩니다.
> 竹島之儀日本之地を去る事百六拾四里、朝鮮之地よりは樹木磯際迄相見へ、誠に朝鮮に属候段、地図書籍之考言語弁論之労無く相知申たる事に御座候 (中略) 彼島を永く日本之属島と極め候様仕度と被申候段、仮令其事成り候ても、日本之公儀に他邦之島を無理に取りて被差上たるにて候故不義とは申候、而も忠功と被申間敷候、朝鮮よりは御先祖様以来恩遇を御受被成たる事に御座候處、無理に彼方之島を御取被成、日本に御附被成候段誠に不仁不義なる事にて可有御座と存候(『竹島文談』)。

제3장

나이토우 세이추우의 논문

Ⅰ. 19세기말의 죽도(울릉도)

1. 죽도일건 이후의 도항 상황

죽도(울릉도)를 둘러싼 일한교섭 중에서, 쓰시마번의 사자가 조선 측의 회답 서계에 있는 '울릉' 두 자의 삭제를 반복하여 요구한 것에 의해, 조선 국내에서는 울릉도 문제에 대한 관심이 높아져 간다. 정부에서는 영의정 남구만이, 섬에 주민을 이주시켜 진을 설치하여 대처해야 한다고 건의하여, 장한상(張漢相)을 삼척첨사로 임명하여, 1694(숙종 20)년 9월에는 울릉도에 파견하여 섬을 조사시켰다. 그 보고서인 "울릉도사적(蔚陵島事蹟)"에는 '동쪽 망해 중에 섬 하나가 있다. 동남동에 있다. 그리고 그 크기는 울도의 삼분의 일 미만으로, 삼백 리를 지나지 않는다(東望海中有一島 杳在辰方 而其大末滿蔚島二分之一 不過三百里)'라고, 장한상이 멀리 독도를 전망한 것이 기록되어 있다.[1)]

조선정부에서는, 닥부의 죽도 도해금지의 일이 전해진 1697(숙종 23)년에 울릉도 수토의 실시가 결정된다. 다만 매년 파견하는 것은 곧 란하다며, 3년에 1회, 관원을 파견하는 것으로 정식화되었다. 이렇게 해서 수토관이 정기적·단속적으로 파견되게 되자, 당연한 일이지만 울릉도에 대한 정보는 상세하게 되어, 그 지리적 지식도 풍부해져 간다. 1714(숙종 40)년의 강원도 어사 조석명(趙錫命)의 보고에서는 '울릉의 동쪽과 마주 보며 왜의 경계와 접한다(欝陵之東 島与相望 接于倭境)'라고 있어, 일본과의 국경이 울릉도 동에 있는 섬이라고 하는 인식도 생겨 간다.[2]

이것과 거의 같은 시기인 1667(寬文 7)년에, 마쓰에 번사 사이토우 호우센(齊藤豊仙)이 쓴 "은주시청합기(隱州視聽合紀)"에서는, 조선과의 국경에 대해 다음과 같이 기록하고 있다.

> 隱州在北海中 故云隱岐島…戌亥間 行二日一夜有松島 又一日程有竹島<俗言磯竹島 多竹魚海鹿 按神書謂五十猛歟> 此二島無人之地 見高麗 如自雲州望隱岐 然則日本乾地 以此州爲限矣。[3]
> 인슈우는 북해 가운데 있다. 그러므로 오키도라고 한다. ……서북방으로 2일 1야를 가면 송도가 있다. 또 1일 정도 거리에 죽도<속언으로는 의죽도라고 말하는데 대나무와 물고기와 물개가 많다. 신서에서 말하는 이소타케루인가>가 있다. 이 두 섬은 무인도인데, 고려를 보는 것이 마치 운슈에서 오키를 보는 것과 같다. 그러한즉 일본의 서북은 이 주를 한계로 삼는다.

이 기술은, 막부의 특별허가를 얻어 죽도 도해사업을 영위하고 있던 호우키국(伯耆国) 요나고 주민의 배가 죽도를 왕복하는 도중에 입수한 송도(松島: 現 竹島)에 대한 지식이 오키국에 전해져, 사이토우(齊藤)가 알게 되어 기록한 것이다. 그것이 죽도와 함께 송도에 대해서도 기록하고 있어 주목받고 있는 것으로, 나가서는 현재의 죽도의 영유권에도 관련되는 문제로서, 특히 '일본의 서북방의 땅은 이 주를 경계로 한다(日本乾地以此州為限矣)'의 문언이 의미하는 것을 둘러싸고, 일한 양국 학자의 해석이 대립한 채로 현재에 이르고 있다. 대립하고 있는 논점은 '일본의 서북방', 즉 일본의 서북의 경계를 죽도(울릉도)로 하는 일본 측에 대해서, 한국 측에서는 운슈우(隱州: 오키국)로 보고 있다는 것이다.[4]

그러나 1696(元禄 9)년의 죽도일건이 결착하는 이전의 시기긴, 1667년에 정리된 문헌인 이상, 막부의 특별허가를 얻어서 죽도 도해사업이 행해지고 있는 시기이기 때문에, 죽도를 일본의 서북경으로 생각하고 기술한 것은 당연하다고 보지 않으면 안 된다. 또한 1823(文政 6)년의 오오니시 노리야스(大西教保)의 "은기고기집"에서는, '이 섬에서 조선을 보는 것은 인슈우에서 운슈우를 보는 것보다 더 멀고, 지금은 조선인이 와서 산다 한다'라고 기록하여, '이 섬'이 죽도라는 것을 분명히 하고 있다.[5] 본서는 전술한 『은주시청합기』를 저본으로 해서, 다시 증보한 것인 이상 "은주시청합기"의 '일본건지(乾地)'는 죽도가 된다(이 주장은 후에 바뀐다: 역자주).

어찌되었든 수토제도를 확립한 후에도, 조선정부는 울릉도에 대한 도항금지를 해제하지 않았다. 이 때문에 동해안의 주민 중에서는 수령한테 불법으로 공문을 발급받아 도항한 예도 있었던 것 같다. 또 일본에서도 막부의 도항금지령이 내렸음에도 불구하고, 도항하는 사람이 끊이지 않았던 것 같아 "조선왕조실록" 안에 '왜선은 자주 울릉도에 들어가 어물을 채취하니, 진실로 한심하게 여길 만합니다'라고 하는 1710(宝永 7)년의 관계기사를 볼 수 있다.[6] 일본 측의 자료 중에서도 막부의 "통항일람"에 다음과 같이 기사가 있다.

……옛날 오키의 주변에서 건너가 대나무를 베어 와서 여러 곳에 팔았다. 매우 크고 좋은 대나무라 한다. 근래 그 섬에 건넜을 때, 조선인이 많이 와서, 우리들의 배를 보면 조총을 쏘며 배가 다가가지 못하게 한다 한다. 이 섬은 정말로 일본의 속도이지만, 결국 조선에 빼앗겼다.

초우슈우(長州) 해변의 세민(細民)은 작은 배로 이 섬에 가서, 대를 베어 초우후(長府)의 가게에 판다. 쿄우호우(享保) 시대까지는 좋은 미죽(美竹)이 있어 잘 이용하여 편리했다. 지금은 끊어져 없다. 언제부터인가 조선의 세민이 와서 산다. 근래 배를 보내니, 그 사람들이 철포를 쏘며 섬 안에 들어가는 것을 허락하지 않는다. 이런 이유로 지금은 그곳에 가서 대를 베는 자가 없다 한다.[7]

위에서 볼 수 있듯이, 막부의 도해금지령을 무시하고, 쿄우호우 연간(1716~35년)까지는, 오키나 나가토(長門) 등지에서 죽도에 건너가 대죽을 베어 가지고 돌아오고 있었다는 것, 섬에는 조선인이 있어 배가 다가가면 철포를 쏘며 상륙하지 못하도록 했다는 것을 기록하고 있는 것은, 전술한 "조선왕조실록"의 기사와도 대응하여, 조선정부의 수토제도가 성과를 올리고 있었다는 것을 알 수 있다. 다만 톳토리번 내에서는 죽도에 대해서 '일본의 속도이지만, 결국 조선에 빼앗겼다'라고 말하며, 겐로쿠(元禄)기의 죽도일건 이후의, 그 지방의 '죽도 인식'을 표명하고 있다.[8]

그러나 한편으로 죽도는 일한 양국 간의 밀무역의 장소가 되어 있었다. 그것은 조선정부가 실시하고 있던 3년에 1회라고 하는 수토의 간극을 노린 형태로 행해지고 있었던 것이라고 생각된다. 일본 측의 자료를 살펴보기로 한다.

그 하나는 이와미국(石見国)의 오오모리은산령(大森銀山領) 상인에 의한 밀무역으로, 오쿠하라 헤키운(奥原碧雲)의 "죽도 및 울릉도"에 다음과 같이 기록되어 있다.

카토우 아무개(加藤某)가 기록한 관청(観聴) 수필에 의하면, 쿄우호우 8(1723)년 6월 21일에 오오사카초우(大坂町)봉행 호우조우아기노카미(北条安房守), 스즈키 히젠노카미(鈴木飛禅守)의 요리키(与力)와 도우신(同心)이 와서, 세키슈우아노군(石州安濃郡) 하네히가시무라(波根東村) 가에몬(嘉右衛門), 오치군(邑智郡) 카스부치무라(粕渕村) 쇼우에몬(庄右衛門), 동군 아고무라(吾郷村) 덴에몬(伝右衛門)을 포박해 간다. 이것은 7년 전에 죽도에 건너가, 외국인의 화물을 몰래 매입한 죄에 의한 것으로 보인다.9)

또 1836(天保 7)년에는 이와미국(石見国) 하마다번령(浜田藩領) 가쓰하라우라(松原浦) 에쓰야(会津屋)의 하치에몬(八右衛門)에 의한 죽도에서의 밀무역이, 오오사카 봉행소에 의해 적발되었다.

　浜田沖竹島と申所に魚沢山に付き、漁被仰付候はば、年々御運上可差上旨、江戸表屋敷え願出候処、聴済に不相成、八右衛門も浜田え御差戻しに相成候処、押て在所にて取継候趣、右竹島と申者、浜田沖合の島にて、朝鮮国え向寄の島にて無人島に候間、浜田領より右島え押渡利、日本の刀剣類其他漁舟に積込、漁師の姿にて異国人と交易いたし候由、刀剣は江戸並諸国より買集、道口筋者浜田用物の会符を相用候。10)
　其方儀石州松原浦に而船乗渡世中、北海筋渡海の節々見晴し、竹島を朝鮮国付属の地とは不存雖申立、右者人家無之空島に而有之、海岸魚類も多く漁業、伐木等いたすならば助成に可相成と存付……三兵衛〈浜田藩勘定方橋本三兵衛〉へ頼砌、右最寄松島へ渡海之名目を以竹島え渡り稼方見極上……大坂表に於て銀主共聞請宜敷ため……中橋町圧助等を申勧銀主に引入、……大坂安治川南二丁目善兵衛其外之もの共乗組、竹島え渡海いたし絵図面相仕立又は立木伐採、既人蔘と見込紛敷草根等持帰る上は、異国人に出会、交通等いたす儀は無之とも、素より国界不分明の地と乍心得、畢竟元領主先代重御役柄中故、志望も成就可致杯相心得……。11)

하마다 먼바다에 있는 죽도라는 곳에 고기가 많이 있기 때문에, 어렵을 할 수 있도록 명령하신다면, 연년 날라다 드리겠다는 뜻을, 에도의 저택에 희망을 말씀드렸더니, 들으시지 않으시고, 하치에몬도 하마다로 돌려보내게 되어, 무리인 줄 아오나 이곳에서 생각해 보니, 앞의 죽도라는 곳은, 하마다번의 먼바다에 있는 섬으로, 조선국에게 이전에 맡긴 섬으로 무인도이므로, 하마다번 영내에서 죽도로 건너가, 일본의 도검류나 그 외타를 어선에 쌓아 싣고, 어부의 모습으로 이국인과 교역했다는 것으로, 도검은 에도 및 제국에서 사모아, 운반하는 길은, 하마다가 사용하는 물표를 이용하였습니다.

그쪽의 건, 세키슈우 마쓰하라우라에서 배타는 것을 생업으로 하던 중에, 북해를 도해할 때마다 본, 죽도를 조선의 부속지라고는 말할 수 없다는 뜻을 말씀드렸으나, 그곳에는 인가가 없는 공도로 양재가 있다. 해안에는 어류도 많아 어렵 벌목 등을 하면 재정에 도움이 될 것이라고 생각하기 때문에⋯⋯미베에<하마다번 칸조우가타(勘定方)의 하시모토 미베에>에게 부탁했을 때, 앞의 죽도에 가장 가까운 송도에 도해한다는 명목으로 죽도에 건너가 돈을 버는 방법을 터득한 후에⋯⋯오오사카 방면에서 은주(銀主: 投資者)들에게 설명하고 부탁하는 것이 좋기 때문에⋯⋯나카하시초우(中橋町)의 쇼스케(庄助) 등을 권하여 전주로 끌어들여⋯⋯오오사카 아지가와 남 2정목의 요시베에와 그 외의 사람들이 참가하여, 죽도로 도해하여 지도를 만들고, 또 나무를 벌채하여, 인삼으로 보여 혼동할 수 있는 풀뿌리 등을 가지고 돌아오는 이상, 이국인을 만나 교류 등을 하는 일은 없어도, 원래 국경이 불분명한 땅이라는 것을 알면서, 필경 원 영주 선대의 큰 공이었기 때문에, 원하는 뜻도 이루어질 것이라는 것 등을 알고⋯⋯.

하마다의 에쓰야(会津屋)의 하치에몬(八右衛門)이 행하고 있던 죽도 밀무역은, 노중의 수좌에 있던 번주 마쓰다이라 스호노카미 야스토우(松平周防守康任) 이하, 가로, 경리계도 말려든 하마다번 전체가 관여한 일이었다는 의미에서 중요하다. 밀무역을 위해 오오사카에서 자금주를 모으고, 오오사카 상인과 함께 죽도에 도해하여 목재를 벌채하기도 하고, 인삼을 가지고 돌아오기도 하고, 지참한 일본의 도검

류와 교환하기도 했다. 그러나 그 사업은 죽도의 도해가 금지되어 있으므로, 송도에 도해한다는 명목을 이용하고 있었다고도 이야기되고 있다. 특히 이 문언은 죽도의 도해가 금지된 후에도 송도의 도항에 대해서는 아무런 문제가 없었다는 예로 들고 있다.[12]

하마다의 에쓰야 하치에몬만의 일이 아니라, 이 당시, 북국지방 등 일본해 연안 각지에서 죽도 도해의 평판이, 에도의 시중에서 이야기 되고 있었던 것을, 히젠 카라쓰번주(肥前唐津藩主) 마쓰우라 세이잔 (松浦静山)의 『갑자야화』에서 알 수 있다.

> '어떤 사람의 용인(문관)이, 이쪽의 동료에게 이야기한 것은, 하마 다만이 아니라 에치고(越後) 나가오카후(長岡侯: 藩主)의 부하도, 어 찌된 일인지 동시에 호출이 있었다 한다.'
> '하마다번이 이국과 외교하고 있으나, 그것은 그곳만의 일이라고는 말할 수 없다. 북국의 주변 해안에 있는 곳은, 그 외에도 많이 있어, 앞의 동심(同心) 동료들은, 그 일을 위해 북국으로 부임하는 일도 있다.'
> '어느 곳의 이야기에 의하면, 평정소(評定所)가 그 죽도일건을 조사 할 때, 최초로 죽도에 건너가는 교역은 쓰시마가 시작한 것으로, 이 일은 운슈우(雲州)의 항구를 통과하지 않으면 건널 수가 없었으 므로, 이 나라에 안내자가 있었다. 그리고 에치고의 도매상 2, 3가 가 이것에 가담했다는 것을 고백했다 한다.'[13]

이렇게 해서 막부는, 1837(天保 8)년 2월 21일자로, 다시 '이국 향해 의 일(異国航海之儀)은 엄히 금한다'라고 공포하는데, 특히 죽도(울릉 도)에 대해서는 '겐로쿠의 시대에, 조선국에 건너가게 된 이래, 향해 정지의 명을 내린 장소에서'라고 말하여, 이번의 금령에 대해서 모든 포구나 마을에 빠짐없이 철저히 주지시킬 것을 지시했다.

이런 이유가 있어서였을까, 에도 시대에 작성된 지도 대부분이 죽도와 함께 송도를 기입하고 있어, 양도의 존재가 일본에도 널리 알려져 있었다는 것을 나타낸다. 특히 하야시 시헤이(林子平)의 "삼국접양지도(三国接攘地図)"(1785년)는 일본령을 녹색, 조선령을 황색으로 칠하여 구분하고 있으나, 죽도와 송도에 대해서는 황색으로 채색한 위에 '조선의 소유'라고 기록하고 있는 것이 주목된다.[14]

'그럼에도 불구하고'라고 말해야 할 것이다. 1850(安政 연간)년대에는 초우슈우번(長州藩)에서 죽도의 개척건이 구체적으로 취급되었다. 나가토(長門)에서도 죽도에 건너가 대를 벌채하여 초우후(長府) 시중에서 팔기 시작했다는 것은 전술한 것처럼, "통항일람"이 게재하고 있는 그대로이다. 따라서 죽도에 대한 관심도 높아지고, 초우후에 재주하는 의사 코우젠 쇼우조우(興膳昌蔵)가 죽도의 개발을 계획하고 있다는 것을 마쓰시타무라쥬쿠(松下村塾)의 요시다 쇼우인(吉田松陰)이 알고, 초우슈우(長州)의 사업으로 해서 실현하려고 한 것을, 다보하시 키요시(田保橋潔)가 소개하고 있다. 즉, 쇼우인(松陰)은 1859(安政 5)년에 문하인 구사카 겐즈이(久坂玄瑞)가 에도에 갈 때 편지를 주어 에도에 있는 가쓰라 코고로우(桂小五郎)에게 구체화할 것을 의뢰한다. 에도번저에서도 죽도 개발을 유리한 사업으로 인정하고, 가쓰라는 무라타 조우로쿠(村田蔵六)와 함께 막부에 손을 쓰고, 노중 구세 야마토노카미(久世大和守)에게 원서를 제출했다. 그러나 막부는, 번주의 정식출원이 아니면 받아들일 수 없다며 이를 각하한다. 에도 번저소의 연락을 받은 본지의 번청에서 협의했지만, 죽도는 고래로 소속이 의문인 섬이나, 지금 그 개척을 막부에 출원해도 허가받을 가망도 없고, 게다가 원격의 땅에 있는 소도에 투자하여 개척한다 해도 수지가 보장되는 것이 아니라는 의견이 많아, 번주의 결재로 개척 출

원 중지를 결정했다.[5]

막부 말기의 초우슈우번에서 죽도 개발론이 일어나 메이지 유신을 주도하는 쇼우카숀쥬쿠(松下村塾) 출신자에 의해 적극적으로 추진되었다는 것은 중요하다. 그것은 메이지기에 있어서 일본정부의 울릉도 대책의 현상을 충분히 예상하게 하는 일이었다고 말할 수 있다.

2. 도명의 혼란

막부 말기부터 메이지 전기에 걸친 시기에 울릉도와 현재의 죽도에 대한 도명은, 유럽 사람들이 작성한 지도의 영향을 받아 크게 혼란을 일으킨다.

1787(天明 7)년에 프랑스 해군인 가로우·도·라·페루우즈가 일본해를 항해하던 중에 울릉도를 망견하고, 최초의 발견자와 관련지어 다쥬레–도(島)라고 명명한다. 이어서 1789년에는, 영국의 쥬–무스·코루넷토도 울릉도를 발견하고, 배의 이름을 따서 아루고노–트도라고 명명했다. 이것은 다쥬레–도와 같은 섬이었지만 경위의 측정치가 달랐기 때문에 다른 섬으로 생각되어, 그 후의 지도에 두 개의 섬으로 그려지는 일이 생기는 원인이 되었다.

1840(天保 11)년에 발행된 필립·프란쓰·폰·시이보루토의 '일본도'에서도, 동쪽에 다쥬레–도를, 서쪽에 아루고노–토도를, 그리고 전자에 송도, 후자에 죽도라는 일본명을 붙였다. 일본에 있던 시이보루토는 오키와 조선 사이에 송도·죽도라고 불리는 섬이 있다는 것을 알고 있었기 때문이었으나, 그 결과 지금까지 죽도라고 불리던 울릉도가 송도가 되어 도명이 혼란되는 단서를 만든 셈이다.[16]

그런데 1849(嘉永 2)년에 프랑스 포경선 리안쿠－루호가 현재의 죽도를 발견하고, 이것을 배이름과 관련하여 리안쿠－루(岩)이라고 명명했다. 또한 1854(安政 元)년에는, 러시아의 쿠리게에토함 파루라스호에 의해, 메나라이암 및 오리밧쓰아암이라고 명명되고, 다음 해에는 영국의 군함 호우넷토호에 의해 호우넷토도라고 불리게 된다. 이 시기에는 미국의 포경선도 일본해에서 조업을 하고 있어, 리안쿠－루호보다 빨리 죽도(독도)를 발견했다. 1857년 3월 27일, 플로리다호의 항해일지에는 죽도를 울릉도의 속도로 보고 다쥬레ㆍ록쿠라고 부르고 있다.17)

이에 대해서, 러시아의 파레라스호나 영국의 호우넷토호는, 리안쿠－루암을 실측하여, 영국의 코루넷토가 명명했던 아루고노－토도는 실재하지 않는다는 것을 분명히 했다. 그 결과, 일본에서는 시이보루토가 다쥬레도를 송도로 하고, 실재하지 않는 아루고노－토도를 죽도로 했기 때문에, 아루고노－토도의 죽도는 지도상에서 삭제되어, 울릉도의 다쥬레도가 송도로 불리게 된 것이다.

다만, 일본에서는 지금까지 보아 온 것처럼, 에도기를 통해 울릉도를 죽도, 현 죽도는 송도로 불렀기 때문에, 시이보루토의 지도에 의해 다케시마와 마쓰시마가 뒤바뀌게 된 것이다. 이 때문에 메이지 초년에는 특히 도명에 혼란이 생겨, 같은 울릉도를 대상으로 하고 있음에도 불구하고, 시이보루토계 지도에 의한 것이라고 생각되는 1876(明治 9)년의 아오모리현 사람 무토우 헤이가쿠(武藤平学)는 '송도 개척의(議)'로 하고, 치바현 사람 사이토우 시치로우베에(斉藤七郎兵衛)도 '송도 개척원'이라고, 울릉도를 '송도'라고 부르며 개척원을 출원했던 것이다. 이에 대해 다음 해에 제출된 시마네현의 사족 도다 타카요시

(戶田敬義)의 '죽도 도해원'은, 구 톳토리 번주였기 때문에 에도기 부터의 명칭인 '죽도'를 사용하며 도해를 신청했다.[18]

도다의 건의는, 요나고 주민에 의한 죽도 도해사업이나 이와미국 하마다의 에쓰야 하치에몬(八右衛門) 사건 등을 들어 '토쿠가와 씨 집권 시에는 특히 엄금한 해로'였다고 말하고 있는 이상 도다가 말하는 '죽도'가 조선령 울릉도라는 것은 명백하다. 그 때문에 원서를 받은 동경부지사는 중앙정부에 조회할 것도 없이 '죽도의 도항을 원하는 서면은 들어 주기 어려운 일이다'라며 그것을 각하했다.

그러나 무토우나 사이토우가 말하는 '송도'에 대해서는, 에도기 부터의 죽도＝울릉도라고 동일 섬인지 어떤지에 대해 분명히 할 필요를 느껴, 정부 내에서 검토가 착수된다. 그 결과 문헌 자료로는 외구부의 키타자와 마사미네(北沢正誠)가 정리한 "죽도고증"이, 실시조사에서는 1880(明治 13)년의 군함 아마기(天城)의 파견에 의해, 해도에 있는 송도는 울릉도이고 죽도도 역시 같은 울릉도라는 것이 확인되었다. 이리하여 이 이후는, 일본에 있어서 공식 명칭으로 울릉도가 송도, 현 죽도는 리안루－루열암(列岩: 민간에서는 랸코도, 란코도라고도 불렸다)이 되어, 1905(明治 38)년에 일본영토 편입에 이르러 '죽도'로 명명될 때까지는 그 명칭으로 불리게 된 것이다.

3. 죽도 외 일도의 영유권 명확화

메이지 신정부가 되어서 처음으로 죽도가 문제된 것은, 1869(明治 2)년 12월에 조선국에 파견된 외무부 관원 사다 하쿠보우(佐田白茅), 모리야마 시게루(森山茂) 등이 1870년 4월에 보고한 "조선국교제시말내탐서(朝鮮国交際始末内探書)"이다. 그중에 '죽도, 송도가 조선에 부속하게 된 시말'이라는 항목이 있는데, 다음과 같은 기록이다.

此儀ハ松島ハ竹島ノ隣島ニテ松島ノ儀ニ付是迄掲載セシ書留モ無之。竹島ノ儀ニ付テハ元禄年度後ハ暫クノ間朝鮮ヨリ居留ノ為差遣シ置候処当時ハ以前ノ如ク無人ト相成竹木又ハ竹ヨリ太キ葭ヲ産シ人蔘等自然ニ生シ其余魚産モ相応ニ有之趣相聞ヘ候事。[19]
이 건은 송도는 죽도의 인도로, 송도의 건에 대해서는 지금까지 게재된 기록도 없다. 죽도의 건에 대해서는 겐로쿠 연도(1688~1704년) 이후 잠시 동안 조선에서 거류하기 위해 파견하고 있었으나, 현재는 이전처럼 무인도가 되어, 대나무 또는 대나무보다 굵은 갈대가 자라고, 인삼 등이 자연적으로 난다. 그 외의 어산물도 상응한다고 들었다.

위와 같이 죽도와 송도는 이웃으로, 특히 송도에 관해서는 관계기록이 없다는 것, 죽도에 대해서는 간단한 설명을 하고 있는 것으로, 이 자료로 한국 측이 말하고 있는 것처럼 '일본정부가 독도를 조선의 부속령으로 확인한 명백한 실증자료이다'[20]라고 말할 수는 없다. 위 자료의 전문은 죽도와 송도가 조선령이라는 것 등을 증명하는 것이 아니라는 것은 분명하며 '조선에 부속하게 된 시말'이라고 하는 제목만으로 한국 측이 즉단하는 것은 잘못된 것이다.

다음 1876(明治 9)년, 77년에는, 전술한 것처럼 죽도 개발의 허가신청이 잇따르고, 일본정부도, 신청에 대처하기 위하여 죽도·송도의 영유권에 대해서 명확하게 할 필요를 느끼게 되었다.

우선 1876년 7월, 블라디보스토쿠에 재류하는 아오모리현의 사족 무토우 헤이가쿠(武藤平学)가 외무부에 '마쓰시마 개척의 건'을 제출했다. 무토우는 블라디보스토쿠와 나가사키를 왕복하는 항해 도중에 송도(울릉도)를 망견하고, 동도의 광산을 개발하고, 좋은 재목을 블라디보스토크나 시모노세키에 수송하여 판매하면, 큰 이익을 올릴 수 있다고 생각했다. 같은 7월에 무토우의 개발계획을 안 고다마 사다야스(児玉貞易), 그리고 다음 해에는 치바현 사람 사이토우 시치로우베에(斉藤七郎兵衛) 등이 잇달아 블라디보스토크 영사관의 세와키 히사토(瀬脇寿人) 무역사구관에게 송도 개발의 필요를 건의한 건에 의해, 세와키는 외무부에 이 원서를 정리하여, 1877년 4월에 '원하건대, 빨리 허가하여 주시기를 바랍니다'라는 의견을 덧붙여 보냈다.[21]

이에 대해 외무성에서는 공신국장(公信局長) 타나베 타이치(田辺太一)가 '송도는 조선의 울릉도로 우리 영토 내의 것이 아니다'라는 의견서를 붙여, 일본정부에는 허가할 권한이 없다는 판단을 내린다. 그러나 성내에는, 송도는 조선의 울릉도에 속하는 우산도이기 때문에, 개발은 물론 순시하는 것도 무익하다는 설, 개발할지 어떨지는 시찰 후에 결정해야 한다며, 먼저 순시해야 한다는 설, 당면하여 순시하는 것이 필요하니, 외국선에 위탁하면 어떨까라는 3설이 대립하고 있었다.[22] 결국에는, 기록국장 와타나베 코우키(渡辺洪基)가 시마네현에 조회한다는 것과, 배를 파견해서 조사한다는 것을 제안하여, 이것을 근거로 해서 정부의 대처가 이루어진다. 즉,

> 昔者竹島ノ記事略説多クシテ松島ノ事説論スル者ナシ、而テ今者人
> 松島ニ喋喋ス、而テ此二島或ハ一島両名或ハ二島也ト諸説紛々朝野
> 其是非ヲ決スル者ヲ聞カス、彼竹島ナル者ハ朝鮮ノ欝陵島トシ幕府
> 偸安ノ議遂ニ彼ニ委ス。故ニ此所謂松島ナル者竹島ナルハ彼ニ属シ
> 若シ竹島以外ニアル松島ナレハ我ニ属セサルヲ得サルモ之ヲ決論ス
> ル者無シ、……因テ先ツ島根県ニ照会シ 其従来ノ習韓ヲ糺シ 併セ
> テ船艦ヲ派遣シ 其地勢ヲ見……[23]

옛날에는 죽도의 기사 약설이 많고, 송도의 일을 논한 것은 없다.
그리고 이 2도에는 혹은 1도 2명 혹은 2도라는 제설이 조야에 분분
하나, 그 시비가 가려졌다는 말은 듣지 못했다. 그 죽도는 것을 조
선의 울릉도로 하여, 막부는 장래의 일을 생각하지 않고 일시적으
로 피하기 위한 안일한 생각으로 마침내 그들에게 위임했다. 따라
서 이곳에서 말하는 송도라는 것이 죽도라면 그들에게 속하고, 만
일 죽도 이외의 송도라면, 일본에 속하지 않을 수 없는데도, 결론
난 것이 없다.……따라서 먼저 시마네현에 조회하여, 그 종래의 관
례를 조사하고, 동시에 함선을 파견하여, 그 지세를 보고…….

이 제안에 근거하여, 에도기 이래의 울릉도와의 관계사를 가지는
시마네현에 대한 조회가 이루어졌다. 이 일에 대해서 하시모토(橋本)
의 "시마네현역사·정치부"에 '(메이지 9년) 10월 16일에, 본적지적편
성상(本籍地籍編成上)에 관하여, 일본해 중의 죽도외일도의 속부(属否)
를 내무성에 품하였다. 10년 4월 9일이 되어, 본방과 관계가 없다는 뜻
의 지령을 받았다'라고 기록하고 있다. 그 경과는 다음과 같다.

竹島外一島ハ、管下隠岐国ノ乾位、日本海中ニ在ルモノナルカ、従
来管内人民ノ渡島セシ由緑ニ基キ、今之ヲ稟スルモノトス。
　其書日、御省地理寮官員地籍編纂溢検之為、本県巡回之砌、日
本海中ニ在ル竹島外一島調査ノ儀ニ付、照会有之候処、本島ハ元禄
中発見之由ニテ、故鳥取藩之時、元和四年ヨリ元禄八年迄凡七十八
年間、同藩領内伯耆国米子町ノ商大谷九右衛門、村川市兵衛ナル
者、旧幕府ノ許可ヲ経テ数歳渡海、島中ノ動植物ヲ積帰リ、内地ニ
売却致候ハ已ニ確定致候有之、于今古書旧状等持云候ニ付、別紙原
由ノ大略、図面共相添不取敢上申候、今回全島実検ノ上委曲具状可
致之処、固ヨリ本県管轄ニ確定致候ニモ無之、且北海百余里ヲ懸隔
シ線路モ不分明、尋常帆舞船等ノ能ク往返スヘキニ非レハ、右大谷
村川ノ伝記ニ就キ追テ詳細上申可致候而、其大概ヲ推察スルニ、管
内隠岐国ノ乾位ニ当リ、山陰一帯ノ西部ニ貫付スヘキ哉ニ相見候ニ
付テハ、本県図面ニ記載シ地籍ニ編入スル等ノ義ハ、如何取計可然
哉云々。24)

죽도외일도는 관할하의 오키국의 서북쪽에 위치하여, 일본해 속에 있는 것이나, 종래에 관할구역 내의 인민이 도해한 연유에 의거하여, 지금 이를 말씀드립니다.

그 문서가 말하는 것은, 성(내무성)의 지리료의 관원이 지적의 편찬을 조사하기 위해, 본 현을 순회했을 때, 일본해에 있는 죽도 외일도를 조사한 건어 대한 조회가 있었습니다만, 본도는 겐로쿠 시대에 발견한 것으로, 따라서 톳토리번의 시대, 겐나 4(1618)년부터 겐로쿠 8(1695)년까지 약 78년간, 톳토리번 영내의 호키국 요나고초우의 상인 오오야 큐우에몬, 무라카와 이치베에라는 자가, 구막부의 허가를 얻어 수년간 도해하여, 섬 안의 동식물을 싣고 돌아와 국내에서 매각했다는 것은 이미 확증이 있고, 지금드 고서가 옛날 상황을 전하고 있어, 별지에 사건이 시작된 개요를, 도면과 함께 첨부하여 우선 말씀드립니다. 이번에 전도를 실검하고 구체적으로 기록했어야 하나, 원래 본 현의 관할로 확정한 것도 아니고, 또 북해에 약 100리(393km)가 떨어져 항로도 분명하지 않습니다. 보통은 범선 등이 자주 왕래하지 않기 때문에, 앞의 오오야·무라카와의 전기에 의거하여 상세히 보고드립니다. 그 개요를 추찰하건데, 관내의 오키국의 서북 방향에 위치하고, 산인 일대의 서부에 걸쳐 있는 것으로 보기 때문에, 본 현의 도면에 기재하여 지적에 편입하는 것 등의 건은 어떻게 처리해야 할 것인가 운운.

시마네현으로서는 송도(현 竹島)를 죽도(울릉도)의 속도로 보그, '죽도외일도'로 취급하여, 1695(元祿 8)년에 이르는 78년간에 걸친 요나고 상인에 의한 죽도 도해의 역사를 조사한 후에 '그 개요를 추찰'한다고 말하고, 죽도외일도를 시마네현에 지적편입을 생각하고 내구부에 질문했던 것이다.

이 질문을 받은 내무성은, 독자적으로 자료를 조사하고 죽도외일도는 일본영토가 아니라는 결론을 내렸다. 단지 '영토의 취사는 중대한 사건(版図ノ取捨ハ重大之事件)'이라며, 1877(明治 10)년 3월에 태정관(太政官)에게 질문서를 제출하고 결재를 요구했다. 그때 내무성은 '죽

도외일도의 건은 본국과 관계가 없는 것으로 알아야 합니다(竹島外一島之義本邦関係無之義ト可相心得事)'라는 지령안을 작성하고 있었는데, 우대신 이와쿠라 토모미(岩倉具視), 참의의 오오쿠마 시게노부(大隈重信)·테라지마 무네노리(寺島宗則)·오오키 타카토(大木喬任) 등에 의해 원안대로 승인되었다.[25] 이리하여 3월 29일에 태정관에서 원안대로 승인된 일이 지령되어, 일본정부는 '죽도외일도'가 일본영토가 아니라는 것을 공적으로 확인한 것이었다. 그리고 전술한 "시마네현역사"에 기록되어 있듯이, 4월 9일에 내무성에서 시마네현에 전하였다.

송도와 죽도에 대한 해군수로국의 실측조사는 1880(明治 13)년 9월에 군함 아마기(天城)를 파견하여 행하고, 그 보고를 받아 '그 땅(송도), 즉 고래의 울릉도는, 그 북방의 소도를 죽도라고 부르고 있는데, 하나의 암석에 지나지 않는다는 것을 알아, 오랫동안의 의혹이 일조에 해결되었다(其地(松島)即チ古来欝陵島ニシテ, 其北方ノ小島竹島ト号スル者アレ共, 一個ノ巌石ニ過サル旨ヲ知リ, 多年ノ疑義一朝氷解せり)'[26]라고 결론지은 것을 키타자와 세이세이의 『죽도고증』은 기록하고 있다.

여기에서 송도·죽도에 관계되는 개척원은, 대상이 되는 섬이 외국령이라는 것으로 모두 각하되게 되는 것이다.

4. 일본인의 울릉도 도항 상륙 금지

조선 정부는 1881(明治 14)년 5월에, 강원도 감찰사로부터 울릉도에서 7명의 일본인이 벌목에 종사하고 있다는 것을 발견했다는 보고를 받았다.

(五月)二十二日、是ヨリ、江原道欝陵島ニ日本人七名潜入伐木シ、該島捜討官看審ノ際発見セラル、該島観察使林翰洙具申馳啓シテ、挽近日本船去来常無ク、此島ヲ指点シテ弊邑ラザルヲ以テ、稟処セシメンコトヲ請フ、統理機務衙門ノ啓言ニ因リ、厳防ノ意ヲ以テ書契ヲ撰出シ、日本国外務省ニ転致セシメ、且ツ此島ヲ他ノ空曠ニ委スルハ、甚タ疎虞ニ属スルヲ以テ、副護軍李奎遠ヲ欝陵島検察使ニ差下シ、馳往商度シテ稟覆ノ地ト為サシム。27)

(5월) 22일, 이에 앞서, 강원도 울릉도에 일본인 7명이 잠입하여 벌목하는 것을, 이 섬의 수토관이 순회할 때에 발견하였다. 이 섬의 관찰사 임한수는 서둘러서 보고하였다. 최근에 일본의 배가 이전과 달리 왕래하여, 이 섬을 목적으로 하여 피해가 적지 않으니, 품의를 올려 조처할 것을 요청한다. 통리기무위문의 공문서로, 엄하게 방지할 의지를 가지고 서계를 내어, 일본국의 외무성에 전하게 하고, 그 위에 이 섬을 다른 나라에게 허망하게 위임하는 것은, 참으로 어리석은 일이므로, 부호군 이규원을 울릉도 검찰사로 임명하여, 서둘러 가서 협의하여 천명이 덮인 땅(조선의 영토)이 되게 해야 한다.

이 보고를 받은 조선정부는, 다음 23일에 이규원을 울릉도 감찰사로 임명하여 특별히 대처시키기로 한 것은, 위에 보이는 그대로이다. 그것과 함께 6월에 예조판서 심순택(沈舜沢)의 이름으로 일본정부에, 일본인의 울릉도 진출을 강하게 항의했다. 일본정부로서는, 8월 20일에 사실을 조사할 필요가 있다고 회답하고, 또 11월 7일부로, 도항자는 '서둘러서 귀향해야 한다는 취지의 말을 들었습니다'라는 서간을 보냈다. 이 회답안의 작성 중에, 전년도에 외무성의 키타자와 세이세이(北島正誠)가 조사한 『죽도고증』상·중·하를 요약하여 "죽도판도소속고(竹島版図所属考)"(明治 14년 8월 20일조)를 정리하여, 이노우에 외무경이 산조(三条) 태정대신에게 회답안의 부속서로 해서 송부했다. 동서에서는 '오늘의 송도는, 즉 겐로쿠 12년에 칭하는 곳의

죽도로, 고래로 우리 영토 이외의 땅으로 알아야 할 것이다(今日ノ松島ハ即チ元禄十二年称スル所ノ竹島ニシテ、古来我版図外ノ地タルヤ知ルベシ)'라고 결론짓고 있다.[28] 또 동서는 다음 1882(明治 15)년 12월에 일본인의 울릉도 도항금지를 결정하기에 이르러 외무경이 태정대신에게 보내는 상신서에도 '죽도판도고 1권을 참고로 제출합니다'라고 기록한 것을 보아도, 동서가 당시의 정부의 통일견해였다고 말할 수 있다.

조선정부에서 검찰사로 임명된 이규원이 울릉도로 출발한 것은, 1882년 4월이었다. 그 조사 보고에는, 도내에 일본인이 78명 있다는 것 외에 '대일본국 송도 쓰키타니, 메이지 2년 2월 13일, 이와자키타 다테루가 이것을 세웠다(大日本帝国松島槻谷 明治二年二月十三日 岩崎忠照建之)'라는 표주(標柱)도 발견했다[29]고 했다. 이러한 실상 보고를 들은 조선정부는, 다음 1982년 '편토라 해도 버려서는 안 된다'라고 하는 강한 자세로, 다시 일본정부에 항의하는 것이었다.

「(六月)五日、欝陵島検察使李奎遠ヲ召見ス、復命ナリ。教シテ曰ク、若シ開拓スレバ、民楽従スベキヤ否ヤト。奎遠曰ク、船漢、薬商等処試ミニ之ヲ問ヘバ、多ク楽従ノ意アリト。又教シテ曰ク、日本人標ヲ立テ之ヲ松島ト謂フ、彼ニ於テ言無カルベカラズト。奎遠曰ク、松島ト云フ者、前ヨリ相詰スル者ナリ、花房義質ニ一次公幹無カルベカラズ、亦タ日本外務省ニ致書ナカルベカラズト。仍リテ教シテ曰ク、此意ヲ以テ総理大臣及ビ時相ニ告ゲヨ、今以テ之ヲ観ルニ、一時放棄スベカラズ、片土ト雖モ棄ツルベカラザルナリト。」[30]
「(六月)十六日、三軍府ノ所啓ニ依リ日本国ノ書啓ヲ撰送シ、欝陵島結幕ノ弊ヲ永社セシム、其書ニ曰ク、弊邦ノ欝陵島ハ間界ニアラズ、頃ロ貴国人ノ樹ヲ斫リ木ヲ伐ルニ因リテ、早ク書契ヲ奉ジ、籍リテ貴朝廷ノ判ニ禁止ヲ許スニ蒙ル、弊邦検察使李奎遠ヲ委遣シテ島界ヲ周視セシムルニ、帰リテ云フ、斫採前ニ仍リテ改ムルコトナ

シト、貴朝廷禁ヲ立ツルニ及バズシテ民猶木冒犯スルヤ否ヤ、疑深ク訝滋ス、豈函シテ奉質ス、望ムラクハ貴朝廷照諒シテ法ヲ設ケ、婉論厳防シ前謬ヲ踏ムコトナクバ幸甚ナリ。」[31]

'6월 5일에 울릉도 검찰사 이규원을 불러서 만났다. (이것은 그때의) 복명이다. 일러 말하였다. 만일 개척하면, 인민은 즐거워하며 종사할 것인지 아닌지라고. 구원이 말하길, 뱃사람, 약장사 등에게 시험 삼아 물어보았더니, 많은 사람이 즐겨 종사할 뜻이 있다 했다. 또 일러 말하였다. 일본인이 표주를 세워 이것을 송도라고 한다. 그것에 관하여 말하지 않으면 안 된다고. 규원이 말하길, 송도라고 하는 것은, 이전부터 국제가 되었던 섬입니다. 하나부사 요시모토에 먼저 공간을 보내야 합니다. 또 일본 외무성에 문서를 보내지 않으면 안 됩니다라고 그래서 일러 말하길, 그 뜻을 총리대신 및 대신에게 말하시오. 지금 이것으로 보아, 한시도 방기해서는 안 되겠다. 멀리 떨어진 섬이라 해도 방기해서는 안 된다고.'

'6월 16일에 삼부군의 보고에 의거하여 일본국에 서계를 보내, 울릉도 결막(結幕)의 폐해를 길게 말하게 하였다. 그 문서에 말하길. 아국(조선국)의 울릉도는 간계가 아니다. 요즈음 귀국인(일본국)이 수목을 베어 벌채하기 때문에, 서둘러 서계를 올려, 그것으로 귀 조정(일본 정부)의 판단으로 금지하여 줄 것을 바란다. 우리나라가 검찰사 이규원을 파견하여 도내를 순회시켰는데, 그가 돌아와 말했다. 벌목은 이전보다 개선된 것이 없다고. 귀 조정이 금지하지 않기 때문에 인민이 다시 벌목을 범하고 있는 것이 아닌가- 의혹이 깊어 더욱 이상하다고 생각한다. 어찌하여 문서로 묻지 않는가. 원하건대 귀 조정이 조사하여 분명히 하여 법을 세워, 완곡한 논을 엄격하게 하여 이전과 같은 잘못을 범하지 않았으면 좋겠다고.'

즉, 조선정부로서는 7월 하순에, 울릉도에서의 일본인에 의한 무단 벌목에 대해, 우선 일본정부에 항의했다. 게다가 제물포조약 비준을 위해 일본에 와 있던 수신사 박영효(朴泳孝)도, 11월 2일의 조약비준 석상에서 이노우에 카오루(井上馨) 외무경에 강하게 항의했다.[32] 이것 때문에 외무성으로서는 '이후 또 도항자가 있으면, 그 정부에 대한 교제상 상황이 좋지 않을 뿐만 아니라, 우리 정부의 금령이 인민에 미치지 못한다는 것을 나타내는 염려가 있어 용납할 수 없다'라는 의미에서, 다음 1883(明治 16)년 1월에 조선국 주재 다케조에(竹添) 공사에게, 수목벌채를 금한 취지를 전하게 하여, 3월 1일부로 태정대신이 내무경과 사법경에 대해 다음의 비공식적인 지시를 발송하였다. 3월까지 대책이 지연된 배경에는 '명을 내리는 것도, 조선 사절이 귀국한 후에 그렇게 하고 싶다'라는 외무부의 배려가 있었다.[33]

「北緯三十七度三十分東経百三十度四十九分ニ位スル日本称松島〈一名竹島〉朝鮮称蔚陵島ノ儀ハ従前彼我政府議定ノ儀モ有之日本人民妄リニ渡航上陸不相成候条心得違ノ者無之様各地方長官ニ於テ諭達可致旨其者ヨリ可相達此旨及内達候也。」
「今般別紙ノ通内務卿ヘ相違候ニ付右ニ違反シ於該島密商ヲナス者ハ日韓貿易規則第九則ニ照シ重軽罪ヲ犯ス者ハ我刑法ニ照シ処分可致旨各裁判所長ヘ内訓可致置此旨及内達候也。」[34]
'북위 37도 30분, 동경 130도 49분에 위치하는 일본이 마쓰시마〈일명 竹島〉라고 칭하고 조선은 울릉도라고 칭하는 건은, 종전에 피아의 정부의정의 건도 있어, 일본인민이 함부로 도항 상륙하는 것은 안 되기 때문에, 잘못 생각하는 자가 없도록 각 지방장관이 유달해야 하는 뜻을, 그들이 전했다. 이 뜻을 은밀히 전한다.'
'이번에 별지의 통탈을 내무경에 전달함에 있어, 이를 위반하고 그 섬에서 밀상을 하는 자는, 일한 무역규칙 제9조에 의거, 중·경죄를 범하는 자는 우리 형법에 따라 처분해야 한다는 뜻을 각 재판소장에게 내훈해 둘 것. 이 뜻을 내달한다.'

이 유달(諭達)은, 울릉도가 조선령이라는 것을 '종전에 피아 정부가 정한 일'이라고 한 것을 근거로, 다시 일본인의 울릉도의 도항 상륙을 금지한 것이다. 외무부가 작성한 전년 12월의 문안에서는 '울릉도<아국인은 죽도 또는 송도라 한다>가 조선국의 영토라는 것은, 겐로쿠(元禄) 연중에 이미 우리 정부와 조선국 정부 사이에서 정한 일이 있

다'라고, 양국 정부가 조선령이라는 것을 의정했다고 명기하고 있다.[35]

5. 울릉도 재류 일본인의 강제귀국

1883(明治 16)년 3월 1일자로 태정관의 비공식 통지(內達)를 받은 내무부는, 지방장관을 통해 울릉도의 도항 상륙을 금지했다. 그럼에도 불구하고, 일본정부는 다수의 일본인이 울릉도에 있다는 조선정부의 항의를 받는다. 도쿠와라(德源) 부사가 원산 영사에게 보낸 통고로 울릉도에 일본인이 있다는 것을 안 것으로 "일본외교문서"에는 5월 14일 이후의 문서에 수록되어 있다. 원산 영사의 보고에는 그 실정기 다음과 같이 기록되어 있다.

……当春来福岡県平氏早瀬岩平ナル者数十人ヲ率ヒ渡航致シ居候趣報告及ヒ候ニ付、内務卿打合ノ上福岡県令ヘ相達シ、右早瀬岩平親族ノ者ヨリ迎船差出引揚サセ候末、該人等ノ申立ニテ、外ニ山口県士族松岡某ナル者等数十名該島ニ滞居致候由相分候間、山口県令ヘモ前同様ノ手続ニテ迎船立方相達シ、同県ニテ右松岡其原籍取調中該島ニ渡航ノ者独リ山口県下ノ者ノミニ無之、他県人入雑リ現ニ数百名ノ多キニ及候段相分リ候趣……数百ノ御国人猶彼地ニ潜航シ妄リニ伐木漁採ニ従事致居候テハ彼国ニ対シ信義ヲ失ヒ候ハ勿論、他日何等ノ難題ヲ彼政府ヨリ申出候哉モ難測何分其侭ニ難差置儀ニ候……。[36]

그 봄 이후로는 후쿠오카현의 평민 하야세 이와히라라는 자가 수십 명을 거느리고 도항해 있다는 내용의 보고가 있었기 때문에, 내무경이 상의한 후에 후쿠오카현령에게 전하여, 그 하야세 이와히라의 친족에게 마중하는 배를 내게 하여 불러들이게 한 결과, 그들이 말하여, 달리 야마구치현의 사족 마쓰오카 아무개라는 자 등 수십 명이 그 섬에 머물고 있다는 것을 알았기 때문에, 야마구치현령에게도 전과 같은 수속으로 마중하는 배를 내도록 통달하여, 동현에서 그 마쓰오카 아무개의 원적을 조사하였더니, 그 섬에 도항한 자는 전원이 야마구치현의 사람들만이 아니라, 타 현 사람들이 섞여 실제로는 수백 명이라는 다수에 이른다는 것을 알게 되었다……
수백 인의 각국 사람들이 계속해서 그곳으로 잠항하여 멋대로 벌목 어로에 종사하고 있다는 것은 그 나라(조선국)에게 신의를 잃는 것은 물론, 후일에 어떤 난제를 조선정부가 말해 올지도 모릅니다. 아무것도 추측하기 어려우니, 그대로 놓아두는 것은 어려운 일입니다…….

이에 대해서 외무성에서는 본적지가 판명된 자에 대해서는 그 친족에게 배를 보내게 하기로 했으나, 원적이 불명한 자에 대해서는 전원을 철수시키는 것도 곤란하기 때문에, 해군성에 명하여 군함을 파견하여 전원을 정리하여 귀국시키거나, 기선에 경부순사를 동승시켜 데리고 오게 하는 방법밖에 없다고 말하고 있다. 결국은 공동운수회사의 에치고마루(越後丸)에 내무성 서기관 등이 승선하여, 10월 7일과 14일에 울릉도에 가서, 254명의 일본인을 강제적으로 귀국시켰다.[37]

그 당시 울릉도에 있던 일본인은 수백 명이라 한다. 우리 야마구치현 사람이 가장 많고, 다름으로 시마네·히로시마·후쿠오카 각 현인이었다 한다. 그들은 1883(明治 16)년 3월 1일의 도항금지령을 무시하고 울릉도에 건너간 것이다.

'수백의 우리나라 사람이 아직도 그곳에 잠항하여, 마음대로 벌목 어채에 종사'하고 있었다. '벌채하는 목재는 느티나무로 한정하고, 다른 수목에는 관심을 보이는 일 없다', '벌채하는 장소의 재목은 해안으로 실어 내어 배가 도착하는 것을 기다렸다 이것을 탑재'한다는 것이었다. 다만 당시의 울릉도에는 배를 계류할 수 있는 항구가 없어, '섬에 왕래하는 선박은 화기(和汽)를 불문하고, 도착하자마자 도해인과 식료를 상륙시키고, 목재를 탑재하여 즉시 닻줄을 풀고 떠났기에,

항상 머무는 배는 한 척도 없었다 한다'였기 때문에, 영선이 없으면 섬을 나올 수 없었다.[38]

귀국시킨 254명에 대해서는, '우 인민의 징벌 건(右之人民懲弁之義)에 관해서는, 금년 3월에 내무 사법 양성에서 전달한 내용도 있으니, 이에 의해 각각 처분해야 한다'였다.[39] 그러나 1886(明治 19)년에 나온 각 재판소의 판결은 피고 307명 전원을 무죄로 방면했다. 판결의 주지는 '모두 재목 벌채의 건, 도둑질하려는 의도에서 나온 것이 아니고, 해당 목재가 조선국 관리의 증여와 관계되는 것이므로 무죄로 판정'했다 한다. 그러나 울릉도의 도항 상륙에 대해서는, 1883년 3월 1일부 태정관의 유달로 조선국에 소속된다는 것이 혼인되었다는 일장에서, 그 이전의 시기어 속하는 도항은 묵인한다는 것이다. 이 판정에 대해서는 외무대신 이노우에 카오루도 분명하게 불만을 표시하그, '해당의 섬이 구 막부시대, 이미 조선정부와 왕복한 위에, 그 소속을 공인한 사적(事蹟)을 불문에 붙이고, 도벌의 행위를 시인하는 것처럼 보인다'라고 판결을 비판하고, 이대로 판결이 확정될 경우에는 '양국 교섭의 사건에 있어서 우리들이 이처럼 불공평한 예를 만들어, 그것 때문에 이후 심히 불리한 결과를 초래하게 될 것이라고 생각합니다' 라고 사법대신에게 서한을 보내고 있다.[40]

여기서 재판소가 판결한 것 중에서 '해당 목재가 조선국 관리의 혜여(惠与)에 관계된다'고 한 배경에는, 울릉도의 도장과 일본인 사이에서 특별한 관계가 이루어져 있었던 일이 있다. 그것은 일본인의 쇄환을 위해 섬에 건너간 내무성 파견 관원에게, 도장 전석규(全錫圭)가 '참으로 귀국 인민에 대해서 우리는 보통이 아닌 친밀한 관계에 있다. 따라서 모두가 일본으로 귀국하신다는 하는 것은, 지금까지의 교의로

말하자면 서운한 일입니다(実ニ貴国人民ニ対シテハ我儕容易ナラサル 懇誼ヲ恭フス、這回挙テ帰国セラルルハ交誼に於テ深ク忍ヒサル所ニ 候)', '귀국의 인민이 귀국하시면, 지금까지 우리 조선인민이 생활해 가는 데 신세를 지고 있었던 사람들은, 식량의 저축도 없어 바로 아 사하게 될 것이다. 제발 동정하는 마음을 보여 주시기를 바랍니다(貴 国人民ノ帰航セラルルニ於テ、是迄我人民ノ日々ノ糊口ノ恩恵ヲ蒙リタ ルモノ、一粒ノ担積ナキヲ以テ立ドコロニ餓死スベシ、伏テ希クハ貴下 憐愍ヲ垂レラレヨ)' 등으로 이야기하고 있는 것과 관계된다. 그리고 차관유학(次官幼学) 배충은(裵忠隠)도 역시, '본도에 도래해 온 우리 나라 인민은 식량이 부족하여, 가끔 귀국인의 은혜를 입은 일이 적지 않다. 이 은혜를 잊을 수 없을 것입니다. 원하건대 이미 벌채한 재목 은 모두 귀국할 때에 가지고 돌아갈 것을 원합니다(本島ヘ渡来スル所 ノ我国人民食ニ乏シク、時々貴国人ノ恩恵ヲ蒙リタル事不尠、此恩忘 ルベカラズ、願クハ已ニ採伐スル材木ハ悉ク帰国ノ序持帰ラレン事ヲ企 望致候)'라고 했다.[41] 그것은 조선정부의 방침에 반하는 출장소 관리 의 외국인에 대한 대응이었다. 이러한 자세가 문제가 되어, 3개월 뒤 인 1884(明治 17)년 1월 11일에 도장 전석규는 '검속하여 조사하게 하 였다'라고 정부에 의해 처벌받게 되는 것이다. 이 문제에 관해서는, 동남제도개척사(東南諸島開拓使)였던 김옥균(金玉均)도 '전석규는 이 전(嚮)에 전미(錢米)를 탐하여, 일본인에게 도장의 빙표(憑票)를 주어, 그 재목을 몰래 베어 가는 것을 허가하였다'[42]라고 보고하고 있는 것 이다.

6. 공도정책의 전환과 울릉도개척

울릉도에 수백 인의 일본인이 와서 벌목, 어채에 종사하고 있다는 것을 안 조선정부는 일본정부에 엄중히 항의하고, 일본인의 퇴거를 요구한다. 동시에 장기간에 걸친 울릉도의 공도정책을 전환하여 적극적으로 개발하는 방침을 취하게 된다.

1882(明治 15)년 5월에 검찰사 이규원을 파견한 일은 전술했으나, 그의 시찰보고를 근거로 하여, 조선정부의 울릉도 개척 방침이 확립된다. 먼저 1883년에는 2회에 걸쳐 16호 54명이 정부의 지원을 받아 섬으로 건너가 개척에 종사한다. 그때 조선정부는 배 4척, 선원 40명을 동원한 것 외에도 벼·대두·밤·소두 등 종자와 쌀 60석, 소 2마리를 지급하여, 내도하는 일본인에 대비하여 총검과 화승 등도 주었다 한다.[43]

강원도 관찰사가 임명하는 초대 도장(島長)에는 울릉도에서 10여 년에 걸쳐 약초를 캐는 일을 하고 있던 경상도 함양 출신의 전석규가 임명되었다. 개척을 주관하는 지방관에는 우선 평해 군수가 위촉되었으나, 1884년에는 울릉도 첨사가 설치되어 삼척 영장(営将)이 이를 겸임하고, 평해군에서 이교(吏校)를 파견 상주시켜 개척을 지휘하기로 했다.

> 是ヨリ先、欝陵島ノ土地未ダ盡ク開墾セズ。人民聚ラザルヲ以テ、特ニ命ジテ賦税徭役ヲ一切免除ス、然ルニ江原道平海郡吏校ヲ該島ニ常駐セシメ、收斂ノ弊甚ダシキヲ以テ、統理交渉通商事務衙門ヨリ欝陵島ニ関シテ之ヲ厳飾シ、收所ノ麦太ハ該島民ニ返還セシム。[44]
> 이보다 먼저, 울릉도의 토지는 아직 전혀 개간하지 않고, 인민이 살지 않았기 때문에, 특별히 명하여 조세 요역 일체를 면하였다. 그런데 강원도 평해군 이교를 이 섬에 상주시켜, 조세 수검의 폐단

이 아주 심하였으므로, 통리교섭통상사무아문이 울릉도에 관하여
이를 엄중히 단속하고 과잉 징수한 보리 대두는 해당 도민에게 반
환시켰다.

이것은 1894(明治 27)년 1월의 기사이다. 문제는 평해군이 파견한
이교에 대해서 '조세 수검의 폐가 아주 심하여'로 하고 있는 것에 대
해, 송병기 교수도 '이교는 도민에게 주재 비용으로 대두와 보리를
모았지만, 후에 그것이 매우 큰 민폐가 되었다'라고 지적하고 있다.[45)]
이것에 대해서는 1893년에 울릉도를 시찰한 마쓰에시의 사토우 교우
수이(佐藤狂水)에 의한 '조선죽도탐검'이라는 리포트 기사 중에도 지
방관리의 모습을 다음과 같이 기술하고 있다.

매년 조선 내지에서 음력 3월부터 5월까지 관리를 파견한다. 이 관
리는 미리 정부에 3개월간 세금의 얼마간을 납부하고, 섬에 도착한
다음에는 제멋대로 도민의 산물을 세로 징수하고, 관리는 이것을
내지로 수출하여 이익의 수입을 얻는 것이라 한다. 그러므로 자주
가혹한 과세를 하게 되어, 내지에서 파견된 관리를 사갈(蛇蝎)을 보
듯 하였다. 또 관리는 원래 공공의 정신이 없고, 우선 먼저 자기의
이익을 꾀하는 데 급급하였다.[46)]

행정 말단에 위치하는 지방관리의 부정부패는 조선왕조 말기에 일
반적으로 지적되는 폐습이었다. 전술한 초대 도장 전석규도 불법으로
섬에 상륙하는 일본인과 결탁하여, 그 목재의 벌채와, 그것을 섬 밖으
로 반출하는 것을 용인하고, 그 대가로 돈과 쌀을 탐했다는 것을 파
면의 이유로 들고 있다. 그러나 조선정부에도 문제가 있었던 것으로,
'도수(島守)'를 임명하고 근무를 시키면서도, 전혀 봉급을 지급하는 일
이 없어, 도수는 이른바 귀향당한 인간과 같아, 도내에서 스스로 생계

를 챙기지 않으면 안 되는 상황이었기에, 제멋대로 목재의 벌채 등을 해 온 것이다'라고, 일본의 신문은 전하고 있다.[47] 그것이 사실이라면, 식료품이나 의료품 등을 가지고 섬에 온 일본인과 결탁하여, 사욕을 채우는 것도 자연스러운 일이라고 말할 수도 있을 것이다. 그리고 이것이 일본 제국주의에 의한 조선 침략의 본격적 전개의 선구가 되어, 일본해의 고도 울릉도로 일본인의 진출이 용이하도록 길을 연 최대의 요인이었다고 말할 수 있다.

이리하여 1833(明治 16)년에, 전술한 것과 같이 섬에서 일본인을 강제 퇴거시키고, 조선정부가 본격적인 개척에 착수하였음에도 불구하고 일본인의 울릉도 도항 상륙은 뒤를 이어, 목재의 벌채와 반출이 계속되는 것이다. 1895(明治 28)년 6월 25일부로 조선의 스기무라(杉村) 임시 대리공사가 외무성에 보내 온 서간에는 '근래 일본인이 당국의 울릉도에 침입하여 수목의 껍질을 벗기고, 또 각종 나쁜 일을 행하고 있어'라고 말하고 있는 것으로, 조선국의 외무대신이 단속을 요구해 왔다는 것, 그래서 일본인으로 '울릉도에 침입하는 자는 대부분 부산과 원산항을 경유하지 않고, 직접 내지 야마구치, 후쿠오카, 히로시마, 나가사키, 시마네 등의 제 현에서 도항하는 자라 한다'라고 기록하여, 이들 각 현에 단속을 요청한 것도 볼 수 있다.[48]

게다가, 1899(明治 32)년 11월의 상황으로, 다음과 같은 '한국 울릉도의 상황'이라는 제목의 보고서가 "산인신문"에 기재되어 있다.

> ……도내에 있는 일본인은 대략 86명인 것으로 알게 되었다. 이들 일본인은 옥양목(金巾)을 가지고 와서 대두와 교환하는 자, 잡화를 휴대하고 도내를 행상하는 자, 히가시혼간지(東本願寺) 건축용재로 느티나무(欅)를 채취하기 위해 오는 자 등으로, 모두가 도사(島司)

의 허가를 얻어 각자 직업에 종사하여, 그 대두를 이미 매입한 것
이 3천여 석에 이른다.[49]

여기서는 도내에서의 일본인의 경제 행위가 '모두가 도사의 허가
를 얻어' 이루어지고 있다고 되어 있지만, 도사의 허가를 둘러싼 문
제성에 대해서는 전술한 대로이며, 허가를 받지 않고, 무단으로 행하
는 자도 적지 않았을 것이라고 말해야 할 것이다.

7. 울릉도감의 고소

일본주재 한국(1897년 10월 16일에 조선국은 국호를 대한제국으로
개칭) 임시대리공사는 1898(明治 31)년 11월 17일과 12월 2일 두 번에
걸쳐 일본정부 외무대신에게 톳토리현과 시마네현 사람이 '울릉도에
사사로이 도항하여, 수목을 남벌'하고 있는 것을 단속할 것을 요청해
왔다. 즉,

> ……近来日本国島根鳥取両県之人民該島ニ入込ミ、樹木ヲ盗伐シテ
> 之ヲ載セ去ルニ付、島監躬ラ島根鳥取両県に赴キ、被盗ノ材木ヲ認
> メ、其審判ヲ該地方裁判所ニ請求シ正当ナル判決ヲ受ケタルモ、政
> 府ノ公文無之テハ強テ請求シ難キニ付、相当ノ取扱有之度旨該島監
> ヨリ申立有之候、抑々日本島根鳥取両県人民カ該島ニ入込ミ、樹木
> ヲ盗伐スルハ尤モ不都合ノ至リ付、日本外務省ニ照会シ管轄庁ニ伝
> 達シテ、相当ノ取締法ヲ設ケ、今後右様ノ弊無之可致、且押ヘタル
> 材木ハ一々之ヲ請求スヘキ旨、我外務省ヨリ訓令有之候間、貴大臣
> ヨリ管轄地方庁ヘ御伝達ノ上、相当ノ取締法ヲ設ケ、今後樹木ヲ盗
> 伐スルコト無之様被致度、且差押アル材木ハ詳細取調ノ上、逐一御
> 回報被下度、此段御照会得貴意候。[50]
> ……근래 일본국 시마네, 톳토리 양 현의 인민이 그 섬에 들어와,
> 수목을 도벌하여, 그것을 싣고 가기 때문에, 도감이 스스로 시마네,

돗토리 양 현에 가서, 도둑맞은 재목을 확인하고, 그 심판을 그 지방재판소에 청구하여 정당한 판결을 받았습니다만, 정부의 공문이 없이는 강하게 청구하기 어렵기 때문에, 상응하는 조치를 해 줄 것을 그 도감이 요청하였다. 원래 일본 시마네, 돗토리 양 현의 인민이 그 섬에 들어가, 수목을 도벌하는 것은 아주 옳지 않은 일이므로, 일본 외무성에 조회하고 관할청에 통달하여, 상응하는 단속법을 만들어, 금후로는 그와 같은 폐가 없게 하도록 하고, 또 차압한 재목은 하나하나 청구해야 한다는 내용의, 우리(대한제국) 외무성에서 훈령이 있었기 때문에, 귀 대신이 관할 지방청에 전달한 후에, 상당하는 단속법을 마련하여, 금후로는 수목을 도벌하는 일이 없도록 해 주고, 또 차압한 재목은 자세히 조사한 후에, 하나하나 회보하여 줄 것을, 이 점을 조회하여 (일본정부의) 의도를 알고 싶습니다.

사건의 발단은 돗토리현 사이하쿠군(西伯郡) 요나고초우 요시오 만타로우(吉尾万太郎), 시마네현 마쓰에시 사이카초우(雜賀町) 다나카 오오나스(田中多造), 오이타현(大分県) 난카이군(南海郡) 가미우라촌(上浦村) 간다켄기치(神田健吉) 3명이 '매년 동도에 건너가, 도검, 총포를 가지고 도내를 횡행하며, 인민을 협박하고 부녀자를 쫓아다니며, 물건을 강탈하는 등 불법 행위를 하여, 그 때문에 도민이 크게 불편을 느끼고 있어, 그 제지를 원한다고 말하고 있어'라고 하는 것에서, 1898(明治 31)년 7월 23일부로 울릉도 도감 배계주가 일본 경찰에 단속을 요청한 일이 있다는 것을 알 수 있다.[51]

배계주 도감은 울릉도에서 일부러 돗토리현 사카이미나토(境港)에 찾아가서, 9월 12일에는 사카이 경찰서장을 면담한 후에 단속을 신청한 것으로, 동 16일부로 돗토리현 지사가 그것을 내두대신에게 보고했다.[52] 한편 돗토리현은 사카이 경찰서에 요나고의 요시오 만타로우(吉尾万太郎)의 조사를 지시했다. 그러나 요시오가 오키의 니시노지마(西之島)에 나갔기 때문에 우라고우(浦郷) 경찰분서에 의뢰하여 요시오에게 물었더니, 본인은 '도감이 보고한 사실은 전혀 무근으로 날조된 것이라는 내용을 말했'다 한다. 다만 요시오에 대해서는 '지난날 현하의 사이하쿠군(西佰郡) 사카이미나토의 상인과 위의 배계주 사이에서 매매한 목재를 울릉도 해안에서 절취하여, 은밀히 오키국에 은닉한 사실이 있어, 목하 마쓰에 지방재판소 사이고우(西鄕) 지부에서 취조하게 되었다고 들었기에, 이를 미루어 생각해도 도감이 보고한 사건은 사실일 것이라고 사료됩니다'라는 것도 부언하여, 10월 18일부로 톳토리현 지사가 내무 · 외무 양 대신에 보고했다.[53]

이리하여 외무대신은 11월 26일에 톳토리 · 시마네 양 현의 지사에 대하여 사실 관계의 조사보고를 의뢰한다. 여기서는 '과연 사실로 있는 일이라 바람직하지 못한 일이기 때문에'라고 엄격한 태도를 표명하고 있는 것이다. 즉,

> 韓国欎陵島ハ樹木ノ盗伐ヲ禁止シ、務メテ樹林ヲ保護致居候処、近年鳥取島根両県ノ人民漁船ニ乗シ擅ニ該島ニ渡航シ、樹木ヲ伐採シテ之ヲ載セ去ルモノ有之、偶々目撃シテ之ヲ差止メントスル時ハ群ヲ成シテ騒擾シ、果テハ乱暴ノ挙動ニ及ヒ、之カ為メ島民安堵致シ難ク、大ニ治安ニ妨害有之候ニ付、右保護方其筋ヘ照会致呉候様、同島島監裴季周ヨリ申越候趣ヲ以テ、今般本邦駐剳韓国公使ヨリ、自今右等両県民ノ擅ニ該島ニ私航シ樹木濫伐ノ義、堅ク厳禁相成候様致度旨、照会致来候処、右ニ関スル事実御取調有之度、又果シテ事実ニ有之候得者不都合ノ次第ニ付、今後相当御取締相成度、同公使ヘ回答ノ都合有之候間、右御取調ノ結果御回報可被成候、此段相達候也。[54]

한국 울릉도는 수목의 도벌을 금지하고, 애써 수목을 보호하고 있습니다만, 근년에 톳토리 · 시마네 양 현의 인민이 어선을 타고 제멋대로 울릉도에 도항하여, 수목을 벌채하여 이것을 가지고 가는 자가 있어, 이를 자주 목격하고 금지하려고 하면 떼지어 소요한다. 결국에는 난폭한 거동을 하게 되었다. 그 때문에 도민은 안도하지

못하고, 크게 치안에 방해가 되기 때문에, 우(수목, 도린)를 보호하고 또 그 내용을 조회하여 줄 것을, 동도의 도감 배계주가 신청했다 하기 때문에, 이번에 본국에 주재하는 한국공사로부터, 지금부터 우(톳토리·시다네) 현민들이 멋대로 울릉도에 사사로이 건너가 수목을 남벌하는 일을 엄금해 달라는 내용의 조회가(외무성에) 와 있는데, 이에 관한 사실을 (톳토리·시마네 지사에게) 조사해 달라고, 또 그것이 사실이라면 상황이 좋지 않은 일이기 때문에, 금후 상당하는 단속을 해 돝라고, 동 공사에 회답해야 하는 처지이기 때문에, 우의 조사 결과를 회보하여 주도록, 이것으로 통달하는 것입니다.

이에 대해 톳토리현 지사는 12월 25일자로, '그 사람들이 해도에 도항한 일은 있어도, 난폭한 거동을 하고, 또 수목을 벌채했다는 등의 사실은 무근입니다'라고 보고한다.[55]

시마네현 지사의 의무대신에 대한 보고는 1899(明治 32)년 1월 28일부였다. 거기서는 3월에 울릉도 도감이 사카이미나토에 왔을 때, 사카이의 상인 이시타시 유우사부로우(石橋勇三郎)에게 느티나무 판재(槻板)를 300엔에 매각할 것을 약속하고, 그 선불로 160엔을 영수하고, 잔금은 울릉도에서 느티나무 판재로 대신 지불한다는 이야기가 되었음에도 불구하고, 오나고의 요시오(吉尾)와 마쓰에의 타나카(田中) 두 사람이 '몰래 도래하여 어두운 밤에 느티나무 판재 32장을 절취하여, 오키국 치부군(知夫郡) 우가(宇賀)의 쓰루타니 지로우(鶴谷次郎)의 배에 탑재하고 출범'한 것이 판명되었기 때문에, 우라고우(浦郷) 경찰분서에 요시오·타나카, 그리고 선주인 쓰루야 3명을 고소한다. 마쓰에 지방재판소 사이고우 지부에서는, 검사가 오키의 우가구라(宇賀村)에 출장 조사하여, 느티나무 판재를 발견하고 영치한 후에, 예심에 붙였으나, '증거가 불충분하다며 면허'를 결정하였다. 게다가

12월 하순이 되어, 피해받은 느티나무 판재의 일부가 히가와군(簸川郡) 우류우우라(宇竜浦)와 사기우라(鷺浦)에 정박하고 있는 배 속에 감추고 있다고 배계주가 수색원을 제출하고, 기즈카경찰서(杵築警察署)가 조사 발견하여, 마쓰에 지방재판소에 송치하여 예심 중이라 한다. 다만 피고인은 '이 느티나무 판재는 울릉도의 전임 도장 이수신(李樹信)한테 정당한 수속을 밟아 매수한 것이라고 주장'하고 있어, 원고의 제소에 대해 '정사곡직이 관연 어느 쪽에 있는 것일까, 배계주의 한쪽 말은 아직 믿기 어렵다고 생각한다'라고, 시마네현 지사는 보고 속에 부언하고 있다.[56] 또 이 재판의 결과는 피고를 중금고 3개월, 벌금 10엔, 감시 6개월의 형에 처함과 동시에, 원고인 배계주에게는 청구한 대로 목재를 돌려줘야 한다는 판결이었다.[57]

이 판결이 나오기 전인 2월 13일부로 아오키(青木) 외무대신은 상술한 두 현의 지사의 보고를 요약하는 형식의 내용을 한국공사에 회답하였다. 즉, 3명은 울릉도에 도항한 일은 있으나, 난폭한 짓을 하거나 수목을 벌채하거나 했다는 것은, '전혀 사실무근이라고 인정되'었으며, 느티나무 판재를 절취한 건에 대해서는 현재 재판소에서 심리중이며, 그리고 요망되고 있는 개인적인 도항자에 대해서는 엄중히 단속하겠다고 약속했다.[58]

8. 러시아 벌목 특허권을 둘러싼 대립

거의 같은 시기에, 울릉도의 벌목 특허권이 러시아인에게 인가되어, 울릉도의 이권을 둘러싼 국제적 대립이라는 새로운 사태가 발생한다.

일청전쟁에 승리한 일본은 청국의 세력을 조선국에서 일소할 수 있게 되었으나, 1895(明治 28)년 4월의 삼국간섭을 계기로, 러시아가 조선왕조에 대한 영향력을 넓혀 간다. 일본은 동년 10월 8일에 조선 왕궁을 습격하여 민비를 암살하고, 조선정부 내의 친러파 세력을 구르려 하였지만, 오히려 민중의 대일감정을 악화시키는 일이 되어, 각지 항일의병의 투쟁을 격화시켰다. 이러한 혼란한 상황하에서, 러시아 공사는 공사관 보호의 명목으로 100명의 수병을 한성에 들여보내고, 다음 해 12월에는 조선국왕까지도 러시아 공사곤으로 이주시키고, 종래의 친일파 정권을 대신하여, 친러파에 의한 내각을 조각한다.

　친러파 정권 아래서, 러시아는 조선 국내의 광산 채굴권과 함께 압록강 유역과 울릉도의 목재 벌채권을 취득하는 약정서를 1896(明治 29)년 8월 20일에 체결했다. 그리고 재일본 러시아공사는, 울릉도에서의 일본인의 도벌을 금지할 것을 일본정부에 요청했다. 일본정부는 1899(明治 32)년부터 이 요청을 받아들이기로 하고, 먼저 일본인의 울릉도에서의 퇴거를 명함과 동시에, 시마네·톳토리 양 현의 지사에게 울릉도에서의 벌목을 엄중히 단속할 것을, 동년 8월 3일부로 알렸다. 즉,

　其県民韓国鬱陵島ニ於テ樹木盗伐ノ義ニ関シテハ、取締方裏キニ及訓達置候次第モ有之候処、今般在本邦露国公使ヨリ前記鬱陵島ニ於ケル森林ノ義ハ、露国某会社ニ於テ其伐木ノ特許ヲ得タルニ付、本邦人ニ於テ該森林ニ対シ侵害ヲ加ヘサル様取計ハレ度旨申越候、右盗伐ニ対シテハ今更申迄モ無之、其後充分ノ御取締相成候事トハ存候得共、同公使ヨリ申越ノ次第モ有之候間、貴県下人民ニシテ右森林ニ対シ今后侵害等不都合ナル所為無之様、一層厳重ニ御取締相成度此段相達候也。[59]

　그 현민이 한국의 울릉도에서 수목을 도벌하는 것에 관해서는, 단속하기로 한 것에 이르러, 훈령·통달해 둔 일도 있었습니다만, 이

번에 재일본 러시아공사가 전기한 울릉도의 삼림에 관한 건은, 노국의 모회사가 그 벌목의 특허권을 얻었기 때문에, 본국인은 그 삼림에 대해 침해를 가하지 않도록 주의하여 주었으면 좋겠다는 (일본에 대한) 요청이 있었습니다. 우의 도벌에 대해서는 새삼스럽게 말할 것도 없이, 그 후로 충분히 단속되고 있다는 것은 알고 있으나 동 공사가 요청한 사정도 있어, 귀 현하의 인민에게 울릉도의 삼림에 대해 금후 침해하는 것과 같은 좋지 않은 행위가 없도록, 한층 엄중히 단속하여 줄 것을 차제에 통달하는 바이다.

이 외무대신의 전달을 전후하여, 시마네·톳토리 양 현에서는, 러시아가 울릉도에서 기득권을 확보하는 것이 큰 관심사가 되어, 지방지인 "산인신문"은 그 사설에서 반복하여 울릉도를 취급하며 현민의 관심을 환기시킨다. 예를 들면 1899(明治 32)년 8월 24일 사설에서는, '구 막부시대부터 일본인은 자유롭게 그 섬에 도항하여 그 목재를 채취해 온' 실적이 있는 이상 '일본인이야말로 채취권을 인수받아야 할 것임에도'[60]라고 주장하고 있는 것이다. 또 일본정부에 의한 울릉도 퇴거 명령에 대해서도, 10월 5일의 동지의 사설에서는 '일본인이 동도를 퇴거하는 것은 완전히 동도를 버린다는 의미가 아니다. 일본인은 여전히 동도에 적지 않은 이해관계를 가지기 때문에, 금후 한국이 풍설처럼 동도를 노국에 대여하는 것과 같은 일이 있으면, 일본은 이해관계상 이를 묵인하는 일은 있을 수 없는 일이다'[61]라고까지 러시아에 대한 강경설을 말하는 것이었다.

산인의 지역신문이 말하는 부분의 '일본의 이해'와 '적지 않은 이해관계'라는 것은, 지금까지 보아 온 것과 같은 거듭되는 조선정부의 항의를 무시하고, 일본의 국내법에도 위반하는 밀출국, 도벌, 밀수출입 등 범죄행위를 거듭하여 만든 '기득권' 그것이었다. 그것에 대해서는 일본정부도 충분히 알고 있었던 일이지만, 일부러 묵인해 온 것이다. 재한국공사 하야시 곤스케(林権助)가 외무대신에게 보낸 다음과 같은 보고는, 그동안의 사정을 여실히 말하고 있다고 말해도 좋다.

盖シ鬱陵島ニ於ケル本邦人ノ樹木盗伐ハ敢テ今日ニ始マリタルモノニアラス、今後ト雖モ亦全ク其跡ヲ絶ツコト能ハサルヘキハ、既往ノ歴史ニ徴スルモ明瞭ナルコトト存候、尤モ今後ハ多少該島ニ於ケル取締厳重ヲ加フヘキモ、抑モ該島タル一ノ港湾モナク、一年ノ殆ント牛ハ汽船ノ交通ヲ許ササル処ナルニ反シ、本邦人ハ漁船同様ノ小舟ニテ時候ニ関係ナク来往スルヲ以テ、今後ト雖モ間ヲ窺ツテ盗伐ニ従事スルモノアリ、為メニ紛紜ヲ醸スコト尠ナカラサルへき乎と存候。[62]

생각건대 울릉도에 있어서 본국인의 수목 도벌은 새삼스럽게 오늘에 시작된 일이 아닙니다. 금후에도 역시 그 행적을 그치게 할 수 없다는 것은, 기왕의 역사에 비추어 보아도 명료한 일이라고 생각합니다. 당연히 금후로는 다소 그 섬에 있어서의 단속을 엄중히 해야 하지만, 원래 그 섬에는 하나의 항만도 없고, 1년의 거의 반은 기선의 교통을 허락하지 않는 곳인데도, 본국인은 어선과 같은 작은 배로, 때를 가리지 않고 왕래하기 때문에, 금후에도 기회를 노려 도벌에 종사하는 자가 있고, 그 때문에 분쟁이 벌어지는 일이 적지 않을 것이라고 생각합니다.

게다가 하야시 공사는, '이에 이어서 교통이 불편하고, 토산의 식로로 할 것이 없다는 것, 모든 도벌을 금지하는 것이 가능하지 않다는 것 등을 상상하면, 차라리 지금 수만금을 받고, 타인에 그 권리를 양여하는 것을, 스스로 득책이라고 생각한다'고 말하고, 이참에 러시아가 가지는 벌목권을 매수하는 공작을 진행하는 것이 득책이라는 제안을 외무대신에게 하고 있는 것이다.

한편 한국정부는 11월 30일을 기한으로 하여, 일본인의 울릉도에서의 퇴거와 함께 한국 전토에서의 퇴거까지도 요청해 왔다. 그것은 '조선 내의 토지를 멋대로 차지하고(我内地擅行租地), 가옥을 사들여 가게를 열고(購居開棧), 통상만이 아니라 화물을 몰래 운반하는 것 등(並有非通商口岸偸運貨物等)을 조약에 따라 금지한다(事函宜接章禁止)'라고, 일본인이 한국에서 하고 있는 행위가 조약이 정하는 것에 위반하고 있다는 것을 이유로 한다. 이에 대해 하야시 공사는 '울릉도에 있는 우리나라 사람을 퇴거시키려는 이유는, 단지 그 벌목을 금하기 위한 것으로, 거주권의 유무와는 관계없는 일이다'라고 반론하고 있다. 하야시 공사는 울릉도에서의 일본인의 '주거권'을 주장함과 동시에, 한국정부도 일본 측의 조약상의 요구에 응할 의무가 있다는 것, 또 다른 외국인도 많이 있는데도 불구하고, 일본인만의 퇴거를 요청하는 것은, 공평하지 않은 조치라고 반론했다.[63]

일본인의 울릉도의 퇴거 기한은 12월 30일이었다. 당일에는 수십 명의 러시아인이 와서, '재주일본인에 대한 불온의 거동이 있을 것이라는 설'이 전해져, 불측의 사태에 대비해 무토우(武藤) 영사가 경비함으로 시찰하러 가는 허가를 요구했으나, 하야시 공사는 '부득책'이라며 허가하지 않은 것이, 12월 2일부 전보로 원산 영사가 한국주재 공사에 보고하여, 외무대신에 연락되었다.[64] 계속하여 동 19일에는 '동도에 재류하는 제국의 신민이 천장절(天長節)의 봉축을 위해 게양하는 국기를 강제로 내리게 하고 혹은 그들 스스로 손을 써서 우리 국기를 파손하는 등 무례한 거동을 하는 자가 있다'라고 "부산신문"의 기사를 보고했다.[65] 이러한 사태를 예상하고 원산의 무토우 영사는 울릉도의 실정 시찰을 할 필요가 있다는 의견을 말했으나, 하야시 공사는 '스스로 본국인의 퇴거를 감독할 의무를 가짐으로써, 오히려 부득책(寧口不得策)'이라고 말하며 허가하지 않았다.[66] 외무대신도 또한 '퇴거를 명하는 것은 첫째로 러시아인과의 충돌을 피하기 위하는 일이기 때문에, 본국인은 벌목을 그만두고, 온건하게 어업 기타의 업무에 종사하는 자는, 굳이 이때 퇴거하게 할 필요가 없다'라는 태도로 임할 것을, 무토우 영사에 지시했다.[67] 울릉도에서 목재를 벌채하는 것이 아니라, 어업에 종사하는 것은, 일조 양국 간에 체결한 통어규칙의 범위 내인 이상 문제가 없다는 입장을 일본정부는 밀고 나간 것이다.

1900(明治 33)년 6월 한국정부는 일본의 부산 영사보를 데리고 을릉도의 현지조사를 하여, 다시 조약에 입각하여 일본인의 퇴거를 요구한다. 이에 대해서 일본정부는 일본인의 울릉도 체재가 조약의 규정 외라는 것은 인정하면서도, 일본정부로서 퇴거시키지 않으면 안된다는 의무는 없다고 반론한다. 그것만이 아니다. 수십 년 동안에 걸친 일본인의 재류를 묵인해 온 한국정부에도 책임이 있다며, 기성사실 위에서 일본인의 거주를 인정하라고, 거꾸로 요구했던 것이다. 게다가 다음 해 12월에는 일본인에 의한 분쟁 빈발을 빌미로 해서 재류일본인을 단속하기 위해 일본인 경관을 울릉도에 주재시킬 것을 제안하여, 1902(明治 35)년 3월에는 부산 영사관의 경부와 순사 4명을 상주시키기로 한 것이다.[68] 이 당시의 울릉도 재류 일본인의 상황에 대해서 "산인신문"은 다음과 같이 보도하고 있다.

「此頃該地より帰村せしもの数人あり、同島は無政府の有様にて、隣村の一人は本邦人の為に殺され木の枝に吊るし有りとのこと。」[69]
「元来該島に来りける本邦人は、何れも漂流人の集合体とも視るべき者にして、其の野卑なること言ふ許りなく、殆んど弱肉強食的振

舞多きを以て、我警察署の事務開始以来、訟事極めて多し。」[70]
'이 무렵 그곳에서 귀촌한 자가 여럿이 있다. 그 섬은 무정부 상태
로, 이웃마을의 한 사람은 우리나라 사람에게 살해되어 나뭇가지에
매달려 있다 한다.'
'원래 울릉도에 온 본국인은 모두 표류인의 집합체로 간주해야 할
사람으로, 그 야비함은 말할 수 없고, 거의 약육강식적 행위가 많
아, 우리 경찰서가 사무를 개시한 이래 송사가 아주 많다.'

9. 사카이미나토의 울릉도 무역

1901(明治 34)년 8월 20일에 부산해관의 스미스가 울릉도의 일본인
에 대하여, 그 보고서에서 다음과 같이 말했다.

島中日本人ハ約五十人位にて、皆造船材木及数戸の商家なり、該日
本人等は此島を以て永遠の居住地と認め、今日まで七、八年に及ん
で土着し、尚毎歳三月より六月に至れば、其風静かにして浪穏かな
るに乗じ、日本の男女三～四百名が境地方より該島に来泊し、或は
漁撈に或は伐木に従事し、或は日本人の貯蓄したる材木、豆麦、薯
蕷等を搭載する者絶へずと云ふ。日本の女子にして現に島中に居住
するもの三十一名にして、凡そ日本人の作業は槻木を伐採して日本に
輸出し、是を以て米、麦、醤油、酒等の食品を始め、其他木綿の如き
ものを購ひ島中に輸出し、韓人の雑穀と交換し銭幣を以て価を償ふ。[71]
섬 안에 있는 일본인은 약 50명 정도로, 모두 조선재목 및 수 호의
상가이다. 그 일본인들이 섬을 영원한 거주지로 인정하고, 오늘까
지 7, 8년에 이르도록 토착하고, 또 매년 3월에서 6월이 되면, 그
바람이 조용해지고 물결이 온화해지는 것을 이용하여, 일본의 남녀
3～400명이 사카이 지방에서 이 섬으로 건너와, 일부는 어로에 일
부는 벌목에 종사하고 혹은 일본인이 저축해 둔 재목, 두맥, 마, 감
자 등을 탑재하는 자가 끊이지 않는다 한다. 일본인 여자로 현재
섬 안에 거주하는 자는 31명으로, 대부분 일본인의 작업은 물푸레
나무를 벌채하여 일본으로 수출하고, 그것으로 쌀, 보리, 간장, 술
등의 식품을 비롯하여, 그 외에 목면과 같은 것을 구입해서 섬으로
수출하여, 한인의 잡곡과 교환하여 전폐로 값을 치른다.

위에서 볼 수 있듯이, 울릉도에 살고 있는 일본인의 대다수가 톳토리현의 사카이미나토(境港)에서 도항하고 있는 것, 그리고 그들의 생활에 필요한 물자를 보내, 재목과 잡곡 등을 담보로 수입하고 있는 것이 사카이미나토였다는 것을 알 수 있다. 무역 통계로 보아도, 사카이미나토의 1898(明治 31)년과 99년의 외국무역은 쌀과 술, 그리고 운자이포(雲齊布) 등 면직물이 주요한 수출품으로 되어 있고, 수입은 콩류, 목재, 멸치 등이다.[72] 그것은 분명히 울릉도에 재주하는 일본인을 대상으로 하는 수출품으로, 사카이미나토 외국무역의 90%가 울릉도와 관계된다는 것이다.

그런데 전술한 것처럼 러시아가 재목 특허권을 얻었기 때문에, 1899(明治 32)년 11월 말을 기한으로 울릉도에서 일본인이 퇴거한다는 말이 전해지자, 사카이미나토에서는 '그래서는 사카이미나토의 무역액이 크게 감소된다며, 세관 지서장은 우려하고 있다'[73]는 사태에 이른다. 1896(明治 29)년에 외국 무역항으로 지정을 받은 사카이미나토로서는 한국령인 울릉도의 무역액은 수출입의 9할을 차지하고 있었기 때문에, 동도에서 일본인이 퇴거하게 되면 치명적인 충격을 받는다는 것을 의미한다. 산인 양 현 특히 운백은(雲伯隱)의 세 지방 사람들의 경우, 지리적인 위치에서 말해도 근접하고 있기 때문에, 울릉도는 '이주 발상지로서 해외무역의 단서를 여는 것'이었다. 그러한 입장에서 지방지 "산인신문"의 사설은 다음과 같이 말하고 있다.

〈표 1〉 사카이미나토(境港)의 외국무역

		명치 31년	명치 32년
수출	米	3,013.78엔	5,253.02엔
	酒	1,005.78	2,679.99
	醬油		175.55
	錦布	663.76	679.97
	雲齊布	3,065.30	2,187.90
	生金巾		1,895.75
	結金巾		1,483.20
	石炭		525.00
	짚加工品		1,110.92
	食鹽		1,035.51
	魚油	949.90	
	기타	7,925.55	8,294.08
	합계	16,628.07	25,320.09
수입	豆類	27,138.12	27,609.15
	小麥		813.20
	米	1,793.28	
	穀物	1,472.18	1,007.19
	乾鰯		1,486.70
	木材		1,082.04
	기타	8,879.77	5,951.97
	합계	39,283.25	37,950.25

(비고)『鳥取県勧業沿革』(明治33年) p.214.

〈표 2〉境港 수출입표

	울릉도 수출입가격	他港同左 (부산, 인천, 목포, 원산)	합 계
명치 29년 (11 · 12월)	1,876.98엔	6,917.01엔	8,784.99엔
30년	43,598.49	12,312.93	56,011.42
31년	55,810.77	7,460.37	63,271.14
32년 (自1월至9월)	22,668.90	3,100.00	25,768.90

(비고)『鳥取県勧業沿革』(明治33年) p.214.

만약 그 울릉도에 재류하는 운백은인(雲伯隱人)이 200명에 달한다는 것을 알면, 지방인사는 이것을 경시할 수 없고, 또 사카이미나토를 거쳐 수출입하는 화물의 다액으로 인해, 도민의 기호는 점차 우리나라와 다르지 않게 되어, 판로가 더욱 확대 개척되게 되었다는 것을 알면, 지방인사는 이것을 중시하지 않을 수 없어, 오히려 운백은인의 이주 발상지로 삼아 해외무역의 단서를 여는 것이다…….

사카이 세관의 개시 이래, 무역액을 통해 153,736여 엔 중에서, 울릉도는 실로 123,000여 엔에 이른다 하면, 동도가 사카이미나토를 개항장으로 유지하는 일대 세력을 가진다는 것을 알아야 한다. 이 때문에 우리는 외교의 호기를 노려, 러시아라고 해서 겁먹고 숨죽이고 있다고 한다면, 경제력을 더욱 증진해야 함에도, 도대체 시마네 톳토리의 목민관은, 과연 당국의 대신에 외교의 자료가 될 만한 울릉도 사카이 양쪽 관계의 조서를 제공한 일이 있는가…… 그렇지만 외교의 결과에 의해, 운백은인은 일종의 보안조례에 의하여, 이달 말일까지 퇴거하지 않으면 안 된다. 이는 지방의 해외사상을 좌절시키는 일로, 장래 무역액 오만 엔을 달성하지 못하고, 개항을 폐쇄당하는 불행을 보는 것이 필연적일 것이다…….[74]

"산인신문"이 사설에서 주장하는 것은 노골적으로 자국 중심주의의 발상이라고 하지 않으면 안 될 것이다. 울릉도가 외국인 한국령이라는 인식이 없는 채, 국익을 위해, 지역을 위해서라면 무엇을 해도 좋다, 무엇을 해 나가야 할 것인가라는 것이다. 오키 사람들에게 있어서의 울릉도는, 선인이 진출한 '이주발상지'라며, 사카이미나토에서는, 재류일본인이 필요로 하는 생활물자의 공급, 그리고 동도에서 약취한 자원의 수입이라는 내용의 무역이라도 '해외 무역의 단서를 여는 일'이라는 위치 설정이, 역사인식을 결여한 채 안이하게 부여되어 있는 셈이다. 따라서 일러전쟁 직전에는, 어민의 이주로 '사실상 점령'계획이 요나고 어업자에 의해서 구체화되려고 하는 것이다.

한국 각지의 어장을 탐검한 니시하쿠군(西伯郡) 요나초우 오야마 미쓰마사(小山光正) 씨는, 이번 여름에 오랫동안 경성에 있으며 하야시 공사와 상의한 일이 있고, 근자에 귀국했다 다시 상경하여 당국자와 상의하여, 결국 모도(某島)에 대하여 사실상의 점령을 이루어, 어업자를 이주시키는 계획으로, 이번 가을 초에 20여 호만 이주시켜, 크게 한국 어업의 면목을 개조한다는 각오로, 목하 선량한 이주어부를 모집 중이다.[75)]

　　오야마 미쓰마사가 계획한 울릉도의 어업이민이 1904년을 시점으로 실현되었는지 어떤지는 모른다. 여기서 중요한 것은 한국 각지의 어업 탐검을 하고 있던 오야마가,[76)] 일러전쟁 직전의 시기에 재한국 하야시 공사나 동경의 정부 당국자와 상의한 후에 '사실상의 점령'을 울릉도를 대상으로 기도하고 있었다는 것이다.

<표 3> 울릉도의 수출품

	明治 37년		明治 38년	
大豆	3,079石	21,553엔	3,188石	20,723엔
大麥	480	2,160	321	1,284
小麥	131	917	96	637
槻材	94,222才	3,297	153,035	6,886
栂材	70,151	2,104	13,140	394
五葉松	1,600	400		
木茸	60관	96	320	480
槻板			40	60
白衫			63,000근	15
薪			1,000관	36,632
끈끈이	150관	112	50	50
乾鮑	50	187	970근	582
스루메	1,707	1,707	1,499관	1,499
海苔	138	414	175	524
若布	110,570把	1,383	53束	79
黃柏皮	930관	139		
馬鈴薯	1,225	122	27,000근	540
강치가죽	800	600	800관	700
강치油	2石	26	83箱	124
강치粕			150관	34
鮑罐詰			10箱	96
干鰯			800관	250
鹽鰤			120尾	96
계		35,467		71,685

(비고) 奧原碧雲, 『竹島 및 울릉도』, 45頁
물고기(油, 粕)는 강치를 말함.

이 당시 울릉도에 대해서는 1906(明治 39)년 3월에 시마네현의 죽도 시찰단의 일원이 되어 죽도를 시찰하고, 악천후로 울릉도로 피난하여 상륙한 향토사가 오쿠하라 헤키운(奧原碧雲)의 조사보고가 있다.[77] 그것은 불과 하루의 조사이지만, 일본 순사 주재소나 일상조합(日商組合)의 협력을 얻어 각종 관계 자료를 입수하여 섬의 상황을 상세히 밝힌 귀중한 자료이다. 즉,

울릉도 재주 한인은 호수 700, 인구 5,000~7,000으로 보고 있다. 다만 호적도 없고 인구 조사도 실시되어 있지 않기 때문에 자세히는 알 수 없다 한다. 이에 대해 동 도에 재류하고 있는 일본인은 96호, 303명으로, 거주 부락별, 출신 현별, 직업별로 파악되어 있다. 현별로는 시마네현이 64호, 218명으로 많고, 다음이 톳토리현이 12호, 28명으로 되어 있다.

그들 일본인의 '질서를 유지하고, 풍기를 진작하여, 무역을 장려하고, 공익을 증진'하는 목적으로 일상조합이라는 것이 조직되어 있고, 도항자는 3일 이내에 한국돈 1백 문을 가입료로 지불하고 가입한다. 출입 선박은 선장이 하적 목록과 편승자의 씨명을 일상조합에 제출한다. 상품 수출에는 하즈가 수출세로 1,000분의 5를 조합에 지불하는 것 등을 정하고 있었다. 일상조합은 '무역품의 문란한 거래를 교정하고, 신용을 유지하여, 일한인 상호 간의 원만한 거래를 도모한다'는 것을 목적으로 활동하며, 1904(明治 37)년과 1905년에는 표 3, 4에 일람한 무역실적을 올리고 있다. 표 2의 1898(明治 31)년의 사카이미나토에서의 울릉도 수출입 가격이 55,810엔이기 때문에, 1905(明治 38)년은 수출 71,685엔, 수입 25,480엔, 합계 97,165엔이 되어, 2배 가까이 증가하고 있는 것을 알 수 있다. 수출품은 대두, 대맥, 목재, 마

른 오징어 등으로, 물고기(강치), 모피·기름·절임류(粕)가 수출되고
있다. 수입은 쌀과 목면으로, '재류 일본인 중에, 범선 수척을 소유하
고, 수출입품 운송의 편을 도모했다. 상거래는 현금으로 하지 않고,
대두를 표준으로 해서 교환한다'였다.

〈표 4〉 울릉도의 수입품

	明治 37년		明治 38년	
白米	520石	7,021엔	615	8,916엔
糯	4	46	8	123
淸酒	43	1,293	34	1,029
燒酎	1	72	22	651
食鹽	114	195		1,437
醬油	32	80	27	460
素麵	215관	113	34	61
砂糖	590근	82	265	39
甘藷	1,000관	45	400	12
煙草	28	154	5	30
石油	182箱	618	137	442
성냥	3,400個	68		28
金巾	144필	964	150	1,020
木棉	1,032	1,341	2,465	3,697
綾木棉	183	1,409	473	3,689
天竺木棉	50	140	392	1,176
反物	55反	110	45	45
綿	134관	260	219	97
繩	230束	80	304	76
叺莚	8,310매	554	8,670	736
陶器	500개	250		20
鐵	190관	72	103	38
衫皮	350근	21	700	49
雜貨				700
돗자리	98疊	98	52	46
瓦			2,000매	32
干鰯			800관	250
鹽鰤			150	120
漁小船			5艘	50
계		16,407		25,480

(비고) 奧原碧雲. 『竹島 및 울릉도』. p.49.

울릉도는 일본해에 있는 고도이기 때문에, 당연히 어업이 주산업이라고 생각되지만 '본도에는 안전한 어항이 없다'는 실정으로, 어업을 위한 조건은 정비되어 있지 않다고 보아야 할 것이다. 따라서 '주민의 생업은 농업을 주'로 하는 것이 되지만, 관계수리 시설이 미흡하기 때문에, 벌채한 곳의 화전에서 대맥, 대두, 감자를 생산하는 것에 지나지 않는다. 대두는 일상품의 매매에서 가격의 표준이 되어 있으므로, 섬 밖의 수출품 가운데서도 가장 중요한 위치를 차지하고 있다. 목재는 느티나무, 흰박달나무(白檀), 모나무(栭) 등 귀중한 수목이 우선 벌채되어, 건축재가 각재(角材) 또는 통나무(丸太)로 일본에 수출되어 왔으나 이 시기의 해안 근처는 모두 벌거숭이산이 되어 버려 깊은 산을 남겨 놓았을 뿐이었다. 그러나 깊은 산에는 임도가 없어, 운반이 곤란했기 때문에 목재의 반출은 점차 감소해 갈 수밖에 없다. 따라서 20세기에 들어가자, 울릉도는 과거의 양재 산지에서, 오징어를 중심으로 하는 어업이 래도하는 일본인의 주요한 목적이 되어, 전술한 오야마 미쓰마사의 어민 이주계획이 이야기되게 되는 것이었다.

10. 울릉도로 가는 출가어민

울릉도로 가는 일본인의 어업 진출은 19세기 말부터였다. 전복을 주로 한 것은 에도기로, 19세기 말부터 20세기 초에 걸친 시기는 으징어였다.

출어자가 많았던 것은 지리적으로 근접한 시마네현 오키도에서 가는 자들이었다. 그러나 츨어에는 어선을 개량하여 대형화할 필요가 있었다. 그러한 때 1893년(메이지 26)에 시마네현 치부군(知夫郡) 으카무라(宇賀村)의 마노 테쓰타로우(真野哲太郎)가 오키의 4군이 공유하는 개량환(改良丸)을 사용하여 시험 항해한 것이 오키의 어선에 의한 울릉도행의 최초가 아닐까라고 생각한다. 개량환이라는 것은 야마구치현에서 상어잡이(鱶漁)를 나가기 위해 고안된 것으로, 거친 파도에도 선내에 해수가 들어오지 않도록 갑판을 깔고, 공기실을 설계하는 등 설치를 하여 '그 구조는 단단하고 견뢰하게 하여 풍랑을 헤치는 데 편리하다'라는 특징이 있다.[78]

1902(明治 35)년경, 오키의 4군에는 4,710척의 어선이 있었으나, 그 중에서 길이 5간 이상은 7척뿐이고, 3~5간의 배도 88척이었다.[79] 그것에 짚과 갈대를 엮은 돗자리 돛을 세우고, 노를 사용해서 항해하는 것이므로, 악천후를 만나면 돗자리 닻을 단 배는 부서져 사용할 수 없어 표류하지 않을 수 없었다 한다. 메이지 말에, 울릉도에 출어한 오키의 어부가 다음과 같이 말하고 있다.

淸水甚太郎(島根県知夫郡浦郷村赤ノ江、明治二十五年生)
　　竹島行は大豆が大きくなた頃だから六月頃だ。十九才の時、肩幅八尺九寸,、一本帆、五打櫓、五人乗りの漁船で渡海したのが初めだ。帆は八~九反帆で、中が帆布で両側の二反はゴザ帆を使ったものだ。後には家内も連れていった。
　　朝早く赤ノ江を出て、国賀を船の真尻にしてマトモに風を受けて走ると、三日目の晩方に鬱陵島の山が見える。風や潮によって一日位の遅速があった。イカ漁は五人で操業し、家内はもっぱらスルメの製造にあたった。島の周辺は海が深く、岸から十尋離れた所の水深は十尋あるといわれ、岸辺でイカが釣られたものだ。[80]
　　시미즈 신타로우(시마네현 치부군 우라쿠니무라 아카노에, 메이지 25년생).
　　죽도행은 대두가 자랐을 무렵이기 때문에 6월경이다. 19세 때 견폭 8척 9촌, 돛 하나, 노 다섯, 5인승의 어선으로 도해한 것이 처음이었다. 돛은 8~9반 돛으로, 가운데가 범포(帆布)이고, 양측의 2반은 돗자리 돛을 사용한 것이다. 후에는 아내도 데리고 갔다.

　아침 일찍이 아카노에를 나서 쿠니카를 배의 꼬리로 향하게 하고 제대로 바람을 받으며 나아가면, 3일째의 저녁에 울릉도의 산이 보인다. 바람과 조수로 인해 하루 정도 지속이 있다. 오징어잡이는 5명이 조업하고, 아내는 오로지 마른 오징어 제조만 맡았다. 섬의 주변은 바다가 깊고, 해안에서 10심 떨어진 곳의 수심은 10심이라 하여, 해안에서 오징어를 낚을 수 있었던 것이다.

오쿠하라 헤키운의 『죽도 및 울릉도』에서는, 울릉도의 어업에 궤하여 '한인은 미역과 김을 채취할 뿐, 다른 어업에 종사하는 일은 없다. 우리나라 사람 중에 농업하며 어업에 종사하는 사람은 약 40명(38년 조사)이 있다. 본도에는 안전한 어항이 없어, 매우 곤란을 느껴도, 마구로하에나와(鮪延繩), 마구로나가시나와(鮪流繩), 이카쓰리(柔魚釣) 등을 대어선으로 경영하면 조금 유망하고, 소규모의 어업에는 아고아미(飛魚網), 마구로나가시아미(鮪流網), 부리사시아미(鰤刺網), 부리코아미(鰤児網) 등이 유망한 것 같다'라고 기술하고 있다. 오징어잡이는 '오키에서 낚는 법(釣獲法)과 같고 그 처리도 같은 방법으로 가른 오징어를 만든다'이고, 전복 따기는 잠수기 업자가 나가사키나 오키에서 와서, 미에현(三重県) 시마(志摩) 지방의 여자가 잠수하여 잡고 있다는 것도 이야기하고 있다.[81]

　"시마네현 통계서"에 의한, 조선해의 오징어잡이 어업의 상황을 보면, 1909(明治 24)년이 5척 25인의 출어로, 어획도 2,008엔에 그치고 있었으나, 2년 후에는 59척 297명이 출어하여, 48,500엔이나 어획을 올려, 오징어잡이의 최성기를 만든다. 이것은 1910년(메이지 43)부터 오키 기선회사가 964톤의 키신마루(吉辰丸)를 사용하여, 사카이미나토에서 오키를 경유하여 울릉도에 이르는 항로를 개설한 것에 의한 것으로, 오징어 철이 되면 기선이 다수의 어선을 이끌고 울릉도를 왕복한 것이, 이러한 결과를 초래한 것이다.[82] 또 요시다 타카이치(吉田敬市)의 "조선수산개발사"에서는, 1910년에 "이주자 총수 224호, 그 대부분은 오키도인으로, 그 속도와 같다는 인상을 보이"고 있다고 기술할 정도였던 것이었다. 즉,

> 메이지 32, 3년경부터 통어(通漁), 특히 36년 오징어가 풍부하다는 것을 발견하자, 입식자가 급히 증가한다. 조선도 이에 따라 오징어 잡이를 개시하였다. 이 무렵에 오쿠무라 헤이타로우(奧村平太郎)가 잠수기 및 소라, 고등어 통조림업을 개시하였다. 일러전쟁 후 이주자가 급증하여 35, 6년경부터 방인도 해조의 채집을 개시하였으나, 단독 경영이 아니라 모두 도인(島人)들의 공동경영이다. 잠수기 업자도 일찍부터 내도하여 전복을 채취하고, 그 인부로 조선인을 부려, 타이쇼우(大正) 4년경에는 이미 오오이타현인(大分縣人) 40명이 와서 어업 이주하여, 39년에 소학교를 개설하였다. 본도산의 마른 오징어는 오로지 오키도인의 개척으로 42, 3년경부터 이와미(石見), 사카이, 요나고의 상인이 전문적인 운반선을 가지고 거래하여, 대부분 마른 오징어와 쌀의 물물교환이었다. 43년 말 이주자 총 수가 224호, 그 대부분은 오키도인으로 그 속도와 같다는 인상을 보여, 일본인은 대조선인의 재주비(在住比)는, 전 조선 제1위로, 일본 이주자의 탁월한 땅이었다.[83]

II. 리얀코도(島)의 일본영토편입

1. 리얀코도의 강치

프랑스의 포경선이 명명한 리얀쿠-루암이 지도상에 게재된 이후

로, 현재의 죽도 공식 명칭은 '리얀쿠-루암(리얀코도)'이라고, 1900
년 초두(明治 30년대)까지 불리게 되었다. 오키국 사이고우(西鄉)에
재주하고 있던 나카이 요우자부로우(中井養三郎)가 강치의 독점을 노
리고, 1904(明治 37)년에 내무·외무·농상무의 세 다신에게 제출한
원서도 '리얀코도영토 편입 및 대하원'이었고, 이것을 받은 일본정부
도 리얀코도에 새롭게 죽도의 명칭을 붙여 일본영토에 편입한 것이
었다. 이 당시 나카이가 파악하고 있던 리얀코도의 상황은 나카이의
대하원에 다음과 같이 기록되어 있다.

隱岐列島ノ西北八十五里、朝鮮欝陵島ノ東南五十五里ノ絶海ニ、俗
ニリヤンコ島ト称スル無人島有之候。周囲各約十五町ヲ有スル甲乙
二ケノ岩島中央ニ対立シテ一ノ海峡ヲナシ、大小数十ノ岩礁点々散
布シテ之ヲ囲繞セリ、中央二島ハ四面断崖絶壁ニシテ高ク屹立セ
リ、其頂上ハ僅ニ土壌ヲ冠リ雑草之ニ生ズルノミ。
　同島一ノ樹木ナシ、海辺彎曲ノ処ハ破礫ヲ以テ往々浜ヲナセド
モ、屋舎ヲ構エ得ヘキ場所ハ、甲嶼半腹凹処ニ一箇所アルノミ、甲
ノ頂上凹所ニハ瀦水アリ、茶褐色ヲ帯ビ、乙嶼ニハ微々タル塩分ヲ
含ミタル清冽ノ水、断崖ヲ涓滴仕候、船舶ハ海峡ヲ中心トシ、風位
ニヨリ左右ニ避ケテ碇泊セバ安全ヲ保タレ候。[84]
오키 열도의 서북 85해리, 조선 울릉도의 동남 55해리 절해에, 속세
에서 리얀코도라 칭하는 무인도가 있습니다. 주위가 각 약 15정을
가진 갑·를 두 개의 바위섬이 중앙에 대립하여 하나의 해협을 이
루며, 대소 수십의 암초가 점점으로 흩어져 존재하며 주위를 둘러
싸고 있습니다. 중앙의 2도는 사면이 단애절벽으로 높이 우뚝 솟아
있습니다. 그 정상은 약간의 토양을 덮어 쓰고 잡초가 그곳에 나
있을 뿐입니다.
　동도에는 하나의 수곡도 없고, 해변의 굽어진 곳은 깨진 자갈이
여기저기에 해변을 이루고 있어도, 집을 만들 만한 장소는, 갑서
중간의 움푹 파인 곳에 한 곳이 있을 뿐, 갑 정상의 우묵한 곳에는
고인 물이 있어 다갈색을 띠고 있습니다. 을서에는 미미한 염분을
품고 있는 맑고 차가운 물이 돌방울이 되어 단애를 타고 흘러 떨어

지고 있습니다. 선박은 해협을 중심으로 해서, 풍향에 의해 좌우로
피하여 정박하면 안전을 지킬 수 있습니다.

갑을 두 개의 바위섬을 중심으로 대소 수십 개의 암초로 이루어져
있는 리얀쿠-루암(리얀코도)은, '사람이 여기에 상주하게 된다면, 그
들에게 선박이 들려서, 땔감과 물, 식료 등 만일의 결핍을 보충할' 수
도 있는 해상교통의 요지가 된다고도 말하고 있다. 이에 대해서는, 실
제로는 상주는 불가능하고, 선박의 정박도 불가능하다고, 1906(明治
39)년의 시마네현의 현지조사단이 후술했지만, 강치 잡이의 독점을
기도하며 영토 편입을 청원했던 나카이는 리얀코도의 중요성을 강조
하기 위하여, 일부러 과대하게 기술했다고 생각한다. 단 나카이에게
는, 1903(明治 36)년에 리얀코도에 가설이기는 했지만 어사를 세우고
강치 잡이를 행했던 경험이 있다. 강치 잡이에 착수했던 것에 대해서
는 다음과 같이 말하고 있다.[85]

……私儀欝陵島往復ノ途次、本島ニ寄泊シ海驢ノ生息スルコト夥
シキヲ見テ、空シク放委シ置クノ如何ニモ遺憾ニ堪ヘサルヨリ、爾
来種々苦慮計画シ、愈々明治三十六年ニ至リ、断然意ヲ決シテ資本
ヲ投シ、漁舎ヲ構ヱ人夫ヲ移シ、猟具ヲ備ヘテ先ッ海驢猟ニ着手致
候、当時世人ハ無謀ナリトシテ大ニ嘲笑セシガ、元ヨリ絶海不便ノ
無人島ニ新規ノ事業ヲ企テ候事ナレバ、計画齟齬シ設備当ヲ失スル
所アルヲ免レズ。

剰ヘ猟法製法明カナラズ、用途販路亦確カナラズ、空シク許多
ノ資本ヲ失ヒテ、徒ラニ種々ノ辛酸ヲ嘗メ候結果、本年ニ至リ猟法
製法共ニ発明スル所アリ、販路モ亦之ヲ開キ得タリ、而シテ皮ヲ塩
清ニセバ牛皮代用トシテ頗ル需用多ク、新鮮ナル脂肪ヨリ採取セル
油ハ、品質価格共ニ鯨油ニ劣ラズ、其粕ハ十分ニ搾レバ以テ膠ノ原
料トナシ得タルベク、肉ハ粉製セバ、骨ト共ニ貴重ノ肥料タルコト

等ハ確メ得候……。

又本島ノ海驢ハ、常ニ生息スルニハアラズ、毎年生殖ノ為其季節即チ四五月来襲シ、生殖ヲ終リ七八月頃離散スルモノニ候、随テ其漁獲ハ、其季間ニ於テノミ行ヒ得ラレ候、故ニ特ニ漁獲ヲ適度ニ制限シ、繁殖ハ適当ニ保護スルニ非ンバ、忽チ駆逐殲滅シ去ルヲ免レズ。……一面ニハ捕獲スベキ大サ数等ヲ制限スルコト、雌及ビ乳児ヲバ特ニ保護ヲ厚クスルコト、島内適当ノ箇処ニ禁猟場ヲ設クルコト、害敵タル鯱鱶ノ類ヲ捕獲駆逐スルコト等、種々適切ノ保護ヲ加ヘ、一面ニハ猟獲製造ニ備フル種々精巧ノ器械ヲ備ヘ、装置ヲ設クル等設備ヲ完全ニシ、傍ラニハ猟具ヲ備ヘテ他ノ水族漁撈ヲモ試ムル等、大ニ経営スル所アラント欲スルモ、前陳ノ如キ危険アルガ為頓挫罷在候……就キテハ事業ノ安全、利源ノ永久ヲ確保シ、以テ本島ノ経営ヲシテ終ヲ完ウセシメラレンガ為ニ、何卒速ニ本邦ノ領土ニ編入相成、之ト同持ニ向フ十年間私儀ヘ御貸下相成度……。

……개인적으로 울릉도에 왕복하는 도중에, 본도에 기박하여 생식하는 강치가 엄청나게 많은 것을 보고, 헛되이 내버려 두는 것이 참으로 유감스럽고 참을 수가 없어, 이래로 여러 가지를 어렵게 생각하고 계획하여, 드디어 메이지 36년에 이르러, 단연히 결의하고 자본을 투자하여, 어사를 마련하고 인부를 옮기고, 엽구를 갖추어 먼저 강치 잡이에 착수하였습니다. 당시에 세인들은 무고하다며 크게 조소하였지만, 원래부터 절해로 불편한 무인도에 신규사업을 기획하는 일이었으므로, 계획에 차질이 생기고 설비가 맞지 않는 것을 피할 수 없었습니다.

더군다나 렵엽 제조법을 잘 알지 못하고, 용도나 판로도 역시 분명하지 않아, 헛되이 많은 자본을 잃고, 헛되이 많은 고생을 맛본 결과, 금년에 이르러 렵법 제조법을 함께 발명하게 되었고, 판로도 열 수 있었습니다. 그리고 가죽을 소금에 절이면 우피 대용으로 하는 수요가 많고, 신선한 지방에서 채취하는 기름은, 품질 가격 모두가 고래 기름에 떨어지지 않고, 그 찌꺼기는 충분히 짜면 그것을 아교의 원료로 할 수 있고, 고기는 분제하면 뼈와 더불어, 귀중한 비료로 할 수 있다는 것 등은 확인할 수 있었습니다……

또 본도의 강치는, 항상 생식하는 것이 아니라, 매년 생식하기 위해 그 계절, 즉 4, 5월에 내습하여, 생식을 마치는 칠팔월 경에 이산하는 것입니다. 따라서 그 어획은, 그 계절 사이에만 행할 수 있습니다. 그 때문에 특별히 어획을 적당히 제한하고, 번식을 적당히 보호하지 않으면, 금방 구축 섬멸되어 버리는 것을 피하지 못함니다. ……한편으로는 포획할 수 있는 크기 수 등을 제한하는 것, 암컷 및 새끼를 특별히 보호할 것을 중히 할 것, 도내의 적당한 곳에 금렵장을 설치할 것, 해적(害敵)인 상어(鮫鱶)류를 포획 구축할 것 등, 여러 가지로 적절한 보호를 하고, 한편으로는 렵획 제조에 대비하는 여러 정교한 기계를 준비하고, 장치를 설치하는 등 설비를 완전하게 하고, 한편으로는 엽구를 갖추고 다른 수족의 어로도 시도해 보는 등, 크게 경영해 보겠다고 생각하는 것도, 앞에서 말한 것처럼 사업에 위험이 있기 때문에 중단하고 있었다. ……덧붙여 말하자면, 사업의 안전, 이익의 원천을 영구히 확보하고, 그것으로 본도의 경영이 성공적으로 끝나도록 하기 위해서라도, 부디 빨리 본국의 영토로 편입하여, 이와 동시에 향후 10년간 저에게 대하해 줄 것을 바랍니다…….

당초에는 강치의 포획법도 가공법도 모르고, 그 용도도 판로에 대해서도 잘 알지 못했다 한다. 그러나 실제로 포획해 보았더니, 강치의 가죽을 소금에 절이면 소가죽 대용품의 군수(軍需)로 수요가 증가하는 것과 더불어서, 기름은 고래 기름과 똑같이 평가되었고, 찌꺼기는 아교의 원료가 되고, 고기와 뼈는 분말로 만들어서 비료로 이용하는 등, 버릴 것이 없는 것이 강치라는 것을 알았다.

그만큼 강치 잡이가 유리한 사업이라는 것을 알자, 많은 업자들이 참가해서 남획하게 되고, 그 결과 강치가 절멸되는 일이 예상되었다. 이 때문에 나카이는 우선 한국령이 아닌가 하는 의심을 가지면서도, 영토소속이 확정되지 않았다고 생각된 리얀코도를 일본영토로 편입하고, 동시에 경쟁자를 배제하여 리얀코도에서의 강치 잡이를 독점하기 위해, 십 년간의 대여를 신청한 것이었다. 동시에 나카이가 제출했던 '설명서'에 의하면 강치의 절멸을 보호하고 강치 잡이를 계속하기 위한 보호의 방법으로, 몸길이 8척 이상의 수컷만을 포획할 것, 한 시즌에 500마리 이상을 포획하지 않을 것, 보호구역을 설치하는 것 등에 대해서도 상세히 기록하고 있는 것이었다.

  그러면서 나카이가 신청한 전후에 리얀코도의 강치 잡이는 평판이
나, 1904(明治 37)년에는 4개 조의 그룹이 출어하여, 수컷 850마리, 암
컷 900마리, 새끼 1,000마리, 합계 2,670마리를 포획한다. 다음 해 2월
에 일본령으로 편입되어, 6월 5일부로 나카이에게 감찰이 교부될 때
까지, 이미 8조가 출어해서 1,800마리를 포획하고 있었다 한다. 감찰
을 받은 나카이 등의 죽도어렵회사가 처음 죽도(리얀코도)에 출어한
것은 6월 8일이고, 나카이 등의 배에 동승하고 있던 경찰관이 다른
출어자의 퇴거를 명하고, 어사와 어구를 나카이 등에게 매도하게 하
고 퇴거시키고 조업했다. 이해에 나카이 등은 9월 8일의 종업까지 수
컷 535마리, 암컷 339마리, 새끼 130마리, 합계 1,004마리를 포획하고
있지만, 나카이가 '대하원 설명서'에서 기록하고 있던 8척 이상의 수
컷 이외는 포획하지 않는다고 하는 보호 대책을, 스스로 첫해에 파기
하는 것이 되었다. 이 일에 대해서 죽도어렵회사의 '메이지 38년 업
무집행 전말'에서는 '영업상 적지 않은 수익을 잃게 됨에 따라, 경제
상 어느 정도의 보상을 얻기 위해, 암컷 및 새끼도 다소 포획하지 않
을 수 없게 되었다'라고 기록하는 것이다. 그리고 다음 해 1906(明治
39)년은 1,318마리, 1907년은 2,094마리로 포획의 피크를 이루지만,
1908년에는 1,680마리, 1909년은 1,153마리, 1910년에는 679마리로 차
차 줄어들고, 남획이 원인이 되어서 죽도의 강치 잡이는 정체 상태에
빠지게 되었다.[86)]

2. 리얀코도는 한국령이 아닐까

나카이 요우자부로우가 정부에 '대하원'을 신청하는 것을 기하여, 나카이 자신은 리얀코도가 한국령이라고 굳게 믿고 있었던 것이 시마네현 교육회편 "시마네현지"(1923년간)의 기술을 통해 널리 알려져 있다. 즉,

> 메이지 36년 호우키 사람 나카이 요우자부로우가 이 섬의 어렵을 기획하고 일장기를 세웠다. 다음 해 37년에 각 방면에서 경쟁적으로 남렵했다. 여러 가지 폐해가 생기려 한다. 여기서 나카이는, 이 섬을 조선영토라 생각하고, 상경하여 농상무성을 설득하여, 일본정부에 대하를 청원하려 했다. 우연히 우리 해군 수로부도 역시 리얀코암의 소속을 확인하려고, 일한 양국에서의 거리를 측정하고, 일본령으로 편입해야 하는 것으로 했다.[87]

이것에 대해서는 시마네현 오키지청이 1933년에 간행한 "오키도지" 안에서, 전술한 "시마네현지"와 거의 같은 취지로, 보다 상세한 형태로 각성접보(各省接涉)의 경과에 대해서도 기술하고 있다.

> 메이지 36년 하쿠슈우 히가시하쿠군(東伯郡) 오가모무라(小鴨村)의 나카이 요우자부로우(西郷町에 현재 거주)는 리얀코도의 강치 잡이를 기도하고 동향의 오하라 아무개(小原某), 시마타니 아무개(島谷某) 등과 길이 4간의 어선을 타고 일본해의 거친 파도를 헤치고 랸코도에 상륙, ……요우자부로우는 리얀코도를 조선의 영토라고 믿고, 동국 정부에 대하의 청원을 결심하고, 37년의 어기가 끝나자마자 곧 상경해서 오키 출신인 농상무성 수산국원 후지타 칸타로우(藤田勘太郎)에게 부탁하여, 마키(牧) 수산국장과 면회하고 진술하게 되었다. 마키 국장 역시 이것을 찬성하고, 해군 수로부에 리얀코도의 소속을 확인하게 했다. 요우자부로우는 곧 수로부의 기모쓰키 카네유키(肝付兼行)를 면회하고 지도를 부탁하여, 그 섬의 소속

은 확고한 증명이 없고, 특별히 일한 두 본국의 거리를 측정하면
일본 쪽이 10해리 가깝다. 게다가 일본인에게 그 섬의 경영에 종사
시키는 일이 있는 이상은, 일본영토에 편입하는 것이 당연하다는
이야기를 듣고, 결국 뜻을 정하고……[88]

위의 기술은 동서의 편찬 집필을 담당한 오쿠하라 헤키운이 1906
(明治 39)년 3월 25일에 시마네현의 죽도·울릉도 조사단에 참가한
나카이로부터 청취한 기록과 거의 같은 것이다. 그날 오키의 사이고
우에서 처음으로 나카이를 만난 오쿠하라는 '모든 말이 폐부에서 나
와, 그 열성이 사람을 움직인다. 그리고 죽도의 상황을 설명하는 것이
아주 상세하여, 마치 실경을 대하는 느낌이었다'라고 감상을 '죽도 항
해일지'[89]에 기록함과 동시에, 나카이의 출원 경위를 기록하고 있
다.[90] 오쿠하라의 "죽도 및 울릉도"는 1907(明治 40)년 발행이다. 그리
고 『오키도지』의 발행은 1933(昭和 8)년이지만, 편찬의 실무가 오쿠하
라를 중심으로 해서 1909(明治 42)년부터 착수된 이상, 죽도의 관련
기술이 오쿠하라의 저서에서 인용된 것은 당연하다 할 것이다. 1922
(大正 2)년에 간행된 "시마네현지"는 오쿠하라의 저서의 기술을 요약
한 것이라 해도 좋다.

문제는 나카이가 리얀코도를 한국령의 섬이라고 믿고 있었다는 것
으로, 오쿠하라의 "죽도 및 울릉도"도 "오키도지"도 동문에서 '조선
의 영토라 믿고, 동국 정부에 대하청원의 결심을 하고'라고 기록되어
있다. 분명히 나카이는 리얀코드가 울릉도의 속도이고, 동시에 한국
령이라고 믿고 있었던 것으로, 그래서 한국정부에 대하청원을 행할
예정으로 상경하여, 정부 관계자와 상담했던 것이다. 그러나 1923(大
正 12)년 간행의 "시마네현지"에서는 '이 섬을 조선영토라고 사고하

고, 상경해서 농상무성을 설득하고, 일본정부에 대하의 청원을 하려고 하였다'라고 개변되어 있다. 이것에 한해서는, 당초에는 '조선영토라고 믿고(朝鮮の領土と信じ)'라 했던 것이 '조선영토라고 사고하여(領土なりと思考して)'라고 가벼운 인식으로 고쳐져, 한국정부에 대한 청원은 결락되고, 처음부터 일본정부에 청원하기 위해 상경한 것으로 된 것이다. 그런데 그것조차도 1953(昭和 28)년 9월 9일 한국정부의 성명에서, "시마네현지"에 있는 기술에 대해 한국 측의 지적을 당한 일본정부는 '시마네현지의 나카이 요우자부로우가 그 섬을 조선영토라고 믿었다 운운은 근거가 없는 후인의 기술'이라며 반론했지만, 그것이야말로 근거가 없는 무책임한 회답이라고 말하지 않을 수 없다.

오키에서 어업에 종사하고 있던 나카이가 리얀코도를 '조선영토라고 믿고' 있었던 배경에는 1699(元禄 12)년의 죽도일건의 해결과 막부의 도항금지령, 그리고 1877(明治 10)년에 일본정부가 다시 '죽도외일도는 일본과 관계가 없다(竹島外一島本邦関係無之)'라고 결정하고, 시마네 현청에 알린 일이 있었다. 말할 필요도 없는 일이지만, 여기서의 '죽도'는 울릉도이고 '외일도(外一島)'는 그 속도로 보고 있던 리얀코도이다. 울릉도가 일본령이 아니(따라서 조선령이 된다)라고 한 이상, 외일도(外一島)라고 불린 리얀코도도 조선령 내에 포함되는 것이 된다. 적어도 리얀코도(현재 죽도)가 일본령이 아니라고 일본정부에서는 확인되어 있는 일이다. 이 결정을 나카이가 알고 있는 이상, 리얀코도를 조선령으로 믿고 있었던 것도 당연한 일이라고 말해야 할 것이다.

이미 호리 카즈오가 지적하고 있듯이, 일본 해군 수로부가 작성한 "일본수로지"에서는, 일본의 영토·영해에 관계되는 것을 문제 삼고 있지만, 리얀코도에 대해서는 전혀 언급하고 있지 않다. 그리고 "조선수로지"의 1894(메이지 17)년판과 99년판에서는, 울릉도와 함께 리안코－루토열암(리얀코도)이 게재되어 있는 것은, 일본 해군의 수로부 당국이 리얀코도를 한국령으로 인식하고 있던 사실을 나타낸다.[91]

또 지리학자 타부치 토모히코(田淵友彦)가 1905(明治 38)년에 동경 박문관에서 출판한 "한국신지리"에서는, 강원도 울릉도의 항목에서 '얀코도'로 해서 다음과 같이 기록하고 있는 것이다.

> 本島より東南方約三十里、我が隠岐島との殆んど中央に当り無人の一島あり。俗に之をヤンコ島と称す。長き殆んど十町余、沿岸の屈曲極めて多く、漁船を泊するに宜しと雖、薪材及び飲料水を得るに困難にして、地上を穿つも数尺の間容易に水を得ず、此の附近には海馬多く棲息し又海産に饒なりといふ。[92]
>
> 본도에서 동남방 약 30리에, 우리 오키노시마와 거의 중앙에 해당하는 무인의 1도가 있다. 흔히 이것을 얀코도라 칭한다. 길이가 거의 십 정 남짓, 연안의 굴곡이 아주 많아, 어선을 정박시키는 데는 좋다 하더라도, 땔감 및 음료수를 얻기에 곤란해서, 지상을 뚫어도 수척의 간격에서 쉽게 물을 얻지 못하며, 이 부근에는 해마가 많이 서식하고, 또 해산물이 풍요하다 한다.

지리학자가 한국을 소개하는 지지에서 얀코도(리얀코도)를 울릉도에 부속되는 섬으로 기술한 것이다. 이상과 같이 일러전쟁 당시에는, 일본정부, 해군 수로부, 그리고 일본의 지리학자가 공통적으로 리얀코도는 울릉도와 함께 한국령으로 인식하고 있었던 것이 분명하다.

3. 리얀코도가 가진 전략적 위치

나카이가 상경해서 한국정부에 대하원을 제출하려고 했던 것은,

1904(明治 37)년 9월이었다. 나카이는 오키 출신의 농상무성 수산국에 근무하던 후지타 칸타로우(藤田勘太郎)와 상담하고, 후지타의 소개로 수산국장 마키 보쿠신(牧朴真)과 만날 수 있었다.[93] 그런데 마키 수산국장은 나카이가 굳게 믿고 있던 것과는 달리, 리얀코도는 반드시 한국령이 아닌 것 아닐까라고 주의했기 때문에, 해군 수로부에서 소속을 확인하고, 수로부장 기모쓰키 카네유키(肝付兼行)와도 만나 강치잡이 계획을 설명하고 상담했다. 기모쓰키 수로부장은 리얀코도의 소속에 대해서는 확실한 미증이 없는 것, 일한 양국의 본토에서의 거리로 말하면 일본이 10해리나 가까운 것, 일본인이 이미 경영에 종사하고 있는 실적이 있다는 것 등에서, 일본령에 편입하는 것이 좋다는 설을 나카이에게 말했다 한다.

이 일에 대해서 오쿠하라 헤키운의 "죽도 및 울릉도"(1907년간)는 나카이에게 들은 이야기를 이하와 같이 기록했다. 오쿠하라는 전술한 것처럼 나카이와 함께 1906(明治 39)년 3월에 시마네현의 죽도 시찰 여행에 참여하였다.

中井養三郎氏はリヤンコ島を以て朝鮮の領土と信じ、同国政府に貸下請願の決心を起し、三十七年の漁期終るや、直ちに上京して、隠岐出身なる農商務省水産局員藤田勘太郎氏らに図り、牧水産局長に面会して陳述する所ありき。同氏またこれを賛成し、海軍水路部につきて、リヤンコ島の所属を確めしむ。中井即ち肝付水路部長に面会して、同島の所属は確固たる徴証なく、ことに、日韓両本国よりの距離を測定すれば、日本の方十浬近し、加ふるに日本人にして、同島経営に従事せるものある以上は、日本領に編入する方然るべしとの説を聞き、中井氏は遂に決して、リヤンコ島領土編入並に貸下願を、内務外務農商務三大臣に提出せり。[94]

나카이 요우자부로우씨는 리얀코도를 조선의 영토로 믿고, 동국 정부에 대하청원의 결심을 하고, 37년의 어기가 끝나자마자 곧 상경하여 오키 출신인 농상무성 수산국원 후지타 칸타로우씨에게 부탁하여, 마키 수산국장과 면회하고 진술한 일이 있었다. 동씨 또한 이것에 찬성하고, 해군 수로부에 가서 리얀코도의 소속을 확인하게 한다. 나카이 씨는 곧 기모쓰키 수로부장과 면회하여, 동도의 소속은 확고한 미증이 없고, 더구나 일한 두 본국에서의 거리를 측정하면, 일본 쪽이 10해리 가깝고, 게다가 일본인으로, 동도의 경영에 종사하는 자가 있는 이상, 일본령에 편입하는 것이 당연하다는 이야기를 듣고, 나카이 씨는 결국 뜻을 정하고, 리얀코도 영토 편입 및 대하원을 내무 외무 농상무의 세 대신에게 제출했다.

위의 기록에 한하면, 농상무성의 마키 보쿠신 수산국장과 해군성의 기모쓰키 카네유키 수로부장이, 나카이에게 리얀코도의 영토 편입에 맞추어서 대하원을 제출할 것을 결의하게 한 후에 중요한 역할을 부과한 것을 알 수 있다. 이어서 나카이가 오키도청에 제출한 이력서에 첨부한 죽도 경영의 개요를 기록한 사료가 있다.[95] 이력의 최종사항에서, 호리 카즈오는 1910(明治 13)년에 기록된 것으로 보았다.[96]

本島ノ欝陵島ニ附属シテ韓国ノ所領ナリト思ハルルヲ以テ、将ニ統監府ニ就テ為ス所アラントシ上京シテ種々画策中、時ノ水産局長牧朴真氏ノ注意ニ由リテ必ラズシモ韓国領ニ属セザルノ疑ヲ生ジ、其ノ調査ノ為メ種々奔走ノ末、時ノ水路部長肝付将軍断定ニ頼リテ本島ノ全ク無所属ナルコトヲ確カメタリ。依テ経営上必要ナル理由ヲ具陳シテ、本島ヲ本邦領土ニ編入シ且ツ貸付セラレンコトヲ内務外務農商務三大臣ニ願出テ……。

본도의 울릉도에 부속하여 한국의 소유라고 생각되기 때문에, 결국 통감부에 가서 해야 ㅎ는 것이라고 생각하고 상경하여 여러 가지를 생각하던 중에, 당시 수산국장 마키보쿠신씨의 주의에 의하여 반드시 한국령에 속하지 않는다는 의문을 일으켜, 그 즈사를 위해 여러 가지로 바쁘게 알아본 끝에, 당시 수로부장인 기모쓰키 카네유키 장군의 단정에 의거하여 본도가 완전히 무소속이라는 것을 확인했다. 따라서 경영상 필요한 이유를 구체적으로 기술하여, 본도를 본국의 영토로 편입하고 또 대부받을 것을 내무 · 외무 · 농상무의 세 대신에게 출원하여…….

여기에서는, 마키 수산국장이 한국정부('통감부'라고 기록하고 있는 것은 오기)에 대하원을 제출하려고 생각하고 있는 나카이에게 한국령인지 어떤지 의문이 있다는 것을 말하고, 해군 수로부장인 기모쓰키 카네유키는 '기모쓰키 장군의 단정에 의지해서 본도가 완전히 무소속인 것을 확인하다'라고 이야기된 것처럼, 결정적이라고도 말할 수 있는 역할을 수행하고 있는 것이다. 단 기모쓰키는 전술한 "일본수로지", "조선수로지"의 작성 책임자로, 거기에서는 리안코－루토열암을 한국령으로 했던 것이다. 더욱이 기모쓰키 수로부장은 오쿠하라 헤키운이 소개했듯이 나카이가 전년부터 리안코도에서 강치 잡이를 시작한 것을 가지고, '동도 경영에 종사하는 자가 있는 이상은'이라고 해서, 소위 '무주지 선점' 이론을 적용해서 영토 편입을 해야 한다고 제안했던 것이었다.

이리하여 나카이는 1904(明治 37)년 9월 29일에 '대하원'을 내무성 지방국에 제출한다. 이미 일러전쟁은 이해의 2월 10일의 선전포고로 개막되어 있었다. 그리고 6월 25일에는 쓰시마 해협에서 육군 수송선 히타치마루(常陸丸)가 격침되는 등, 블라디보스토크 함대가 일본해로 남하하여 긴장이 고조되고 있었다. 이 때문에 일본 해군은, 한국 동부와 남부의 해안에 망루를 가진 감시소를 설치하고 해저 전신선으로 연결하여, 울릉도에도 두 개소가 건설되고, 9월 25일에는 해저 전신선을 개통했다. 그것은 2월에 체결한 일한의정서에 의해서 '군략상 필요한 지점을 임기 수용할 수 있다'라고 정해진 것에 의해, 일본 육해군은 한국의 어디에라도 군사시설을 설치할 수 있었던 것이다.[97]

리안코도에도 11월 13일에 해군사령부는 군함 쓰시마를 파견하여, 전신소 설치의 가부를 조사했다. 이것은 리안코도에 울릉도와 해저전신선으로 연결 가능한 망루를 설치할 수 있는지 어떤지를 조사하기 위한 것으로, 일본정부에 의한 최초의 본격적인 조사였다. 망루 설치 · 리얀코도에 전신소 개설을 필요로 하게 한 것은 군사적 요청에서라는 것은 말할 필요도 없다. 그러나 겨울의 건설공사는 불가능하여 착공이 연기된 사이, 다음 해 5월에 발틱 함대와의 일본해 해전을 맞이하게 된 것이었다.

일본해 해전에서는 울릉도와 리얀코도의 주변 해역이 주전장이 되었다. 그만큼 리얀코도의 전략적 가치는 더 중요시되어, 해전 직후인 5월 30일에 해군은 망루 건설을 계획하기로 하고, 더 상세한 조사를 행한 뒤에, 울릉도 북부에 대규모의 망루와 무선 전신소를 건설하고, 리얀코도에는 4명을 배치하는 망루를 건설하여, 오키의 망루까지 해저 전신선으로 연결하는 계획을 작성했다. 오키의 망루는 7월 25일에 착공하여 8월 19일부터 활동을 개시한다. 다만, 해저 전신선은 9월에 일러강화가 성립되었기 때문에, 당초에 계획된 오키와 연결하는 것은 그만두고, 마쓰에(松江)로 이어지는 형태로 11월 9일에 공사를 완료한다. 이것에 의해 조선 본토(竹辺)와 마쓰에는, 울릉도와 리얀코도를 경유하는 군용 통신선으로 이어진 셈이다.[98]

이처럼 일본 해군이 울릉도와 함께 리얀코도에 대해서, 그 전략적 역할을 주목하고 있던 시기에 나카이의 리얀코도 '대하원'이 제출될 것이다. 나카이가 내무성에 제출한 1904(明治 37)년 9월 29일은, 전술한 대로 울릉도에 해저 전신선이 개통된 직후의 시기이고, 이어서 리얀코도로 연장하는 계획이 구체화되려던 때라는 것에 특별히 주목해 두지 않으면 안 될 것이다.

4. 리얀코도의 일본영토 편입

랸코도를 한국령이라고 굳게 믿고 있던 나카이 요우자부로우에 대해, 소속미상의 섬이라고 단정하여 일본영토로 편입한 뒤에 대하원을 신청할 것을 설득한 것은, 농상무성의 마키 보쿠신 수산국장이고, 해군성의 기모쓰키 카네유키 수로부장이었다는 것은 전술한 그대로이다. 그런데 원서를 먼저 내무성 지방국에 가지고 갔더니 접수해 주지 않았다.

> 内務当局者ハ此時局ニ際シ（日露開戦中）韓国領地ノ疑アル莫荒タル一箇不毛ノ岩礁ヲ収メテ、環視ノ諸外国ニ我国ガ韓国併呑ノ野心アルコトノ疑ヲ大ナラシムルハ、利益ノ極メテ小ナルニ反シテ事体決シテ容易ナラズトテ、如何ニ陳辨スルモ願出ハ将ニ却下セラレントシタリ。99)
> 내무 당국자는 이 시국에 즈음하여(일로 개전 중) 한국영지라는 의심이 있는 거친 일개의 불모인 암초를 취하여, 환시하는 제 외국에게 우리나라가 한국 병탄의 야심이 있다는 의심을 크게 가지게 하는 것은, 이익이 극히 적은 것에 반하여 사태는 결코 용이하지 않다며, 아무리 진술해도 출원은 그야말로 각하되려 했다.

내무성으로서는 1877(明治 9)년에 울릉도와 외 1도(리얀코도)는 일본령이 아니라고 확정하고 있었기 때문에, 당면하여 리얀코도는 한국령이라는 인식에서, 그것을 일본령으로 편입하는 따위의 일은, 제국에게 한국을 병탄할 야심이 일본에 있다는 의혹을 크게 할 뿐이라며, 이것을 거부한 것이었다. 그러나 나카이는 동향(鳥取県) 출신의 귀족원의원인 구와타(桑田) 법학박사의 소개로 외무성에서 야마자 엔지로우(山座円次郎) 정무국장과 면회하고, 그곳에 원서를 제출한 것이다.

……斯クテ挫折スベキニアラザルヲ以テ、直ニ外務省ニ走リ、時ノ
政務局長山座圓次郎ニ就キ大ニ論陳スル所アリタリ、氏ハ時局ナレ
バコソ其領土編入ヲ急務トスルナリ、望楼ヲ建築シ無線若クハ海底
電信ヲ設置セバ、敵艦監視上極メテ屈竟ナラズヤ、特ニ外交上内務
ノ如キ顧慮ヲ要スルコトナシ、須ラク速カニ願書ヲ本省ニ回附セシ
ムベシト意気軒昂タリ。100)
……이것에 좌절해서는 안 되었기에, 즉시 외무성으로 달려가, 당
시 외무국장 야마자 엔지로우에게 가서 크게 논진할 수 있게 되었
다. 야마자 씨는 이런 시국이기에 오히려 영토 편입을 급무로 했다.
망루를 건축하고 무선 혹은 해저전신을 설치하면, 적함을 감시하는
데 아주 수월하지 않겠는가. 특히 외교상 내무와 같은 고려를 요하
는 일이 없다. 빨리 서둘러 원서를 본성에 회부하게 해야 한다고
의기가 높았다.

외무성의 야마자 정무국장은, 내무성의 우려를 일소에 부치고, 외
교상으로는 전혀 문제가 없고, 일본해에서 해전이 행해지는 시국이기
때문에 그야말로 영토 편입이 급선무라는 입장을 취한다. 그는 해군
의 망루 건설 계획이나 해저 전신선 부설의 계획에 대해서도 충분히
알고 있었다. 외교상으로는 전혀 문제가 없다고 하는 것은 일영동맹
을 실현하고, 대로 강경책을 취하는 것으로, 한국의 식민지화를 추진
해 가려고 하는 당년의 일본 외교노선을 구체화하는 입장이었다.

1904(明治 37)년 9월 29일에, 나카이가 내무 · 외무 · 농상무 세 대
신 앞으로 제출한 '리얀코도 영토편입 및 대하원'은 수리되고, 정부는
시마네현에 의견을 청취하는 조회를 발송하고, 시마네현의 상신에 입
각하여 다시 내무대신이 각의에 제안하였다. 각의에서 결정된 것은
다음 해 1905년 1월 28일이었다.

別紙内務大臣請議無人島所属ニ関スル件ヲ審査スルニ右ハ北緯三十

七度九分三十秒東経百三十一度五十五分　隠岐島ヲ距ル西北八十五
浬ニ在ル無人島ハ　他国ニ於テ之ヲ占領シタリト認ムヘキ形跡ナク
一昨三十六年本邦人中井養三郎ナル者ニ於テ　漁舎ヲ構ヘ人夫ヲ移
シ猟具ヲ備ヘテ海驢猟ニ着手シ　今回領土編入並ニ貸下ヲ請願セシ
所　此際所属及島名ヲ確定スルノ必要アルヲ以テ該島ヲ竹島ト名ケ
自今島根県所属隠岐島司ノ所管ト為サントスト謂フニ在リ　依テ審
査スルニ　明治三十六年以来中井養三郎ナル者該島ニ移住シ漁業ニ
従事セルコトハ　関係書類ニ依リ明ナル所ナバ　国際法上占領ノ事実
アルモノト認メ之ヲ本邦所属トシ島根県所属隠岐島司所管ト為シ差
支無之儀ト思考ス　依テ請議ノ通閣議決定相成可然ト認ム。

별지로 내무대신이 청의한 무인도의 소속에 관한 사항을 심사함에
있어, 우는 북위 37도 9분 30초, 동경 131도 55분, 오키도에서 떨어
져 서북 85해리에 있는 무인도는 타국이 이것을 점령했다고 인정
할 만한 흔적이 없고, 재작년 36년에 일본인 나카이 요우자부로우
라는 자가 있어, 어사를 마련하고 인부를 옮기고 렵구를 갖추어 강
치 잡이에 착수하고, 이번에 영토 편입 및 대하를 청원한바, 이 기
회에 소속 및 도명을 확정할 필요가 있어서, 그 섬을 죽도라고 명
하고, 이제부터 시마네현 소속인 오키도사의 소관으로 하려 한다고
말하는 것이다. 따라서 심사하는 데 있어, 메이지 36년 이래 나카이
요우자부로우라는 자가 해도에 이주하여 어업에 종사하고 있는 것
은, 관계 서류에 의해 분명한 것이어서, 국제법상 점령의 사실이
있는 것으로 인정하여, 이것을 본국 소속으로 하여, 시마네현 소속
오키도사의 소관으로 하여, 지장이 없을 것으로 사고한다. 따라서
청의대로 각의에서 통과하여 결정된 것으로 인정한다.

　위와 같은 취지에 의한 일본영토 편입의 각의결정은 1905(明治 38)
년 2월 15일부로 내무대신이 시마네현 지사에게 훈령하고, 시마네현
지사는 2월 22일부의 시마네현 고시 제40호로 죽도의 명칭과 그 소관
에 대해서 고시했다.[101]

　여기서는 국제법이 말하는 '무주지 선점'의 이론이 적용되고 있다.
리얀코도는 '무인도'이고 '타국에서 이것을 점령했다고 인정할 만한
형적이 없다'고 단정하고, '메이지 36년 이래 나카이 요우자부로우라

는 자가 해도에 이주하여 어업에 종사'하고 있었다는 것이다. 리얀코도가 무인도라는 것은 사실이지만, 타국이 점령했다고 인정되는 흔적이 없기 때문에 리얀코도가 소속 불상이라는 것은 일방적인 단정이라고 말해야 할 것이다('무주지'에서는 현재 말하고 있는 '일본 고유 영토'론과 모순된다). 그리고 더욱이 나카이가 메이지 36년 이래 그 섬에 '이주'해서 어업에 종사하고 있었다고 하는 것은 분명히 사실과 다르다. 나카이의 경우는 4월부터 8월까지의 강치 어기에만 출어하여 갈대 오두막집(菰葺小屋)을 가설하고 있던 것으로, 그것을 가지고 '해도에 이주하여 어업에 종사'하고 있었다는 등으로 말할 수는 없다고 본다.

해군 수로부의 "조선수로지"에 의하면 '메이지 37년 11월 군함 쓰시마가 이 섬(竹島)을 심사하였을 때는, 동도(東島)에 어부용의 갈대 오두막집이 있었다 한다', '이 섬은, 섬 위에 소옥을 준비하고 매회 약 10일간 가거한다 한다'라고, '이주'라는 것은, 갈대오두막집에서의 10일간 정도의 '가거(仮居)'였다는 것을 기록하고 있다. 또 1906(明治39)년 3월 말에 죽도를 시찰한 시마네현 조사단의 오쿠하라 헤키운은, 죽도에는 '종래 거주한 자가 없고'라며, 그곳에서의 '가주'의 실태에 대하여 다음처럼 기록했다.

　　양 대서(大嶼)가 마즈하는데, 동서의 연안에 협소한 코래와 자갈의 해변이 있다. 하기에 어렵자가 가주하는 곳으로서, 어선은 전부, 이 자갈 위에 끌어올려 둔다. 그러나 풍랑이 격렬할 때는, 때때로 파괴되어 유실되는 일이 있다. 또 암석이 붕괴되어 위해를 끼치려는 일도 있다. 그렇지만 이곳을 제외하고, 전 도내에 어렵의 오두막을 지을 만한 땅이 없고, 내지에서 수송하는 식물 음료수에 의해 겨우 생활하는 것이다. 만일 음료수가 모자랄 때는, 할 수 없이 동서(東嶼)의 적수(滴水)를 이용하는 일이 있지만, 각기병을 유발하는 두려움이 있다 한다.

　요컨대 의식주의 재료가 모두 결핍되는 까닭에, 종래에 거주하는 자가 없고, 단지 수년 전부터 강치 어렵자가 때때로 도항한다 해도, 잠수기 어업자가 전복을 채집하기 위해 기항하는 것에 지나지 않는다. 또 이미 해군 망루가 설치되고, 암각을 개착하여 도경(島徑)을 통하여, 정상에 영조물을 건설하고 직원이 거주한 일이 있었으나 지금은 퇴거하여 사람의 그림자도 없다.[102]

5. 영토 편입을 둘러싼 문제점

　리얀코도의 일본영토 편입을 둘러싸고는 현재도 일한 양국의 의견이 대립하고 있는 논점의 하나로 되어 있다. 국립국회도서관에서 이 문제를 연구하고 있는 쓰카모토 마나부는, 일본정부의 견해를 다음과 같이 정리하고 있다.

　　이 각의 결정 및 시마네현의 고시에 대해, 한국 측은, 국제법에 소위 무주지 선점의 법리에 의해서 영토 편입했다고는 하지만, 편입 당시 죽도는 한국영토였으며 무주지가 아니었다. 또 한국에 통보되지 않았기 때문에, 선점은 무효였다는 주장을 하고 있다.
　　이에 대해 일본 측은, 역사적으로도 일본의 영토였던 것을, 근대 국제법의 형식에 따라 영유 의사를 확인하고 공시했던 것으로, 각의의 결정을 거쳐서 부현이 고시하는 것은, 당시의 일본의 관행(明治 31년의 南鳥島의 예 등)에 따른 적법한 편입조치였다. 편입 당시도 그 이전에도 죽도가 한국영토였던 적은 없다. 국제법상 통고는 선점의 요건이 아니라고 반론하고 있다.[103]

　이상의 기술 속에서 '역사적으로도 일본의 영토였다', '죽도가 한국영토였던 적은 없다'라고 하는 일본정부의 주장이 역사의 사실에 반하는 것이라는 것은 전술해 온 대로이다. 그러나 일본정부가 1870

(明治 10)년의 태정관 결정으로 '죽도외일도는 본국과 관계없다(竹島外一島之儀本邦関係無之)'라고 했다 해도, 그것은 조선령이라고 했던 것은 아니다. '죽도외일도', 즉 울릉도와 독도가 한국령이라는 것에 대한 자료를 한국정부가 제시하는 일이 필요하게 된다. 그것은 1900(光武 4・明治 32)년 10월 25일의 대한제국칙령 제41호에서, 울릉도를 '울도(欝島)'로 개칭하고, 도감을 '군수'로 개정함과 동시에 '울도군'의 구역에 울릉도, 그리고 '죽도'와 '석도'를 포함한다고 분명히 정한 것에 의해, 석도, 즉 독도에 대한 대한제국의 영유권이 제시되는 것이다.104)

勅令 第四十一号

欝陵島を欝島と改称し島監を郡守に改正する件。

第一条　欝陵島を欝島と改称し、江原道に所属させ、島監を郡守に改正し、官制に編入し、郡等級は五等にすること。

第二条　郡庁は台霞洞に置き、区域は欝陵全島と竹島、石島を管轄すること。

(第三～五条省略)

칙령 제41호

울릉도를 울도로 개칭하고, 도감을 군수로 개정하는 건.

제1조 울릉도를 울도로 개칭하고, 강원도에 소속시켜, 도감을 군수로 개정하고, 관제에 편입하여, 군등급은 5등으로 할 것.

제2조 군청은 태하동어 두고, 구역은 울릉 전도와 죽도. 석도를 관할할 것.

(제3～5조 생략)

위와 같은 이상, 일본에서 말하는 죽도(独島)의 소속을 나타내는 행정조치를, 지금까지 한국정부가 취하지 않았다고 하는 일본정부의 즈장은 취하지 않으면 안 되며, '무주지 선점'의 이론에 의한 주장은

유효성을 가지지 못하게 된다.[105]

또 하나의 문제는 영토 편입에 임하여 일본정부가 취한 조치는 적법하다고 할 수 있을지 어떨지에 관한 것이다.

일본영토 편입의 수속은 각의 결정 후인 1905(明治 38)년 2월 22일에 시마네현 고시 제40호에서 '지금부터 본 현 소속 오키도사 소관으로 정한다'는 취지를 공시했다. 이 조치는, '당시 일본의 관행'으로 되어 있다며, 카와카미 켄조우는 동경부에 편입한 미나미토리시마(南鳥島: 1898), 나카노토리시마(中之鳥島: 1908)의 예를 들고 있다.[106] 그러나 오가사와라(小笠原) 군도로 이어지는 양 도의 경우와 죽도는 분명히 다르고, 게다가 1876년(明治 9)의 오가사와라 군도의 영토 편입에 임하여, 일본정부로서는 동도에 관심을 가지는 영미 양국과 절충하여, 그 양해를 얻은 뒤에 결정하고, 그것을 12개국의 공사에 통고하였던 것이 아니냐며, 호리카즈오는 비판하고 있다.[107]

일본정부 내에서는, 내무성에서조차 나카이 요우자부로우의 신청 상담을 받았을 때, 한국령이 아닐까라는 의문을 가질 정도로 문제가 있었음에도 불구하고, 한국정부에 조회해 보는 것도 하지 않았고, 일본영토로 편입한 것에 대해서도 통고하지 않았다. 역사적인 경위로 말해도, 가장 관계가 깊은 한국에 대해서, 아무런 연락도 하지 않고 일방적으로 결정한다고 하는 수속을 '당시의 일본의 관행'이라고 해서, 끝낼 수 있다고는 생각할 수 없는 문제이다.

다만, 영토 편입 당시의 한국은, 1904(明治 37)년 2월 23일에 체결한 일한의정서에 의해, 사실상으로는 일본의 '보호국'이 되어 있고, 특히 대러시아 개전에 대비하여 한국 내 영토에 대해서는, 군략상 필요한 지점을 임기 수용할 수 있다고 되어 있었다. 이처럼 한국의 주권은 일본의 지배하에 놓여 있었던 것이기 때문에, 1905년 2월 22일부로 죽도의 영토 편입도, 일러전쟁 수행을 위한 군사상의 조치와 다를 것이 없다. 리얀코도의 영토 편입에 임하여 어민의 어장 독점 신청을 이용한 것에 지나지 않아, 처음부터 한국정부에 통고하는 것 따위는 생각하고 있지 않았던 것이라고 말해야 할 것이다.

이것에 대하여 한국 서울대학교의 신용하 교수는 '일본정부는 독도를 영토 편입하면서, 대한제국 정부에 사전의 협의도 사후의 조희도 통고도 하지 않은 것은, 왜일까. 그것은 일본정부가, 독도가 한국 영토라는 것을 잘 알고 있었기 때문에, 협의나 통고를 하면, 한국 측의 반발이나 저항이 생길 것이 불을 보듯이 뻔했기 때문이 틀림없다'108)라고 말하고 있다. 이에 대해 일본 측에서는 국제법상으로 영토 편입 행위에 일정한 형식이 있는 것은 아니고, 통고를 필요로 하는 규칙도 없다고 말하고 있는 것이다.109)

6. 시마네현 관원 일행의 울도군수 방문

한국정부가 리얀코도(독도)의 일본영토 편입의 일을 안 것은 1년 이상을 경과하고 나서이다.

1906(明治 39)년 3월 27일에 죽도를 시찰한 시마네현 제3부장 진자이 유타로우(神西由太郎) 등 45인이 풍파를 피하여 울릉도에 피난하여, 다음 28일에 군수를 표경방문하였을 때, 인사 속에서 죽도의 일븐 영토 편입에 대해 언급했던 것이다.110) 처음부터 영토 편입을 통고하기 위해서 울릉도에 갔던 것은 아니다. 날씨가 불량하여 울릉도로 피난한 일이 없었다면, 시마네현의 진자이 부장 일행은 죽도를 시찰단

하고 돌아갔을 것이다. 오쿠하라 헤키운의 "죽도도항일지"는 울도군수를 방문했을 때의 상황을 다음과 같이 기록했다.

오전 10시 진자이 부장 이하 십수 명은 통역을 데리고 군수를 방문한다. 일본인의 부락을 지나서 올라가기를 수정, '울도아문(欝島衙門)'이라고 편액(扁額)한 정청(政庁) 안으로 들어가, 명함을 내고, 군수 심흥택(沈興沢)과 면회하다. 군수는 경성 사람으로, 연령 52, 관유(寬裕)한 모습을 갖추고, 방석에 앉아, 흰옷을 입고 관을 쓰고, 긴 담뱃대를 들고, 옆에 있는 책상 위에 여러 부의 부책(簿冊)이 있을 뿐 간단하고 소박하기가 태고풍이다. 진자이 부장은 방문의 이유를 말하고, 죽도에서 포획한 강치 한 마리를 보낸다. 군수는 먼 곳에서 온 수고를 말하고, 증물에 대해서 감사를 말한다. 응대가 능숙하다. 그러나 행정상의 질문에 대해서는 대체로 요령이 없었다. 일동은 기념으로 청 앞에서 촬영하였다.111)

동행한 산인신문의 기자는 '죽도토산'이라고 제하는 연재기사를 신문에 발표하고 있는데, 군수를 방문했을 때의 상황을 이하처럼 보도하고 있다.

……오후 8시경 울릉도의 저동(苧洞)에 도착, 일부는 바로 상륙하였지만, 도동(道洞)부터는 일본 경관 및 우편국장 인민 등 배 2척을 대고 환영했다. 그래서 동도의 우편국장 카타오카(片岡) 아무개 씨의 집에 숙박을 청하고, 일부는 기선에 머물며 새벽녘을 기다렸다 상륙하여, 일동은 군수를 방문하여, 본국인 순사부장의 통역으로 섬의 정황을 묻고, ……진자이 부장은 나는 대일본제국 시마네현의 권업(勧業)에 종사하는 역원이고, 귀도와 나의 관할에 관련되는 죽도는 근접해 있다. 또, 귀도에 우리 방인으로 체류하는 자가 많아, 만사에 있어 간정(懇情)을 바란다. 또, 귀도를 시찰할 예정이었으면 무엇인가 진정할 만한 것을 준비했을 텐데, 이번에는 피난 때문에 우연히 섬에 이르렀기에, 아무것도 증정할 것이 없으나, 다행히 여기에 죽도에서 강치를 잡았으므로 증정하려 하니, 수납해 주면 크게 다행이라 했다. 군수가 답하여 말하기를, 그렇게 체류하는 귀국

인에 대해서는, 내가 충분히 보호할 것이다. 또 강치의 증정을 받고, 만약 강치가 맛있다면 다시 증여를 바란다. 운운.[112]

　시마네현의 진자이 부장 일행의 한국 울도군수 방문은 갑작스런 일이었다. 원래 울릉도에 기항하는 것조차도 당초의 예정에는 없었다. 풍파를 피해서 죽도(독도)에서 울릉도 저동에 착안한 배를, 군아가 있는 도동에서는 일본의 경관과 우편국장이 2척의 배를 대고 일행을 환영했다. 이해의 2월 말 현재의 재도 일본인은 96호, 303인으로,[113] 일본인의 통제를 명목으로 1902(明治 35)년 3월부터 부산 영사관이 일본인 경관 3명을 주재시키고,[114] 1904년부터는 우편 수취소를 개설하고 있었다. 한국 영내에서 일본인 거류지도 아닌 울릉도에 일본의 경찰관이 상주하고 있는 것에 주목하지 않으면 안 된다. 그들은 '본방의 제 법령에 준거해서, 제반의 보호 단속을 하고 있다'라고 오쿠하라는 보고하고 있지만,[115] 이 일에 대해서 호리는 '무장한 그들이 침략의 현장에서 어떤 역할을 수행할지는 분명하다'라고 보았다.[116]

　그 경찰관의 안내로 전날에 도착한 일본인 일행 사오 명이 군아를 방문했던 것이다. 진자이 부장은, '나는 대일본제국 시마네현의 역원이다'라고 신고하고, 울릉도 시찰의 건을 전하고, 선물로써 죽도에서 잡은 강치 세 마리 중에서 한 마리를 군수에게 증정했다. 전야에 일본선 도착의 보고가 있었던 것으로 생각되지만, 군수 심흥택은 '흰옷을 입고 관을 쓰고, 긴 담뱃대를 들'고 방석에 앉아서 손님을 맞이하고 '원로의 노고를 말하고, 증물에 대해서 사의를 표'했다. 섬에 파견되어 있는 일본인 경찰부장이 통역을 했지만 '응대의 말은 상당히 능숙하다'고 한다. 그렇지만 '행정상의 질문에 대해서는, 대체로 요령이 없었다'는 것이다. 이상은 수행한 오쿠하라 헤키운의 기사이지만, 신문기사에서는, 재류 일본인에 대해서 보호할 것과 강치를 받은 것에 대한 예의가 이야기되고, 또 '만약 맛이 있다면 다시 증여를 바란다'라고 말한 것이 기록되어 있다.

울도군수 심흥택은 시마네현 관원의 갑작스런 방문에 놀랐지만, 그 이상으로 놀란 것은 울도군에 속한 석도(石島: 独島)가 일본영토에 편입된 것을 선고받았던 일이다. 다음 날 그는 즉시 그 일을 강원도청에 보고하고 선처를 요망하고 있다. 따라서 외교의례의 면에서는 '응대의 말이 상당히 능숙하다'라고 표현되는 자세였지만, 행정상의 질문에 대해서는 '대체로 요령이 없다'라고 얼버무리고 있다. 받은 강치에 대해서도, 식용으로 제공된 것은 새끼의 고기뿐으로, 그것조차 '그 맛은 고래의 적육(赤肉)을 닮아 약간 좋지 않은 냄새가 난다'고 말하고 있으므로,[117] '만약 맛이 있다면 다시 증여를 바란다'고 말했던 것은 비아냥거림을 담아 예를 표한 것으로도 해석된다.

여하튼 일행은 저녁때 출범하여 오키로 돌아갔다. 오쿠하라 헤키운의 "죽도 및 울릉도"에는 죽도와 함께 울릉도에 대해서도 상세한 조사기록이 수록되어 있다. 불과 반나절의 짧은 시간의 울릉도에서의 자료 수집은 오로지 재류 일본인에 대해서 이루어진 것으로, 일본인 관계에 대해서는 상세한데, 도내에 거주하는 한국인에 대해서는 '현금 호수 7백, 인구 5천 내지 7천이라고 보면 큰 차가 없을 것이다'처럼 대략적인 것밖에 없다. 이 일은 군아에 자료가 없었던 것과 더불어, 전술했듯이 군수에 대한 질문에, 그 회답이 요령이 없었던 것에 의한다고 생각된다.

7. 영토 편입에 대한 한국의 대응

울도군수 심흥택은, 일본인 일행이 돌아가는 것을 지켜본 뒤에, 다음 3월 29일(음력 3월 5일)에, 일본의 관원한테 '본군 소속의 독도'가 일본영토로 편입된 취지를 들은 것을 강원도청에 보고하고, 그에 상응하여 대처할 것을 요망했다. 보고서는 다음과 같다.

> 본군 소속의 독도는 본부의 외양에 있어, 100여 리나 떨어져 있다. 본월 4일(음력 3월 28일) 오전 8시경 윤선 1척이 와서 도내 도포(道浦)에 정박했다. 일본관인 일행이 관청을 방문하여 말하기를, 독도가 이번에 일본 영지로 편입되었기 때문에, 시찰하러 왔다. 그 도중에 이곳을 방문했다. 일행은 일본 시마네현 오키도사 아즈마 후미스케(東文輔) 및 사무관 진자이 유타로우, 세무 감독국장 요시다 헤이고(吉田平吾), 분서장 경부 가게야마 이와하치로우(影山岩八郎), 순사 1인, 회의원 1인, 의사와 기사 각 1인, 그 외 수행원 10여 명이었다. 먼저 질문했던 것은 호수 인구와 토지의 생산물의 다소, 이어서 제반 사무에 인원과 경비가 어느 정도 들어가고 있는가를 조사해서 기록했다. 여기에 그 사실을 보고하고 대책을 검토할 것을 원한다.
>   광무 10년 병오 음력 3월 5일[118]

울도군수한테 위와 같은 브고를 받은 강원도청에서는, 4월 29일에 강원도 관찰사서리 춘천군수 이명래(李明來)가, 의정부 참정대신 앞으로 '심흥택 보고서'라고 해서 그대로 동문을 보냈다. 심흥택이 강원도청에 보고를 보냈던 것은 음력 3월 5일, 양력으로는 3월 29일이었기 때문에, 울릉도에서 본토로 가는 배편의 사정으로 한 달 가까이를 요했던 것으로 생각된다. 그리고 중앙의 의정부에서는 강원도청의 보고서를 5월 7일부로 수리하고, 참정대신 박제순(朴齊純)은 5월 20일부의 지령 제3호로 '독도가 일본령이 되었다는 것은 전혀 근거가 없는 일이지만, 다시 독도의 상황과 일본인의 행동에 대해 조사하여 보고할 것'이라고 지시했다.[119]

또 울도군수가 강원도청과는 별도로 중앙 정부의 내부에도 같은 보고를 보낸 것을, 내부의 견해로 하여 '독도가 일본의 영토가 됐다고 하는 것은 전혀 이치에 맞지 않는다'라고, "대한매일신보" 잡보란에서 다음처럼 보도되었다.

> 울도군수 심흥택이 내부에 보고해 온, 일본 관원 일행이 와서, 우리나라 소재 독도가 일본영지가 되었다고 말하고, 토지의 면적과 호수인구를 기록해 갔다. 내부에서의 지령에는, 유람 도중에 그러한 것을 기록하는 일이 있었다 해도, 독도가 일본령이 되었다고 말하는 것은 전혀 이치에 맞지 않아, 이 보고는 전혀 알 수가 없다.[120]

내부에서도, 독도는 한국령이어서 일본영토가 되었다는 것은 이해할 수 없다고, 일본정부의 주장을 부정하고 있는 것이다. 이어서 5월 9일의 "황성신문"은 '울졸보고내부(鬱倅報告內部)', 즉 '울도군수의 내부의 보고'라고 제하여, 보통 제목의 네 배 크기의 활자를 사용해서 군수의 보고를 보도하고, 독도의 일본영토 편입에 대한 항의의 의사를 표명했다.[121] 또 황현의 "매천야록(梅泉野錄)"에는 '울릉도에서 10리 떨어진 동해에 섬이 하나 있다. 독도라 한다. 울릉군에 속하는데, 일본인이 강제적으로 일본의 영토라고 칭하고, 심사하고 갔다'[122]라고 기록하고 있다.

이처럼 울도군수의 보고는 강원도 관찰사에게로, 다시 중앙정부에 전해지고, 내부에서 신문에 발표된 것에 의해 일반에게도 널리 알려졌다. "매천야록"에서 황현이 기록하고 있듯이 '독도는 옛날부터 울릉도에 속하는 것'임에도 불구하고 '왜인이 자기들 영토라고 억지를 부린다'라고 무리하게 억지를 부려 일본영토에 편입한 것이라고, 한국정부도 한국인도 받아들였던 것이다. 이 당시, 독도가 울릉도의 속도이고, 울릉도와 함께 한국령이라는 것에 대해서는, 리안코도(독도)의 일본영토 편입을 주도했던 나카이 요우자부로우도 생각하고 있었던 것이고, 지리학자 타부치 토모히코(田渕友彦)도 "한국신지리"(1905년) 속에서 인정하고 있었다는 것은 전술한 대로이다. 당연히 한국정부도 일반 한국인도, 독도가 울도군에 소속하는 한국령의 섬이라고 간주하고 있었던 것이다.

그렇지만 한국정부가 독도의 일본영토 편입의 보고를 받았던 1906(明治 39)년 5월이라고 하는 시기는, 전년 12월에 한국통감부가 설치되어, 한국은 일본의 보호국으로서 내정 외교 모두 이토우 히로부미(伊藤博文)에게 장악되고 있었던 것이다. 한국정부에는 일본정부에 대한 항의의 길도 닫혀 있었던 것이었다.

---

1) 宋炳基『朝鮮後期·高宗朝의 鬱陵島 搜討와 開拓』(崔永禧先生華甲紀念論叢刊行会『韓国史学論叢』, 探求堂 1987년) 402頁. 張漢相의 보고에 대해 宋炳基 교수는 다음과 같은 견해를 말하고 있다. '辰의 방향은 동남동이지만, 독도는 울릉도의 동남동에 위치하고 있다. 그 때문에 張漢相이 확인한 이 섬은 곧 독도를 가리키는 것이었다. 독도의 면적은 0.186평방키로, 울릉도(72,99평방키로)의 약 391분의 1이다. 장한상의 지적과는 상당한 차이가 있다. 또 울릉도와 독도의 거리는 약 50해리, 약 230리다. 그런데 장한상은 300여 리로 하였기에, 약 60여 리의 차이를 나타낸다. 그렇다 하더라도, 눈측에 의한 것이기 때문에, 이 정도의 차이는 어쩔 수 없는 일이라그 볼 수 있을 것이다.'(内藤浩之譯·宋炳基) '朝鮮後期의 울릉도 경영' - 鳥取女子短期大学, "北東아시아 문화연구" 제10호 75頁). 또 장한상이 확인한 것은 1694년으로, 安龍福 일행이 于山島(独島)에 간 것이 1696이었던 것에서, 이 시기에는 우산도에 대한 지리적 지식이 명확하게 되었다고, 송병기 교수는 지적한다.

2) 송병기 동상논문 407頁.

3) 『隱州視聽合紀』권1「国代記」의 모두에 기록되어 있는 문언이다.

4) 한국 측에서는 일본의 서북경을 隱岐島라 하고, 일본 측에서는 울릉도라 말하며 대립하고 있다. 慎鏞廈 교수는 '일본의 서북 국경은 隱岐島로 본다'라며, '일본에서 제일 오래된 독도에 관한 기록이, 독도는 고려의 영토이고, 일본의 경계 밖에 있다는 사실을 분명히 했다'라고 말하고 있다(慎鏞廈, 『史的解明独島』, 72頁). 일본 측에서는, 1960년대 논쟁에서 田川孝三가 해석상의 문제점을 지적하는 형식으로 한국 측의 주장을 비판하고 있다(「竹島領有에 관한 역사적 고찰」-『東洋文庫書報』제20호 41~43頁 1989년.) 또 1996년 4월에 발표한 慎鏞廈설을 비판한 것으로, 下条正男의 연구가 있다(「竹島問題考」-『現代 코리아』1996년 5월호 69頁. 나는 본문에 기록했듯이, 1696년에 결착하는 죽도일건 이전의 1667년에 기록한 문헌인 이상, 죽도를 일본의 서북경으로 보고 있었던 것은 당연한 일이라고 생각하고 있다. (이 주장은 변한다. 『竹島・独島』, 岩波書店 2007, p22)

5) 大西教保『隱岐古記集』(隱岐郷土研究会編, 『隱岐島史料』, 近世編 下 所収).

6) 『肅宗実録』숙종 36년 10월 갑자조.

7) 『通航一覧』제4권 제137 32頁.

8) 이처럼 竹島는 원래 일본의 영토였음에도 불구하고, 조선에 빼앗겨 버렸다는 인식은, 竹島 渡海事業主였던 米子의 大谷九右衛門의 경우도 마찬가지였다. 1742년(寛保 2) 경에 기록한 것이라는 大谷家의 「竹島渡海御制禁御達書」에는 다음과 같이 기록하고 있다. -'조선왕한테 죽도의 건은 往占부터 일본 측이 지배했다는 것이 틀림없다는 뜻, 즉 証文을 받으신 후에, 증문을 우리가 가진 다음에 그 위에 조선국에 맞기게 되었으므로, 우리들의 죽도도해를 금하는 명을 내리셨다'(大谷文子『大谷家古文集』145頁.

9) 奥原碧雲『竹島及鬱陵島』23頁 報光社 1907년. 또 동서에는 奥原가 인용한 加藤三右衛門의 『貫聴随筆』제3권에 다음과 같은 기사가 있다. -'亨保는 癸卯年 6월 22일에 大坂御町奉行北条安房様, 鈴木飛騨守様御与力御同心이라 말하고 많은 사람이 当所에 와서, 嘉右衛門이라는 자를 포박하여 밤에 大森으로 돌아갔다. 다음 23일에 분부하기를, 7년 이전의 酉年에 당국에 온 唐船의 화물을, 吾郷村伝右衛門, 粕淵村庄左衛門이 사들일 때, 이 嘉右衛門이 배를 빌려 주었다. 그런 내용에 밝은 訴訟人이 있어 僉議인 내가 온 것이다'(田村清三郎, 『島根県竹島의 新研究』, 島根県 1970년 24頁.

10) 天保 7년 6월 大坂町奉行에서 寺社奉行에 引渡状(「朝鮮竹島渡航始末記」-『新修島根県史』史料編3 328頁).

11) 天保 7년 12월 23일부 会津屋八右衛門에 대한 판결문(『島根県誌』306頁).

12) 川上健三『竹島의 歴史地理学的 研究』, 191頁, 古今書院1971년.

13) 松浦静山『甲子・夜話3編』, 平凡社東洋文庫 20~22頁.

14) 川上健三 전게서에서는, 56頁 이하에서 '지도에 나타난 松島・竹島'의 기술이 있는데, 林子平의 지도에 대해서는 언급이 없고 결락시키고 있다. 이에 대해 慎鏞廈『史的解明独島』에서는, 林子平의 이 지도가 권두의 컬러 페이지로 게재되어 있다.

15) 田保橋潔, 「울릉도 그 발견과 영유」(『青丘学叢』제3호 昭和 6년 23~25頁). 田保橋潔은 『防長回天史』권2, 「松菊木戸公伝」巻上에 이것을 기록하고 있다.

16) 울릉도 도명의 변천에 대해서는 田村清三郎『島根県竹島의 新研究』31頁 이하, 川上健三『竹島의 歴史地理学的 研究』9頁 이하를 참조.

17) 朴九秉『아메리카 포경선의 일본해 래어와 죽도발견』(神奈川大学日本常民文化研究所,『歴史와 民俗』11호 1994년 132頁).

18) 武藤平学「松島開拓議」, 斉藤七郎兵衛「松島開拓願」, 戸田敬義「竹島渡海願」에 대해서는 川上健三 전게서 31~37頁을 참조.

19)『日本外交文書』第三巻 137頁 明治 3年4月15日付「朝鮮国交際始末内探書」.

20) 慎鏞廈 前掲書 99頁.

21) 北島正誠『竹島考証』下巻 데무티이出版 1996年 209頁 제14호.

22) 北島正誠『竹島考証』下巻 253~260頁. 제21호는 公信局長 田辺太一가 정리한「松島巡視要否의 議」에서, 갑·을·병 3설이 있었다는 것을 분명히 하고 있다. 즉, 갑은, 송도는 조선 蔚陵島로, 구 막부 시대에 외교교섭의 결과, 일본령으로 하지 않을 것을 약속했던 것이다. 지금 사람을 파견하여 순시한다는 것은, '이것을 타인의 보물을 세어 본다고 한다. 하물며 이웃 경계를 침월하는 것과 같아, 우리와 한국의 교류가 겨우 결실을 맺었다 하나 원망하고 싫어하는 마음이 아직도 완전히 사라지지 않은 이때에 이 같은 일을 하여 일거에 다시 틈을 만드는' 사태가 되기 때문에, 송도는 개발해서는 안 된다고 주장했다. 을은 개발 여부의 의론은 시찰 후에 해야 하며, 英露의 배를 고용하여 순시해야 한다. 그런 후에 '이것을 書図로 나타내어 고문서에 비추어, 비로소 松島가 蔚陵島의 일부인가, 과연 于山인가 또는 다른 하나의 무주지인가도 정해야 할 것이다. 그런 후에 개간하는 이익의 유무도 생각해야 할 것이다'라고 하였다. 병은 '오늘의 방책은 갑을의 소론처럼 개발 여부 등의 건으로 옮겨 가지 말고, 먼저 그 섬의 현상을 아는 것을 급무로 한다'라고 말하고, 누구라도 가고 싶다고 희망하는 자가 있으면 그것을 허가하면 되지만, '우리나라 사람이 외국선을 타고 한국에 도착하면 싫어하는 마음이 증가하는 걱정이 없지 않을 것이라고 말하나…… 단연 교린의 의미에 있어서는 장애가 되지 않을 것으로 믿는다' 하였다.

23) 北島正誠『竹島考証』下巻 189~192頁 제11호.

24) 橋本『島根県歴史 政治誌』明治 9년(島根県立図書館蔵).

25) 堀和生「1905년 일본의 죽도 영토 편입」(『朝鮮史研究会論文集』제24호 1987년 103頁.

26) 前掲『竹島考証』268頁.

27) 朝鮮史編集会『朝鮮史』6編 4巻 570頁.

28)『일본외교문서』제14권 387~394頁. 이것에 대해 단국대학교의 宋炳基 교수는, 조선정부한테 항의받은 일본정부에서는, 울릉도에 대한 명확한 인식이 없었기 때문에 바로 회답을 보낼 수 없어, 야마기(天城)함에 의한 현지조사와 北島正誠가『죽도고증』을 정리한 후에, 드디어, 조선정부에 회답했다 한다(宋炳基, 前掲論文 411頁). 그러나 일본정부에서는, 그 이전의 1877(明治 10)년에 '竹島外一島之義本邦関係無之'라고 태정관에서 결정하고 또 1880년(明治 13)에 天城艦에 의한 현지조사 결과,「古来我版図外의 地」라는 것을 확인하고 있었고, 조선정부로부터 항의가 있었던 것은, 1881년의 일이다. 慎鏞廈 교수도 마찬가지로 잘못된 것을 기술하고 있다(慎鏞廈 前掲書 116頁). 이것은 1881년(明治 14) 8월 20일 취조의『竹島版図所属考』가, 전년에 즉성된『竹島考証』을 요약한 것이라는 것을 모르고, 1881년 8월에 北沢正誠의 조사에서 처음으로 정리된 것기라고 생각하고 있었기 때문에 생긴 오해라고 생각된다.

29) (宋炳基 前掲論文, 413頁).

30) 전게『조선사』6편 4권 621, 629頁.

31) 전게『조선사』6편 4권 621, 629頁.

32) 宋炳基 前掲論文 417頁.

33)『일본외교문서』제15권 290頁, 明治 15년 12월 16일에 井上 외무경이 三条 태정대신 앞으로「邦人의 欝陵島 渡航禁止에 関하여 上申의 件 및 決済」.

34)『일본외교문서』제16권 326頁 明治 16년 2월 10일 参事院議長代理 松方 参議로부터 三条 太政大臣 大木 사법경 앞으로「欝陵島에 邦人渡航禁止審査決議의 件 및 決済」

35)『일본외교문서』제15권 291頁 明治 15년 12월 16일 井上 외무경이 三条 태정대신 앞으로「邦人의 渡航禁止에 関한 上甲의 건 및 決済」部属書 2.

36)『일본외교문서』제16권 329頁 明治 16년 9월 6일 井上 외무경이 三条 太政大臣에게「欝陵島渡航邦人引繼ノ為迎船差立方申請ノ件並ニ決済」

37) 동상서 329~336頁 明治 16년 9월 19일 井上 외무경이 조선국 駐箚 竹添 공사 其他에게「欝陵島渡航邦人ノ処理에 관한 건」, 10월 11일 원산 在勤 副田 영사가 吉田 外務大輔에게「울릉도 도항자의 철수에 대하여 德源 부사와 往復 및 桧垣 内務 少書記官의 書翰 差進 件」, 10월 12일 勝間田警保局長대리 西村 내무 대서기관이 외무서기관에게「桧垣소서기관 보고 울릉도 근황 보고의 건」11월 16일 정상 外務卿이 조선국 駐箚 花房 공사에게「欝陵島 철수자의 처치에 관한 건」.

38) 동상서 235頁 명치 16년 10월 12일「桧垣 少書記官報告 欝陵島近況差進의 件」별지「울릉도 出稼人 演談筆記」.

39) 동상서, 236頁 井上外務卿이 조선국 駐箚 花房 公使 앞으로 보낸「欝陵島 철수자의 처치에 관한 건」.

40) 동상서 239頁 明治 19년 6월 22일부 井上 외무대신이 山田 사법대신 앞의 書翰.

41) 동상서, 337頁「桧垣内務少書記官朝鮮欝陵島出張中談話의 필기」「제2회 담판필기」. 이 자료에서 川上健三은,「일한 양국인은 현지에서 아무런 응어리도 없이, 그야말로 원활한 관계였을 뿐 아니라, 오히려 한인은 방인의 은혜로 그 생활을 유지하고 있었다는 것을 엿보이는 것이다. 이렇게 하여, 도민이 섭섭해하는 가운데 방인의 울릉도 철거가 이루어진 셈이다.」라고 말한다(『竹島의 歴史地理学的 研究』198頁). 川上의 견해에는 일본정부의 울릉도 도항금지령을 무시하고 도항 상륙하여, 수목을 벌채하고 밀수를 계속하고 있는 일본인의 불법행위에 대한 인식이 결여되어 있을 뿐 아니라, 불법을 허용하고 있던 조선 측 관리와의 결탁부정을 보지 못하고 있다.

42) 전게『朝鮮史』6편 4권 706頁. 김옥균이 일본 체재 중인 1882년(明治 15) 말에, 미곡을 운반한 愛媛県人이 울릉도에서 목재를 가지고 돌아왔다는 정보를 접하고 조사했더니, 島長 全錫奎가 발행한 증표를 가지고 있다는 것이 판명되어, 그 일을 조선정부에 보고한 것이 天寿丸사건이다. 전석규가 일본인에게 증표를 발행한 것은, 도내 거주 조선인의 급료를 확보하기 위해서였다 한다. 이 일에 대해 송병기 교수는「동기가 어찌되었든 간에, 일본인의 범죄를 단속해야 할 도장이 오히려 이것을 조장했기 때문에, 이러한 처분을 받았다」라고 지적하고 있다(宋炳基 전게서 423頁).

43) 宋炳基 前掲論文, 421頁.

44) 전게『조선사』6편 4권 1040頁.

45) 宋炳基 前揭論文, 421頁, 427頁.

46)『山陰新聞』明治 27년 2월 18일.

47)『山陰新聞』明治 32년 10월 5일.

48)『日本外交文書』, 제16권 340頁 明治 28년 6월 25일부 杉村 임시대리공사 서한.

49)『山陰新聞』明治 32년 12월 2일.

50)『日本外交文書』제32권 286頁 明治 31년 12월 3일부 韓国公使 来翰 鬱陵島密航伐木에 관한 건.

51) 同上書 287頁 明治 31년 9월 16일 鳥取県知事報告(1)「韓国鬱陵島島監 裵季周 提訴의件」.

52) 同上書 287頁 明治 31년 9월 16일 鳥取県知事報告(1)「韓国鬱陵島島監 裵季周 提訴의件」.

53) 同上書 289頁항 明治 31년 10월 18일 鳥取県知事報告(2).

54) 同上書 287頁 明治 31년 11월 26일 鳥取県島根県兩県知事宛青木外務大臣照会(1).

55) 同上書 289頁 明治 31년 12월 25일 鳥取県知事報告(3).

56) 同上書 290頁 明治 32년 1월 28일 島根県知事報告.

57)『山陰新聞』明治 32년 4월 26일.

58)『日本外交文書』, 제32권 284頁 明治 32년 2월 13일 青木 외무대신이 한국임시대리공사에게 보낸「本邦人의 울릉도 밀항벌목에 관한 조회에 대한 회답의 건」

59) 同上書 299頁 明治 32년 8월 30일 青木 외무대신이 시마네·톳토리 양현의 지사에게 보낸「울릉도 伐木取締方의 건」

60)『山陰新聞』明治 32년 8월 24일부 사설. 同 사설은 다음과 같이 기술하고 있다―「본래 이 섬은 일본과 밀접한 관계를 가져, 구 막부시대부터 일본인은 자유롭게 이 섬에 도항하여 그 목재를 채벌해 오고, 양국 간에 이것이 영유문제조차 일으키고 있어, 교섭의 결과, 결국 조선령이라는 空言을 한 것은 유신 전의 일이다. 그런데 일본인은 그 후에도 계속해서 허도로 건너가 목재를 채벌했기 때문에, 계속 조선정부가 일본에 교섭해 와, 꽤 양국 간의 분쟁을 야기하며 오늘에 이르렀다. 따라서 일의 순서로 보면 일본인이야말로 그 벌채권을 받아야 마땅한 것을, 魯国은 쉽게 조선관리와 결탁하여 해도의 식재권을 얻었다……」

61)『山陰新聞』明治 32년 10월 5일부 사설.

62)『日本外交文書』, 제32권 302頁 明治 32년 10월 2일 韓国駐箚林公使가 青木 외무대신에게 보낸「울릉도 벌목권의 買取方에 관한 具申의 건」

63) 同上書 306頁 明治 32년 11월 8일 韓国駐箚林公使가 青木 외무대신에게 보낸「当国内地在留日本人 退去에 관한 교섭의 건」

64) 同上書 307頁 明治 32년 12월 2일 韓国駐箚林公使가 青木 외무대신에게 보낸「울릉도에 로국인 수십 명 이즈 때문에 該島視察許可方 元山武藤領事의 電請의 건」

65) 同上書 307頁 明治 32년 12월 19일 원산에 근무하고 있는 武藤 領事가 青木 외무대신에

게 보낸 「울릉도 出張電請의 事情開陳의 건」.

66) 同上書 307頁 明治 32년 12월 2일 한국주차 임공사가 靑木 외무대신에게 보낸 '武藤領事鬱陵島 出張은 不得策이라는 旨具申의 건'.

67) 同上書 308항 明治 32년 12월 20일 아오키 외무대신이 원산주재 武藤領事에게 보낸 「울릉도출장은 不得策이라는 旨回訓의 件」.

68) 堀和生 前揭論文 109頁.

69) 『山陰新聞』 明治 35년 1월 30일.

70) 『山陰新聞』 明治 35년 6월 22일.

71) 『山陰新聞』 明治 35년 5월 14일.

72) 鳥取県, 『鳥取県勧業沿革』 明治 34년 214頁.

73) 『山陰新聞』 明治 32년 11월 1일.

74) 『山陰新聞』 明治 32년 11월 14일.

75) 『山陰新聞』 明治 37년 9월 14일.

76) 小山光正은 1902년(明治 35) 岩井郡 大岩村의 奥田亀造와 공동으로 톳토리현의 조성을 받아서 조선 동해안 해역에서 시험 조업을 실시한다. 다만 이때 奥田는 강원도 高城郡 靈津에서 좋은 어장을 발견하여, 「조선의 수산왕」이라고 불릴 정도의 지위를 구축하고 있었는데도, 小山는 도중에 奥田와 헤어져 부산 근해에서의 조업만 하고 귀국했다.

77) 奥原碧雲 『竹島及鬱陵島』, 報光社 明治 44년 35~67頁. 또한 한국통감부 농수산부 수산국, 『한국수산지』제2집(明治 43년, 隆熙 4년刊)에는 울릉도에 대하여 「경상도 울릉군」으로서, 융희 3년 말 현재로 戸数는 902戸, 인구 4,995인으로, 별도로 일본인은 224戸 768인이 거주하고 있다고 기술하고 있다(72頁).

78) 『山陰新聞』 明治 27년 1월 14일. 신문기사에서는 「宇賀村真野哲太郎」라고 있는데도 불구하고, 川上健三은 「黒木村物井 真野鉄太郎」가 改良丸으로 울릉도에 도항했다고 기술하고 있다(『竹島의 歴史地理学的 研究』201~203頁).

79) 児島俊平 「隠岐島魚民의 竹島(鬱陵島)行」(『郷土石見』21호 1988년).

80) 児島俊平 「隠岐島魚民의 竹島(鬱陵島)行」(『郷土石見』21호 1988년).

81) 奥原碧雲 前揭書 42頁.

82) 『島根県統計書』 明治 44년.

83) 吉田敬市 『朝鮮水産開発史』, 朝水会 1954년 469頁.

84) 田村清三郎 『島根県竹島의 新研究』, 島根県 1965년 41~51頁.

85) 리얀코도의 강치 잡이에 대해서 日本海軍水路部編, 『朝鮮水路誌』(1907년)에서는 다음처럼 말하고 있다. ―明治三十七年頃부터 本島民(鬱陵島在住者)이 이것을 捕獲하기 시작하고, 捕獲期는 四月부터 九月에 이르는 六箇月間으로, 現今 本業에 従事하는 漁船이 三組(一組가 平均적으로 약 五頭를 捕獲한다) 있다, 「明治 37年 11월에 軍艦 対馬가 이 섬(竹島)을 審査했을 때는, 東島에 漁夫用의 菰葺小屋이 있었으나 風浪 때문에 심하게 破壊되어 있었다 한다. 毎年 夏季가 되면 『숭어』잡이(강치) 때문에 鬱陵島에서 渡来하는 자가 数十名으로 많이 늘어나는 일이 있다. 이 섬은 島上에 小屋을

짓고 每回 약 10日間 仮居한다 한다.」(451頁 이하)

　中井養三郎는, 1903년(메이지 36)부터 강치 잡이 조업을 시작했다고 말하고 있기 때문에, 1905년의 본격적인 조업에 착수하기 이전은, 여름의 렵기에 울릉도를 출항해서 10일간 정도 리얀코도의 등도에 세운 가설의 소옥에 상주하여, 1조당 평균 5두 정도의 강치를 포획하고 있었던 것이 실정이었던 것 같다. 그런데 中井 등에 의해서 포획 방법이나 가공 제조법이 개선되고, 아울러 제품의 판로도 확보되어, 1905년이 되어 강치 잡이가 성황을 이루었다. 中井 등이 설립한 竹島漁猟社의 업무보고에 의하면, 漁舍 1동, 油小屋을 가설하여,「4월 상순부터 7월 하순까지 재도하여, 20일마다 隱岐島에서 식료 및 음료수의 보급을 받으며 강치포획에 종사했다」한다(『中井養一聞書』大正 5년경).

　또, 密漁者의 단속도 중요한 일이 되어 있었던 듯이, 1906년(明治 39)에는 4월 13일에 監守로 7명을 파견, 5월 23일이 되어 竹島丸가 도착하여, 동 27일부터 본격적 조업에 들어가서, 9월 27일에 조업을 종료했지만, 이 사이의 5월 상순에는, 30수 명의 天草 어민이 상륙하여 監守의 회사 측과 충돌하는 사건도 발생하고 있다(田村清三郎『島根県竹島의 新研究』93頁).

86) 田村清三郎『島根県竹島의 新研究』, 島根県 1965년 82~96頁.

87) 島根県教育会『島根県誌』1923년 691頁.

88) 島根県隠岐支庁『隠岐島誌』1933년 257頁.

89) 奥原碧雲『竹島及欝陵島』1907년 75頁.

90) 奥原碧雲『竹島及欝陵島』1907년 27頁.

91) 堀和生『一九〇五年 日本의 竹島 領土編入』(『朝鮮史研究会論文集』제24호, 1987년 106頁. 이것에 대해 奥原碧雲은「水路誌는 이 岩嶼 発見을 外国船어 맡게 돌보지 않고, 日韓 両国의 沿岸에서의 距離는, 日本 쪽이 十浬 近距離이므로, 海図에는 朝鮮의 部에 編入된 것 같아, 遺憾스럽기 그지없다고 말하지 않을 수 없다」라고 기록하고 있다(奥原碧雲『竹島及欝陵島』28頁).

92) 田渕友彦『韓国新地理』, 東京博文館, 1905년 308頁.

93) 奥原碧雲『竹島及欝陵島』1907년 27頁.

94) 奥原碧雲『竹島及欝陵島』1907년 27頁.

95) 島根県広報文書課『竹島関係資料』제1권 1953년.

96) 堀和生『一九〇五年 日本의 竹島 領土編入』(『朝鮮史研究会論文集』제24호, 1987년 106, 124頁.

97) 1904년(明治 37) 2월 23일에 체결했던 일한의정서 제4조에는 다음처럼 정해져 있다. 1「第三国의 侵害에 의하거나 혹은 内乱 때문에 大韓帝国 皇室의 安寧 혹은 領土의 保全에 危険이 있을 경우 대한제국정부는 우 일본제국정부의 행동을 容易하게 하기 위해 충분한 편의를 제공할 것. 대일본제국정부는 전항의 목적을 이루기 위해 군략상 필요로 하는 지점을 임기수용할 수가 있다.」

98) 울릉도와 랸코도에서의 망루건설 경과에 대해서는, 堀和生 논문 114~115쪽에 상세히 기록하고 있다.

99) 島根県広報文書課『竹島関係資料』제1권 1953년.

100) 島根県広報文書課『竹島関係資料』제1권 1953년.

101) 田村清三郎 전게서 51頁.

102) 奥原碧雲 전게서 13～14頁.

103) 塚本学『竹島領有権問題의 経緯』(国立国会図書館『調査와 情報』제244호 1994년).

104) 大韓帝国政府 議政府 総務局 発行『官報』제1716호 光武 4년 10월 27일. 또한, 慎鏞廈『史料解明独島』에서, 여기에서의 竹島는 欝陵島의 옆에 있는 竹嶼島이고, 돌섬(石島)이 독섬(独島)이라 하고 있다. 独島를 石島라고 표기한 것은 리안쿠-루암이라 불러, 서양인이 지도에 실었던 것과 같은 발상에 의거한다 한다(133～142頁).

105) 무주지선점 이론은 上川健三 등의 역사적 연구를 전제로 하고, 국제법학자인 大寿堂鼎 京都大学 교수들에 의해서 널리 주장되어, 일본정부의 통일 견해로 되어 있다 (『竹島紛争』-『国際法外交雑誌』제64권 4·5호 1966년. 田村清三郎『島根県竹島의 新研究』1970년 52頁 등).

106) 上川健三 전게서 114頁.

107) 堀和生 전게논문 118頁.

108) 慎鏞廈 전게서 165頁.

109) 다이쥬도우카나에大寿堂鼎『領土帰属의 国際法』東信堂 1998년 199頁.

110) 奥原碧雲 전게서 78頁.

111) 奥原碧雲 전게서 80頁.

112) 『山陰新聞』明治 39년 4월 1일.

113) 奥原碧雲 전게서 63頁.

114) 奥原碧雲 전게서 60頁.

115) 한국령인 울릉도에 일본의 경찰관이 상주하기에 이르렀던 것은 1900년(메이지 33) 6월에 한국정부가 일본의 부산 영사보를 동반하여, 울릉도의 현지조사를 한 뒤에 재차 동도에서 일본인의 퇴거를 요구해 온 것에서 비롯된다. 이에 대해서 일본정부는 일본인의 재류가 조약의 규정 외라는 것은 인정하면서도, 일본정부가 퇴거시켜야만 한다는 책무는 없다고 반박했다. 그리고 십수 년 일본인의 재류를 묵인해 온 것은 한국정부의 책임이라며, 역으로 기정사실을 인정해서 일본인의 거주를 공인하고 허가할 것을 요구했다. 그리고 다음 1901년 12월에는 하야시 주한공사가, 일본인의 분쟁빈발을 이유로, 재류일본인을 단속한다는 이유를 들어 일본인 경찰관을 주재시킬 것을 제안하고, 1902년 3월부터는 부산 영사관에서 경찰관을 파견하여 상주시키기로 한 것이었다(堀和生 전게논문 110頁).

   또, 현지의 산인신문에는 1902년(메이지 35) 당시 울릉도의 치안 상황을 다음과 같이 보고하고 있다.-「요즘 해당지에서 귀촌하는 자가 여럿 있다. 동도는 무정부 상태로, 이웃 마을의 한 사람은 본방인에 의해 살해되어 나뭇가지에 매달려 있었다 한다. 작년에도 어산인(御山人) 1명이 똑같이 참살당했다.」(『山陰新聞』, 明治 35년 1월 30일). 「원래 해도에 온 방인은 모두 표류인 집합체로 볼 수 있는 자로서, 그 야비한 것을 말할 수가 없어, 거의 약육강식적 행동이 많아, 우리 경찰서의 사무개시 이래 송사가 아주 많다.」(同上紙 明治 35년 6월 22일)

116) 堀和生 전게논문 110頁.

117) 奧原碧雲은 島根縣의 竹島 시찰단과 동행했던 中井養三郎에게 청취했다고 생각되는 기술로서, 강치에 대해서 다음처럼 기록하고 있다. ─「海驢의 가죽을 벗기고, 식염을 고기에 살포하여 저장하고 내지에 수송하여 製革한다. 또 皮下이 있는 지방은 이것을 끓여서 기름을 채취하고, 고기는 쪄서 건조시켜 비료로 한다. 새끼의 고기는 그것을 식료로 제공할 수 있고, 그 맛은 고래의 적육(赤肉)과 닮아서 약간 악취가 난다.」(奧原碧雲 전게서 9頁)

118) 宋炳基『日本의 리얀코도(独島) 領土編入과 欝島郡 沈興沢 報告書』(尹炳奭教授華甲紀念『韓国近代史論集』서울지식산업사 1990년 62쪽). 호리 카즈오(堀和生)는 전게논문에서 이 문서를 일본에서는 처음으로 소개하여, 이때까지 川上健三 등의 연구 속에서는 의도적으로 은폐되어 있었다고 비판하고 있다(119쪽). 川上는 군수가 멀리서 온 손님을 위로하고 강치 선물에 사의를 표했다는 것에서 군수는 일본에 의한 리얀코도 영토 편입의 일을 듣고도, 그것에 이의를 주장하고 강원도청에 보고 따위를 할 리가 없다고 보고 있다. 외무성도 같은 입장이었다.

119) 宋炳基 전게논문.

120) 송병기 전게논문.

121) 堀和生 전게논문 120頁. 慎鏞廈 전게서 181頁.

122) 黃玹『梅泉野録』国書刊行会 1990년 474頁.

제4장

역자(권정)의 논문

– 신라의 천하로서의 우산국

1. 천하사상

일본은 독도가 역사적으로나 지리적으로 자국영토라고 주장하고 있다. 독도가 일본의 영토라는 사실을 입증해 줄 수 있는 구체적인 자료가 없는데도, 역사적 소유권을 주장한다는 것은, 그 진의가 무엇인지를 의심하게 한다.

그러나 일본은 그럴 수도 있는 나라다. 상대 자국의 역사를 규명할 수 없는 상황에서, 중국의 기록이나, 한국의 기록 등을 근거로, 자국에 유리하게 역사를 추정하고 있으며, 한 예로 고구려의 천하를 정립하기 위해 만든 광개토왕비문을 가지고, 일본이 5세기에 우리나라를 지배했다는 논리를 창조해 내는 그들이다.

일본은 독도문제를 국제사법 재판소에 가지고 가자는 말을 금과옥조처럼 이야기한다. 일본이 1차 대전과 2차 대전에 참가하며, 외교적 경험을 많이 쌓았다는 것은, 누구나 아는 일이다. 또 외교적 능력이 뻬어나다는 것도 잘 아는 일이다. 자신도 있겠지만, 어떤 결과가 나와도 손해날 것이 없는 그들이다. 원래 그들의 영토가 아니기 때문이다.

우리는 독도가 우리의 것이기 때문에, 조용한 외교로, 그들의 적극적인 공세에 소극적으로 임하며, 독도가 우리 것이라는 논리를 정립하는 데 소홀했던 것 같다. 그것은 너무나 명약관화한 일이기에 그랬었지만, 게을렀던 논리의 정립은 반성해야 한다.

우리에게는 512년에 신라가 우산국을 정벌해서 신라의 천하에 편입시켰다는 기록이 "삼국사기"뿐 아니라 "삼국유사"에도 기록되어 있다. 일본은 울릉도와 독도를 분리하여, 독도를 우산국에서 분리하고 있는데, 그것은 "삼국사기"나 "삼국유사"가 기록한 의미를 알게 되면 자연히 타당성을 가지지 못하는 주장이라는 것이 분명해질 것이다.

분명, 신라시대를 기록한 두 개의 문헌에 우산국 정벌에 관한 기록이 있다는 것은 주시할 만한 사실이다. 영토의 실효적 면에서 보면, 중요하지 않을 수도 있는 섬을 신라의 제도적 정립이 이루어지는 시기에 정벌했다는 것은, 영토문제에 한정할 것이 아니라 세계관의 문제로 보고, 접근할 필요가 있다.

본 연구에서는 신라의 천하사상을 역사적 사실에서 확인하고, 그것들과 신화와의 상관관계도 확인하고자 한다. 또한 그 신라의 천하관과 당시 동아시아의 근간을 이룬 중국의 천하사상과의 관계도 확인해 보려 한다. 대개 천하사상은 화이사상과 왕화사상에서 접근할 수 있는데, 신라와 우산국과의 관계에서 그것을 확인할 수 있을 것이다. 중국의 중화사상은 사방의 이민족을 화이사상으로 구별했으며, 그 천하에 참가하는 사방의 주변국들은 중국의 질서에 따르면서, 동시에 자국을 중심으로 하는 세계관을 구축하고 자국 중심주의 천하를 실현하고 있었다. 그것은 "광개토왕비문"이나 일본의 "고사기"를 통해서 확인할 수 있는 일이다.

신라가 우산국을 정벌한 의미를 살펴보는 데 있어 "삼국사기"와 "삼국유사"가 그것을 기록하고 있으나, 여기서는 우선 "삼국사기"의 기록만을 대상으로 한다.

2. 우산국 정벌 기사

"삼국사기"가 전하는 우산국정벌의 기사는 신라본기 제4권의 지증마립간 13년조와 권제 44의 열전 4에 기록되어 있다. 그 내용을 살펴보기로 한다.

13년 6월에 우산국이 귀복하여 해마다 토의(토산품)를 바치기로 하였다. 우산국은 명주 정동쪽의 해도에 있어 혹은 울릉도라고도 하거니와, 땅이 사방 백 리로, 천험을 믿고 귀복하지 아니하였다. 이찬 이사부가 하슬라주 군주가 되어 생각하되, 우산국 사람은 어리석고도 사나워 위세로써 내복게 하기는 어려우나 계교를 써서 항복받을 수 있다 하고, 이에 목우사자를 많이 만들어 전선에 나누어 싣고 그 나라 해안에 이르러 속여 말하기를, 너희들이 만일 항복하지 않으면 이 맹수를 놓아 밟아 죽이겠다고 하므로, 그들이 두려워하며 곧 항복하였다.[1]

이사부(혹은 태종이라고도 함)의 성은 김씨요, 내물왕의 4대손이다. 지도로왕 때 연변의 관장이 되어, 거도의 권모를 도습하여 마희(말을 타고 놀이하는 것)로써 가야(혹은 가라라고도 함)를 속여 취하였다. (지증왕) 13년 임진어 (이사부는) 아슬라주 군주가 되어 우산국(지금 울릉도)의 병합을 계획하고 있었는데, 그 나라 사람들이 어리석고 사나워서 위엄으로는 항복받기 어려우므로 모계로써 복속시킬 수밖에 없다 하고, 이에 나무사자를 많이 만들어 전선에 나누어 싣고, 그 나라 해안에 가서 거짓말하기를, 너희들이 항복하지 않으면 이 맹수를 놓아 밟아 죽이겠다고 하였다. 그 사람들이 두려워서 곧 항복하였다. 진흥왕 재위 11년(550), 즉 태보 원년에 백제가 고구려의 도살성을 함락하고 고구려는 백제의 금현성을 함락하였다. 왕이 두 나라 군사가 피로에 지친 틈을 타서 이사부를 명하여 군사를 출동 공격하여, 두 성을 취하고 증축해서 갑사를 유둔시켰다. 이때 고구려에서 군사를 보내어 금현성을 공격하다가 이기지 못하고 돌아가는 것을 이사부가 추격하여 이겼다.[2]

두 기록에 용자의 차이는 있으나, 그것이 큰 의미를 가지는 것이라고는 생각되지 않는다. 우산국을 가리키는 경우 우산인, 기국인으로 표기하는 차이, 우산국이 귀복한 사실을 래항으로 표기하는 차이, 배를 선(船), 강(舡)으로 표현한 차이, 정토의 지략을 광(誑), 사(詐)로 표기한 것 등의 차이는 있으나, 그것들이 의미하는 것이 동질적이어서, 내용을 달리 해석할 정도의 차이는 아니라고 생각한다. 용자의 차이를 중시하는 현재와는 달리, 표현의 다양성을 감안하는 하나의 방법으로 볼 수 있는 차이라고 생각한다. 다만, 본 기록은 이사부의 우산국정벌만을 소개하기 때문에 지증왕대에 한정되어 있으나, 열전의 경우는 이사부의 활동을 중심으로 하는 것이라, 지증왕대에 가야와 우산국을 정벌한 사실, 진흥왕대에 백제 신라의 영토를 취득한 사실 등을 기록하고 있는 것이 다르다. 또 본기가 지증왕으로 표기한 것에 비해, 열전은 지도로왕으로 표기하여 의아심을 품게 하나, 그것이 같은 진흥왕의 의미함은 "삼국유사"의 '지철로왕의 성은 김씨, 이름은 지대로 또는 지도로이며 시호는 지증이다(智哲老王. 姓金氏, 名智大路, 又智度路. 謚曰智証. 謚号始于此)'[3]를 통해 확인할 수 있다.

본기의 기록은 지증왕 13년에 이사부를 시켜 정벌한 우산국의 위치와, 우산국인들과 우산국의 설명, 이사부가 우산국을 정벌한 과정과 그 전술 등을 소개하고 있다. 그 결과 우산국이 신라에 매년 조공하게 되었다는 사실을 통해, 신라가 주변국으로부터 조공을 받는 국가라는 사실을 이야기하고 있다. 또 이사부의 군주라는 직함을 통해 정비된 신라의 제도, 제도적인 통치가 이루어지는 당시의 상황을 통해 신라의 국가적 조직을 알리고 있다.

그에 반해 우산국은 우한한 무리, 나무로 만든 사자의 정체도 파악하지 못하는 문명화되지 못한 집단으로 소개되고 있다. 그러한 무리이기에 신라의 통치를 받아야 하는 것은 당연하다는 논리를 펴고 있다. 신라의 우산국 정벌이나, 우산국이 신라에 귀복하는 것은 당연한 결과였다는 것을 주 내용으로 한다.

열전은 이사부를 통하여 우산국만이 아니라, 신라의 주변국 모두를 정토하여 신라의 질서 안에 포함시키는 것을 내용으로 한다. 신라와 주변국과 관계를 통해 우산국의 정벌이 갖는 의미를 구체적으로 생각해 볼 수 있는 내용이다. 다시 말해 신라의 우산국 정벌이 신라의 세계관, 신라를 중심으로 하는 천하사상에 의해 계획적으로 이루어졌다는 사실을 확인할 수 있는 내용이다. "삼국사기"는 이사부 진흥왕 대의 활약을 통해, 지증왕 대에 구축하고 실현하는 천하사상이 이후에 어떻게 지속되며 실현되는가를 적절히 나타낸 기록이라 하겠다.

이사부는 가야를 취하고, 백제와 고구려, 그 양국이 차지하려는 영지를 취하여 실리를 거두는 능력을 통해, 양국에 대한 우위를 확인하고 있다. 뿐만 아니라, 고구려와의 직접 대전을 통해, 고구려를 패퇴시키는 국력의 우위까지 확인하고 있는 것이다.

"삼국사기"가 우산국과 우산국을 정벌한 이사부를 통해, 신라와 신라 주변에 존재하는 나라와의 관계를 신라 중심으로 기술했다는 점에서, 우산국과 이사부의 기록은 단순한 영역 확장을 확인하는 기록으로 보기보다는 신라 중심의 천하관 구축의 실현으로 보아야 한다. 그런 면에서 신라의 주변국과의 관계와 중국과의 관계를 살펴보는 것은 신라의 천하관을 확인하는 데 있어 중요한 역할을 한다.

3. 역사적 현실의 사방의식

"삼국사기"는 신라를 천하의 중심으로 기록하고 있다. 신라가 남방의 가야, 서방의 백제, 북방의 고구려로 둘러싸여 있어 중심이라는 것이 아니라, 그러한 상황에서 신라를 중심에 위치시키려는 서술 내용에서 신라를 세계의 중심, 천하의 중심에 위치시키려는 의도를 엿볼수 있다.

신라는 가야·백제·고구려와 공방을 되풀이하며 발전을 도모하고 있었다. 그 과정을 서술한 용어들을 보면, 신라 중심의 용어들이 적지 않다. 용어는 편집 당시에 선별된 것으로 볼 수도 있고, 신라 중심의 "삼국사기"의 흐름으로 볼 수도 있으나, "삼국사기"도 "구삼국사기"로 불리는 원전을 인용했다는 것을 감안한다면, 그것들을 통해서 신라의 세계상이나 천하관을 확인하는 것은 무리가 아니라고 생각한다.

이하에서는 서방의 백제를 비롯하여 남방의 가야, 북방의 고구려, 동방의 왜와 우산국의 관계를 통해 신라의 천하관을 확인해 보기로 한다.

1) 서방

신라의 서방교류는 백제가 주를 이룬다. 이 교류는 백제와의 투쟁이 주를 이루나, 신라를 중심으로 서술된 경우도 많다. 물론 그것에는 신라의 전신이라고 생각되는 마한·변한 등과의 교류도 포함된다. 이처럼 신라는 주변국과의 투쟁을 통해 자국 중심의 세계관을 구축해 나갔다. 그러한 면모를 엿볼 수 있는 대표적인 예를 들면 다음과 같다.

[박혁거세] 정월에 변한이 나라를 들고 와서 항복하였다(春正月, 弁韓以国来降)<朴赫居世 19년>.

[탈해] 마한의 장수 맹소가 복암성을 바치며 신라에 항복하였다(馬韓将孟召, 以 覆巖城降)<脱解尼師今 5년>.

[파사] 군사를 보내어 비지국·다벌국·초팔국을 쳐서 신라에 아울렀다(遣兵伐比只国 多伐国 草八国, 并之)<婆娑尼師今 29年>.

[일성] 압독이 배반하므로 군사를 일으켜 쳐 평정하고 그 여중을 남지로 옮겼다(押督叛, 発兵討平之, 徙其余衆於南地)<逸聖尼師今 13年>.

[내해] 서쪽으로 군읍을 순행하고 합순만에 돌아왔다(西巡郡邑, 浹旬而返)<奈解尼師今 13년 12월>.

[내해] 서남 군읍을 순수하고 3월에 돌아왔다(巡狩西南郡邑, 三月, 還)<奈解尼師今 32년 2월>.

[조분] 이찬 우로로 대장군을 삼아 감문국을 쳐 깨뜨리어, 그 땅을 군으로 삼았다(伊湌于老為大将軍, 討甘文国, 以其地為郡)<助賁尼師今 2년 7월>.

[조분] 골벌국왕 아음부가 무리를 거느리고 와서 항복하므로, 저택과 전장을 주어 안거케 하고, 그곳을 군으로 삼았다(骨伐国王阿音夫

率衆来降, 賜第宅 田荘安之, 以其地為郡)<助賁尼師今7年2月>.

이곳의 '항(降)'·'내항(来降)'은 '나라를 들고 와서'·'성을 바치며'·'무리를 거느리고 와서' 등을 동반한 행위로, 신라에 귀순한 것으로 볼 수 있다. 성과 나라를 바치며 귀순한다는 것은, 자의적 행위로, 신라의 우월성이나 은덕을 원인으로 한 결과이다. 또 그들에게 '저택과 전장을 주어 안거케' 하는 것은 그에 대응하는 왕은의 실현이다.

군사를 보내는 활동의 견병(遣兵)·발병(発兵)은 기존질서의 유지나 새로운 상황에 대처하는 행위로, 신라왕의 질서에 의한 통치활동의 일환이다. 일성이사금의 발병은 압독이 신라의 질서에서 일탈한 것(押督叛)을 원인으로 하는 것으로, 그것은 원래의 질서관계를 회복하는 것을 목적으로 한다. 원지를 회복하자 그곳의 인민(余衆)을 남쪽으로 이주시켰는데, 이는 천하의 경영으로 질서의 개편을 통한 천하의 통치행위였다.

이처럼 주변세력이 신라로 귀순하거나, 신라가 주변국의 분쟁에 관여하고 조정하는 일은 그 주변국들이 신라의 질서를 존중하기에 가능한 일로, 그 세력들이 신라의 질서에 포함되었음을 의미한다. 또 확장한 영역을 군으로 삼는 것(其地為郡)은 주변세력을 신라의 질서에 포섭시켜 은덕으로 왕화(王化)시키는 통치의 일환이었다.

2) 남방

신라의 남방교류는 가야가 주를 이루는데, 그것은 밀양-김해-양천-함안-사천 일대로 향하는 남강 이남으로의 진출과, 창영-초계-협천-거창 일대로 뻗어 가는 남강 이북과 낙동강 이서를 연결하는 방향으로의 진출이었다. 그것은 가야의 연합을 저지하고, 해안을 따라 경주 지방으로 진출하려는 가야의 의도를 저지하며 이루어졌다.[4] 가야와의 중요한 교류의 예를 들면 다음과 같다.

[탈해] 길문이 가야병과 황산진구에서 싸워 1,000여 급을 얻었다(吉門与加耶兵, 戰於黃山津口, 獲一千余級)<脫解尼師今 21年>.

[파사] 왕이 군사를 일으켜 가야를 치려 할 때, 그 국왕이 사신을 보내어 죄를 청하므로, 이에 그만두었다(擧兵, 欲伐加耶, 其国主遣使請罪, 乃止)<婆娑尼師今 18년>.

[파사] 가야인이 남비를 습격하므로 (중략) 왕이 노하여 용사 500명을 거느리고 나가 싸워 적을 깨뜨리니 노획이 매우 많았다(加耶人襲南鄙, (중략) 王怒, 率勇士 五千, 出戰敗之, 虜獲甚多)<婆娑尼師今 17년 9월>.

[파사] 군사를 보내어 비지국 · 다벌국 · 초팔국을 쳐서 신라에 아울렀다(遣兵比只国 · 多伐国 · 草八国, 并之)<婆娑尼師今 29년 5월>.

[지마] 장수를 보내어 가야에 침입하였을 때, 왕은 정병 1만 명을 거느리고 그 뒤를 이으니, 가야는 성을 둘러 굳게 지키고(遣將侵加耶, 王帥精兵一万, 以継之加耶嬰城固守)<祇摩尼師今5年>.

[내해] 포상의 팔국이 모의하여 가라를 침략하려고 꾀하니, 가라의 왕자가 와서 구원을 청하였다. 왕이 태자 우로와 이벌찬 이음에게 명하여 6부의 병을 이끌고 가서 (가라를) 구원케 하여 팔국의 장군을 쳐 죽이고, 그들이 노략한 6,000명을 빼앗아 돌려보내 주었다(浦上八国王, 謀侵加羅, 加羅王子来請救, 王命太子于老, 与伊伐飡利音, 將六部兵, 往救之, 撃殺八国将軍, 奪所虜六千人, 還之)<奈解尼師今 14년 7월>.

남방의 가야는 진흥왕 23년(562)에게 복속당하게 된다. 그렇기 때문에 가야와의 교류는 투쟁이 주를 이룬다. 결과적으로 복속되는 가야를 강하게 인식시켜, 그것을 가능케 한 자국의 절대성을 확인하는 방법으로 보아야 할 것이다.

가야가 강력한 존재였다는 것은 '백제를 이웃하고 남으로 가야를 접하였으며, 덕은 능히 인민을 편안케 못하고'5)라고 탄식한 파사왕의 말을 통해서도 짐작할 수 있다. 그것은 주변국과의 문제는 자신의 은덕이 모자란 결과라는 자성으로, 은덕으로 주변국이 감화되는 세계, 신라의 질서로 통어되는 세계를 전제로 한다.

신라는 공방을 계속하면서도 위엄과 포용력을 보이려 한다. 신라는 가야를 치려다가도 가야가 사신을 보내 죄를 청하자(遣使請罪) 그만둔 일이나, 위기의 가야가 구원을 요청하면 그에 응하는 것들이 그런 예이다. 특히 포획한 포로까지 가야에 돌려주는 것은, 마치 종주국의 자세이다. 이는 가야 왕자에 신라의 태자를 대응시켜, 칭호에 차별을 둔 것에서도 확인된다. 신라는 후계자의 칭호를 왕자와 태자로 구별하는 방법으로 자국 중심의 세계관을 확인하고 있다.

3) 북방

북방에는 고구려를 비롯한 예(濊)·말갈(靺鞨)·낙랑(樂浪) 등 북방 세력이 위치하고 있었는데, 신라는 그 세력과 대립하며 국세의 확장을 꾀하고 있었다. 그것은 내륙지방으로의 진출과 동해안으로의 진출을 축으로 하고 있다. 중요한 기록을 예로 들면 다음과 같다.

[박혁거세] 중국사람이 진란에 시달려 동쪽으로 오는 자가 많아서 대개 마한 동쪽에 처하여 진한과 섞여 살더니 이에 이르러 점점 성하

게 되었다(中国之人, 苦秦乱, 東来者衆, 多処馬韓東, 与辰韓雑居, 至是, 寖盛)<朴赫居世 38년>.

[박혁거세] 동옥저의 사자가 와서 좋은 말 20필을 바치며 말하기를, 과군이 남한에 성인이 나심을 듣고 신을 보내어 드리는 것이라고 하였다(東沃沮使者来, 献良馬二十匹曰, 寡君聞南韓有聖人出, 故遣臣来享)<朴赫居世 53년>.

[남해] 북명 사람이 밭을 갈다가 세왕의 인을 얻어 왕에게 바쳤다(北溟人耕田, 得歳王印献之)<南解次次雄 16년>.

[유리] 낙랑을 습격하여 멸하자, 낙랑사람 5,000명이 와서 6부에 나누어 살게 되었다(襲楽浪滅之, 其国人五千来投, 分居六部)<儒理尼師今 14년>.

[유리] 맥국의 거수가 금수를 사냥하여 왕에게 바쳤다(貊帥猟得禽獣, 献之)<儒理尼師今 19년>.

[파사] 고타군주가 청우를 바치고(古陁郡主献青牛)<婆娑尼師今 5년>.

[파사] 음집벌국이 실직곡국과 지경을 다투어 신라왕에게 와서 재결을 청하므로 (중략) 왕이 느하여 군사를 보내어 음집벌국을 치니 그 주가 무리로 더불어 스스로 항복하고, 실직·압독 두 나라 왕도 와서 항복하였다(音汁伐国与悉直今国争疆, 詣王請決, (中略) 王怒, 以兵伐音汁伐国, 其主与衆自降, 悉直·押督二国王来降)〈婆娑尼師今 23年〉.

[파사] 실직국이 반하므르 군사를 일으켜 토평하고, 그 여중들을 신라의 남비로 옮겼다(悉直叛, 発兵討平之, 徙其余衆於南鄙)<婆娑尼師今 25년 7월>.

[일성] 10월에는 (왕이) 북방에 순행하여 태백산을 망사하였다(十月, 北巡, 親祀太白山)<逸聖尼師今5年>.

[아달라] 계립령의 길을 열었다(開雞立嶺路)<阿達羅尼師今 3년>.

[아달라] 죽령을 열었다(開竹嶺)<阿達羅尼師今 5년>.

[조분] 골벌곡국왕 아음부가 무리를 거느리고 와서 항복하므로 저택과 전장을 주어 안거케 하고, 그곳을 군으로 삼았다(骨伐谷国王阿音夫, 率衆来降, 賜第宅,田荘安之, 以其地為郡)<助賁尼師今 7년 2월>.

[조분] 고타군에서 가화를 바쳤다(古陁郡進嘉禾)<助賁尼師今 13년>.

[첨해] 첨해왕 때에 사벌국을 취하여 주를 삼았다(沾解王時取沙伐国為州)(『三国史記』, 巻34, 雑志, 第3 地理1 尚州).

[기림] 비열홀을 순행하여(중략) 우두주에 이르러 태백산을 망제하였다. 낙랑과 대방 두 나라가 귀복하였다(巡幸比列忽, (中略) 至牛頭州, 望祭太白山, 楽浪・帯方 両国帰服)<基臨尼師今 3년>.

신라의 세계상이 가장 잘 나타난 것이 북방의 기술이다. 이곳에는 이계에서 신라로 전입해 오는 기사, 북방세력이 조공하는 기사, 확장된 세계의 질서를 새로 개편하는 기사 등이 골고루 갖추어져 있다. 외부 세력이 전입해 오거나 내항해 온다는 것, 주변국이 토지나 인민 그리고 진귀한 것들을 헌상한다는 것 등은 주변국들이 신라의 권위를 인정하기에 있을 수 있는 일이다. 주변의 세력들이 신라의 질서에 따르기 위해 헌상하며 귀복해 오는 것이다. 그것이 확정된 종주국과 속국의 관계가 아니라 해도, 신라의 우위를 확인해 주는 내용으로 보기에는 충분하다. 또 신라 스스로 그러한 의식을 관념으로 형성하여 가질 수도 있는 일이다. 그런 관념에서는 새로 확장한 영지를 제도에 편입시킨다는 것은, 신라의 질서로 그곳을 통치한다는 것을 의미하며, 질서의 확장으로 인식할 수도 있는 일이다. 세계의 확장, 천하의 확장이다. 이처럼 신라를 중심으로 보게 하는 내용이 북방기사에 많다.

박혁거세 대에 난을 피해 등래한 중국인, 유리 대에 내투한 낙랑인, 파사 대에 항복해 온 음집벌국주와 실직·압독 두 국왕, 조분 대에 무리를 이끌고 내항해 온 골벌국왕, 기림 대에 귀복해 온 낙랑과 대방 등 기록은 신라를 많은 세력이 다양한 형태로 귀복해 오는 나라로 보기에 충분하다. 그것은 신라를 세계의 중심으로 보기에 충분한 내용이다.

특히 동옥저의 사자가 신라(南韓)에 성인이 난 것을 알고 말을 헌상했다는 것과 같은 기록은 신라가 서상지라는 직접적인 표현이다. 이처럼 신라가 서상지이고 또 세계의 중심지라는 사실을 확인할 수 있는 내용을 여러 곳에서 확인할 수 있다. 박혁거세 대에 동옥저가 말 20필을 바친(献) 사실 이외에도, 남해 대에 북명인이 얻은 세왕인(歲王印)을 바친(献) 사실, 유리 대에 맥국인이 금수를, 고타군주가 청우를 바친 (献) 사실, 조분 대에 고타군이 가화를 진(進)한 사실 등이다. 이는 종주국에 대한 조공으로 볼 수도 있는 내용이다.

그뿐만이 아니라, 내항한 세력에게 저택과 전장을 주어 안거시킨 사실은 내항자나 귀복자의 의사를 충족시켜 준 결과로, 조공에 책봉으로 응대하는 것을 연상하게 하는 내용이다. 조공을 매개로 하는 관계의 정립이라고 단정할 수는 없을지 모르나, 신라가 우위를 차지하는 교류, 독자적인 세계관을 확립했을 가능성은 충분히 확인할 수 있는 내용이다.

신라가 중심적인 위치에 존재했기에 국경분쟁을 일으킨 음집벌국과 실직곡국이 국경분쟁의 재결을 신라왕에 청하고, 신라왕이 그에 응해, 신라왕명에 순응하지 않는 세력을 응징할 수 있었던 것이다. 그리고 일단 항복해 왔던 실직곡국이 배반하자, 신라가 다시 토평하게 되는데 이것이 신라의 질서가 정립되어 가는 신라의 질서 속에 주변국을 포섭해 가는 과정이었다. 그것을 통해 신라의 세계는 확장되고 정돈되어 갔던 것이다. 조분 대에 굴벌곡국을, 첨해 대에는 사벌국을 군으로 삼은 일(爲郡) 등이 그 구체적인 내용이다. 아달다 대의 계립령과 죽령의 설치도 그 일환으로 볼 수 있는 체제의 확장이고 정비였다.

4) 동방

신라의 동방에는 석탈해의 다파라국과 왜가 존재하나, 다파라국은 석탈해의 출생지로 언급될 뿐 다시 등장하는 일이 없다. 따라서 왜가 유일한 세력이었다. 훗날 우산국이 신라에 의해 정벌되지만, 왜를 유일한 동방의 세력으로 보아도 무방할 것이다. 그 동방에 대한 신라의 자세는 소극적이고 부정적이었다.

[박혁거세] 왜인이 군사를 이끌고 와서 변방을 침범하려 하다가, 시조의 신덕이 있음을 듣고 도로 가 버렸다(倭人行兵, 欲犯邊, 聞始祖有神德, 乃還)<赫居世居西干 8년>.
[박혁거세] 호공이란 자는 그 족성이 자세치 못하나, 본시 왜인으로 처음에 박을 허리에 차고 바다를 건너온 까닭에 호공이라고 일컬었다(瓠公者未詳其族姓, 本倭人, 初以瓠繫腰, 渡海以来, 故秤瓠公)<赫居世 38년>.
[남해] 왜인이 병선 100여 소를 보내어 해변의 민호를 노략하므로(倭人遣兵船百余艘, 掠海邊民戸)<南解次次雄 11년>.
[탈해] 왜국과 호의를 맺고 빙문을 나누었다(与倭国結好交聘)<脱

解尼師今 3년 5월>.

[탈해] 왜인이 목출도를 침노하자(倭人侵木出島)<脫解尼師今 17년>.

[아달라] 왜인이 내빙하였다(倭人来聘)<阿達羅尼師今 5년>.

[아달라] 왜국의 여왕 비ˇ호가 사신을 보내어 내빙하였다(倭女王 卑弥呼, 遣使来聘)<阿達羅尼師今 20년>.

[조분] 왜인이 갑자기 닥치어 금성을 에워싸므로, 왕이 친히 나아가 싸우니 적이 궤주하는지라, 경기를 보내어 이를 추격하게 하여 1,000여 명을 살획하였다(倭人 猝至圍金城, 王親出戰, 敵潰走, 遣軽騎追撃之, 殺獲一千余級)<助賁尼師今 3년 春三月>.

[조분] 왜병이 동변을 침범하였다. (중략) 바람에 따라 불을 놓아 태웠으므로 적병들이 물에 뛰어들어 모두 물에 빠져 죽었다(倭兵寇東邊 (중략) 乗風縦火焚舟, 賊越水死尽)<助賁尼師今 4년>.

[조분] 왕이 동쪽으로 순행하여 인민을 무휼하였다(東巡撫恤)<助賁尼師今 6년 春正月>.

[미추] 동쪽으로 망해에 순행하고(東巡幸望海)<味鄒尼師今 3년 2월>.

[유례] 왜병이 사도성을 공함하니(倭兵攻陷沙道城)<儒礼尼師今 9년>.

[기림] 왜국과 교빙하고(与倭国交聘)<基臨尼師今 3년>.

[걸해] 왜국이 사신을 보내어 아들의 혼인을 청하므로 아찬 급리의 딸을 보냈다(倭国王遣使, 為子求婚, 以阿湌急利女送之)<訖解尼師今 3년>.

[걸해] 왜국이 사신을 보내어 혼인을 청하였으나, 앞서 여자의 출가를 이유로 사절하였다(倭国遣使請婚, 辞以女既出嫁)<訖解尼師今 35년 2월>.

[걸해] 왜왕이 글을 보내어 절교하였다(倭王移書絶交)<訖解尼師今 36년 2월>.

[걸해] 왜병이 갑자기 풍도에 이르러 변호를 초략하고 또 금성을

진위하여 급히 치므로(倭兵猝至風島, 抄掠邊戶, 又進圍金城, 急攻)
<訖解尼師今 37년>.

신라의 동방정책은 순행과 왜와의 교류가 주를 이루는데, 그 모든
것은 신라의 영역 안에서 이루어진다. 영역을 벗어난 교류는 없다. 왜
와의 교류는 교빙 · 내빙과 같은 교류나 혼인 등과 같은 호의적인 것
으로 생각할 수 있는 경우도 있었으나, 주된 교류는 왜의 침략이나
습공을 원인으로 하는 것들이었다.

왜는 박혁거세 대, 건국 초부터 도해하고 있었는데, 그것은 '왜인침
(倭人侵)', '왜인견병(倭人遣兵)', '왜인침경(倭人侵境)', '왜인졸지위(倭
人猝至圍)', '왜병구(倭兵寇)', '왜인습(倭人襲)', '왜병공함(倭兵攻陷)',
'왜병래공(倭兵来攻)', '왜병졸지(倭兵猝至)' 등처럼 왜의 적극적인 의
도에 의해서 이루어진 교류였다. 그 내용은 왜의 노략(掠) · 공격(圍金
城) · 방화(縱火燒之) · 포로(虜人) · 공함(攻陷) · 초략(抄掠) 등이 주를
이룬다. 왜의 만행에 신라가 대응하는 형식의 교류는 신라가 영역 외
로 왜를 격퇴하는 것에 머문다.

상호적인 교류로 생각할 수도 있는 교빙과 내빙도 있었으나, 상호
간에 사신을 보내는 교빙이나 찾아오는 형식의 내빙도 왜가 적극적
이었다. 왜가 도해한 내용이 주를 이루고, 신라가 도해했을 가능성은
탈해 3년과 기림 3년에 이루어졌다는 교빙 정도이다.

왜는 사신을 보내 혼인을 맺기도 했다. 그러나 거듭되는 혼인 요구
를 신라가 거절하자(걸해 35년), 왜는 절교하는 서신을 보내고(걸해
36년) 침략해 왔다(걸해 37년). 이는 원인이 분명한 침략이다. 혼인요
청이 거절되자 절교를 선언하고 침략해 와, 혼인의 거절이 침략의 원

인이라는 것이 자명하다. 이처럼 적극적인 왜에 비해 신라는 소극적이었다. 아달다 대에 이루어진 두 번의 내빙도 왜의 적극성을 나타내는 기록으로 보아야 할 것이다. 이처럼 필요에 의해 적극적으로 접근해 오는 왜에 의해 침략과 격퇴를 반복하는 것이 신라와 외의 관계로, 신라의 왜에 대한 인식은 부정적이고 소극적이었다는 것을 알 수 있다. 그것이 신라의 도해 기록이 많지 않은 연유라고 생각한다.

4. 결락되는 동방

신라는 유례이사금(284~298) 이전에 "서방의 사벌(沙伐) - 감문(甘文) - 일선(一善)의로의 상주(上州) 설치를, 남방으로는 남강(南江)을 경계로 가야를 남북으로 가로 질러 강남으로 아시촌(阿尸村)을 통한 금관가야의 정벌과, 강북으로 비사벌(比斯伐)을 통한 대가야의 정벌과 대야주(大耶州)의 설치를 보게 하였다. 북방으로는 내륙 방면으로 영주(榮州) · 안동(安東) 일대로의 진출과 동해안 방면으로 우사산국(于尸山国: 寧海)을 기점으로 하여 실직주(悉直州)의 설치를 가능케 하였던" 것이다.[6] 한편 신라가 동방에 존재하는 왜와의 교류에 소극적이었다는 것은 왜를 자국의 질서로 통치되는 영역, 즉 자국의 천하에 포함되는 공간으로 확장하여 포섭하려는 의도가 없었다는 것을 의미한다. 그처럼 자국의 천하에서 왜를 제외시킨 결과 자국의 천하 사방의 중앙에 위치하며 사방(천하)의 중심을 이룬다는 세계관의 동방이 결락하게 된다. 그런 상황이 동방의 필요성을 느끼고 했고, 그런 필요성에 의해 이루어진 것이 우산국의 정벌이라고 보아야 할 것이다.

신라는 천하라는 용어가 사용되기 이전의 용어로, 천하와 동의어

인 사방이라는 용어를 애용하고 있었다. 신라를 신라라는 국호를 제정하며 '신은 덕업이 날로 새로운 뜻이요, 라는 사방을 망라한다는 뜻'이라고 이야기하여, 사방을 망라하겠다는 의지를 분명히 하고 있다. 이처럼 천하를 망라하겠다는 의지의 표현을, '사방을 망라'하겠다는 식으로 표현할 정도로 사방이라는 용어를 선호하고 있었다. 이는 자국이 사방에 주변국을 두고 있다는 지리적 상황을 반영한 표현으로 보아야 한다. 사방이라는 용어의 사용은 국호 제정 시만이 아니다. 소지왕 대에는 '사방에 수역(陲驛)을 두고 소사에 명하여 관도를 수리'하고 있었다. 이 경우 '사방'이 '도'와 연결되어 용어를 성립시키면, 그 도로가 통하는 세계나 도로 끝에 존재하는 지역이 도로의 시발점에 위치하는 왕조에 복속되게 된다. 따라서 우산국은 북방이 아니라, 동방의 왜를 배제한 결과로 결락된 동방으로서의 의미를 가진다. 따라서 우산국의 정벌은 영역의 확장을 위한 정토가, 사방의 중심 천하의 중심이라는 작은 천하관을 실현하는 세계관의 문제로 보아야 한다.

5. 신라의 천하사상

자국을 천하의 중심으로 여기는 사상은 중국에서 발생하여 실현된 사상이었다. 그것은 중국의 군주는 유덕의 성인이기 때문에, 군주는 그 덕의 위력으로 주변 사람들을 끌어들이고 그 덕을 주변으로 확장시킨다는 사상이다.

군주의 덕은 중국에 머물지 않고 그 주변으로 퍼져 나가 주변의 이적들도 그 덕 안으로 포섭되게 된다.[7] 그 결과 왕의 덕이 예의를 알지 못하는 주변의 이적들을 감화시켜 예의에 따르게 한다. 그처럼 주변국이 왕의 덕으로 왕화되어 예의를 알게 된다는 것은, 주변국이 중국의 질서에 따르는 형식으로 중국의 세계에 포섭되는 일이었다. 말하자면, 조공을 바치고 책봉을 받는 관계로 진전되어 가는 일이었다. 조공하고 받는 책봉이란 중국의 황제가 국내의 귀족·공신(功臣)에게 왕이나·공(公)·후(侯) 등 작위와 채읍(采邑)을 내리는 것을 말하는 것이나, 그것을 주변국의 군주들과의 관계에 적용하여 그들에게 지위를 주어 군신관계를 맺고, 그것에 상응하는 의무를 과하는 것이었다.[8]

고대 동아시아 제국은 군주의 권력을 강화하고, 국가조직을 만들어야 한다는 문제에 직면했을 경우, 전형으로 삼을 수 있는 것은 중국의 국가조직을 제외하고는 달리 없었다. 그리하여 군주와 국가조직의 전형을 중국에서 본받을 때, 자국을 천하의 중심으로 하는 논리로서의 중화사상을 도입하게 되고, 그것을 전형으로 하여 자국의 정통성을 확보하려 했다. 신라도 예외일 수가 없다. 신라도 중국과의 직·간접적인 교류를 통하여, 자국의 독자성을 유지하고 군주의 권위를 강화하는 방법으로 천하사상을 구축하고, 그것을 실현하려 했을 것이다.

신라의 중국과의 교류는 중국 기록을 통해서 확인할 수 있는데, 기록이 모든 교류를 포함하는 것이 아닌 이상, 그 이상으로 빈번했고 그 기록된 시기보다 앞설 수도 있는 일이다. 또 직접적인 교류가 아닌, 백제나 고구려를 통한 간접적인 것이 될 수도 있는 일이다. 그러한 교류를 통해 자국을 중시하는 독자적인 천하사상을 구축하는 것은 극히 자연스러운 일기었을 것이다.

고대사회에서의 대중외교란 조공을 의미하는 것으로, 중국적 세계질서 속에서 자아를 확인하는 정치적인 활동이다. 조공이란 중국의 전통적인 중화사상 내지 왕도사상에서 나온 대외형식으로, 주변국이 조공하는 방법으로 중국의 천하에 참여하고, 중국은 그에 대응하는 지위를 책봉하는 형식으로 이루어지는 종주 종속의 관계를 맺는 방법이었다. 그것은 중국을 세계의 중심으로 보는 세계관의 문제로, 중국의 황제가 국내의 귀족 공신에게 왕, 공(公), 후(侯) 등 작위와 채읍을 주는 것에 준하여, 주변 제국가의 군주들에게 왕위를 주고, 그러한 군주들과 군신관계를 설정하는 것이다.[9]

이러한 책봉이라는 정치적 체제는 중국왕조가 세계의 중심이라는 가치관(중화사상)하에서, 중국 황제는 세계의 질서를 총괄하는 존재이고, 책봉을 받아 그 질서에 참여하여 중국황제의 덕을 향수하는 것으로 하나의 세계를 만든다는 세계관에 의해서 성립된다. 그 세계를 천하라 하는데, 왕으로 임명되어 천하의 일부로 편입되었고, 그것은 자발적인 것이었다.[10] 스스로 중국의 천하에 참여하여 국제적 지위를 확보하려 했던 것이다.

신라의 중국과의 교류는 "삼국사기"의 내물왕 대(356~402년)의 기록에 보인다.

위두를 부진에 보내어 (고구려 사절을 따라) 방물을 전하므로, 부견이 위두에게 묻기를 '그대의 말에 해동의 형편이 옛날과 같지 않다고 하니 무엇을 말함이냐'고 하니, 대답하기를 '시대가 변하면 명칭도 바뀌게 되는 것이니, 어찌 예와 같을 수 있으리오'라고 하였다.[11] 이곳의 공방물(貢方物)은 조공 책봉관계를 추정할 수 있는 용어이다. 그러나 중국의 문헌에 의하면 이보다 100년이나 앞선 기록이 있다.

무제 태강 원년에 왕이 사신을 보내서 방물을 바쳤다. 태강 2년에도 다시 조공하였다. 7년에 재차 입조하였다.[12]

진한이 3세기(280년)에 조공했다는 사실을 나타내는 기록이다. 그런데 "삼국사기"의 기록은 중국의 "자치통감" 및 "태평어람" 등에도 있다. "삼국사기"가 중국의 전적들과 어떤 관계이건 간에, 거의 같은 내용이 기재되어 있다는 것은, 사실일 가능성이 그만큼 크다는 것을 의미한다. 이러한 기록으로 조공관계의 성립을 단정할 수 없을 것이라는 신형식도 '양국관계의 정상화임에는 틀림'없는 것으로 보았다.[13] 기록의 의미를 어떻게 이해하든, 신라가 중국과 교류를 맺고 방물을 바쳤다는 것은 사실이다. 한편 그것을 받은 중국은 답례품으로 자국의 위덕(威德)을 나타내려 했다. 중국에는 자국을 예의·법을 체현한 문화지역으로 보고 문화를 알지 못하는 주변지역을 이적으로 보는 화이사상이 고래부터 존재하여, 중화의 위덕을 주변제국으로 확산시키는 것이 책봉관계라고 여기고 있었다. 제국의 왕은 자신의 정통성을 중국에게 인정받는 것으로, 자국 내에서의 왕권의 강화·안정을 꾀하려는 목적으로 책봉에 응하고 있었다.[14] 그래서 주변국들의 조공은 자발적이었다.

문헌에 나타난 입조, 조공, 견사 등의 표현이 곧 조공의 뜻은 아니나, 적어도 남북조대에 이르러서는 그것이 제도화되었다는 것은, 신라도 중국을 비롯한 제국과의 교류를 가지고 있었다는 것으로, 그러한 과정에서 자국을 중심으로 하는 세계관을 구축하고 있었음을 추정하게 해 주는 일들이다. 그러한 세계관을 반영하고 있는 것이 "삼국사기"의 신라의 기록이고, 그 세계관을 바탕으로 해서 이루어진 것이 이사부의 우산국 정벌이었다고 보아야 한다.

6. 천하의 실현

신라의 천하사상은 우산국에 대한 인식, 우산국을 정벌하여 조공을 받는다는 사실을 통해 확인할 수 있다. 그것에는 중국왕조가 자국과 타국을 차별하는 화이사상과, 차별한 이적을 왕자의 덕으로 재결합시킨다는 왕화사상이 잘 나타나 있다. 다시 말하자면, 신라는 우산국의 정벌을 통해 자국의 천하사상을 실현하고 있었다. 결론적으로 말하자면 우산인을 우한으로 표현한 것은, 그것을 夷狄으로 보는 화이사상이었고, 정벌하여 복속시킨 것은 신라의 질서에 따르게 하는 왕화사상이었다. 좀 더 자세히 살펴보기로 한다.

우산인을 '어리석다', '우직하다'를 의미하는 '우(愚)'와 '사납다', '성급하다'는 의미를 갖는 '한(悍)'을 합성하여, 어리석고 거칠다는 의미의 '우한'으로 취급한 것은 우산인을 이(夷)에 위치시키고, 그에 대응해서 자국인을 화(華)에 위치시키는 일이었다. 우산국은 그러한 이적과 같은 세력이 거주하는 주변이었기 때문에, 신라는 왕의 은덕으로 감화시켜야 했다. 왕은을 베풀어 왕화시키기 위해서는 정토하지 않으면 안 되었다. 우산인이 우한한 것은 차별당할 조건이고, 신라는 정토하여 왕화시킬 책무를 지는 것이다. 그것이 우산국을 정벌한 정당성이다. 즉, 신라는 우산인을 화이사상으로 차별하고, 왕은으로 포섭하여 화이사상과 왕화사상을 실현한 것이다.

그런데 이 중화사상은 화를 자처하는 중국에게만 필요한 것이 아니라 이로 취급되는 주변국에게도 필요한 것이었다. 그것이 상호 간의 이익을 바탕으로 하기 때문이다. 주변국이 중국의 성덕을 그리워하고 왕화되는 것은 군주의 유덕을 확인하는 일이었고, 또 주변국은 국내에서의 수장의 권위와 지위를 중국한테 보장받는 일이었다. 그 보장이 국내뿐만 아니라 근린국가와 경합할 경우에도, 중국의 권위를 배경으로 자국의 입장을 강화할 수 있었다. 그래서 조공하고 책봉을 받는 중국과 주변국의 관계는 자발적인 것이라고 볼 수 있다. 책봉제는 중국의 질서를 확산시키기에 좋은 방법이었다. 또 주변국의 수장들은 중국의 선진문화나 통치방법을 이용하여, 국내에서의 절대권위를 확보할 수 있었기 때문에 스스로 그 천하에 참여하고 있었다. 그 체제에는 신라도 참여했고, 그 경험으로 자국의 천하관도 구축하고, 그것을 실현하려 했던 것이다.

그 책봉 관계를 방불케 하는 일이 신라와 우산국 간에 이루어진 것이다. 정벌당한 우산국이 매년 토산품(土宜)을 바치기로 한 것은 조공으로 볼 수 있는 일이다. 우산국이 바치는 토의에 신라조정은 어떻게 대응했는지 그것에 대한 기술은 없으나, 토의를 받고 그것에 상응하는 조치를 취하지 않는 상황은 상정할 수 없다. 우산인들의 자치를 인정했다 하더라도 신라의 질서를 존중하는 자를 지도자로 선임했을 것이고, 아니면 파견했을 수도 있다. 아울러 토의에 상응하는 물품도 하사했을 것이다. 신라는 그것을 통하여 자국의 은덕을 확인했던 것이다.

신라는 우매한 우산인을 위계로 항복시켰는데, 이는 왕의 은덕으로 포용하는 왕화사상의 실현이었다. 예의를 모르는 우흔한 자들에게 예의를 알게 하는 것이 왕화의 실현이었던 것이다. 그럴 경우 위계를 펴는 것은 부정직(不正直)을 의미하는 것이 아니라 통치자의 능력을 증명하는 일이었다. 그러한 능력은 천하의 통치자가 갖추어야 할 덕목이다. 그 왕은으로 우산극을 신라의 질서에 포섭시켜, 신라의 천하를 완성시킨 것이다.

7. 우산국의 독도

이처럼 자국을 천하의 중심으로 보는 천하관은 중국의 중화세계에 참가한 경험을 바탕으로 하지만, 그 경험이 없었다 해도 이웃나라와 경쟁을 하면서 자연적으로 확립한 자국 중심의 천하관은 존재하였을 것이다. 그러나 신라가 3세기부터 중국과 교류를 하고 있었다는 사실은 "삼국사기"만이 아니라 한적(漢籍)들도 전하고 있어, 신라가 중국의 천하에 참여한 경험을 살려 독자적인 천하관을 구축하고 있었을 가능성은 충분하다.

신라는 사방에 존재하는 나라들과 투쟁하며 존재하고 있어, 자국 중심의 천하관은 필수적이었다. 그러한 천하관이 주변국과의 관계를 관념적으로 해석하게 하고, 그 관념에 의한 기록도 가능하게 했다. 신화나 역사적 사실의 허구 존재가 필요한 이유가 거기에 있는 것이다. 신라는 신화를 통하여 자국을 세계의 중심에 위치시켰을 뿐 아니라, 역사적 사실의 기록에서도 자국을 천하의 중심으로 표현하고 있다. 그것은 독자적인 천하관을 구축하고 확인할 필요에 의한 결과라고 생각된다.

그런 천하를 대신하는 사방을 구축하는 데 있어, 동방에 존재하는 왜를 천하에서 제외시킨 결과 동방이 결락된다. 그 결락된 동방을 보충하고 신라가 사방의 중심임을 확인하기 위해 이루어진 것이 우산국의 정벌이었다.

다시 말해 자국을 중심으로 하는 천하의 완성을 목적으로 한 것이 우산국의 정벌로, 신라는 그것을 통하여 자국의 천하를 실현한 것이다. 말하자면 우산국의 정벌은 천하관의 문제였던 것이다.

더욱이 '우산국'이라는 국명은 "태종실록"과 "조선왕조실록"에 '우산(于山)·무릉(武陵)'로 표기되어 있고, '무릉'이 지금의 울릉도를, '우산'이 현재의 독도를 의미하고 있는 사실과 또한 "고려사"의 '울릉도는 현의 동해안에 있다. 신라시대에는 우산국이라 불리고, 무릉·우릉(羽陵)·우산이라고도 한다. 무릉은 원래 2도이다. 서로 멀지 않고 바람이 부는 날에는 볼 수 있다'라는 기사에서, '우산'은 울릉도와 독도 두 섬의 호칭으로 사용됐음을 알 수 있다.

이러한 사실로 보아, 울릉도와 독도는 하나의 구역으로 파악되고 있었을 가능성도 있으며, 이는 "신증동국여지승람"의 '일설우산, 울릉본일도(一説于山、欝陵本一島)'라는 내용으로도 추측 가능하다. 따라서 울릉도와 독도를 분리하여, 독도를 일본령에 포함시키려는 일본의 시도는 전혀 타당성이 없으며, 이에 관한 논증은 금후의 과제로 남겨 두고자 한다.

　自国中心の世界観を持とうとするのは、国家の整備期において共通してあらわれる現象である。しかし、その思想は中国の周辺国が中国との冊封関係を通じて習得したもので、自国を秩序づける際に国内に導入し適用させたものである。

　特に新羅智証王の時代は、それまで一定していなかった国名を、徳業が日々新しいという「新」と四方を網羅するという「羅」を用いて「新羅」と定め、また国王という尊号をはじめて制定した時代でもあり、それだけ国内が整備され自国中心の世界観が必要とされた時代であった。

　于山国の征伐もその時代像を反映したもので、北方の高句麗・濊・靺鞨・楽浪、南方の加耶、西方の百済、そして倭を天下から除外した結果、欠落した東方を補充する存在としての于山国、これらの国があってこそ新羅を中心とする四方が完成するのである。

　つまり自国を中心とする天下を完成させることを目的としたのが于山国の征伐であり、新羅はそれを通じて自国の天下を実現させたことになる。于山国の征伐は天下観の成立がかかった問題であった。

　さらに「于山国」という国名は『太宗実録』や『朝鮮王朝実録』に「于山・武陵」と見え、「武陵」が今の欝陵島を「于山」が今の独島を意味すること、また『高麗史』の「欝陵島は県の東海の中にある。新羅の時代では于山国と呼ばれ、また武陵・羽陵・于山ともいう。武陵は本は二島である。互いに遠くなく風が吹く晴れた日に見ることができる」という記事から、「于山」は欝陵島と独島の両方の称号として用いられていたことが分かる。

　これらの事実から、欝陵島と独島は同じ区域として把握しされていた可能性もあり、それは『新増東国輿地勝覧』の「一説于山、欝陵本一島」

という記事によって裏付けられると思われ、日本が欝陵島と独島を分離し独島を日本領に含めようとする試みは意味をなさないと判断される。これについての論証は今後の課題としたい。

1) 十三年, 夏六月, 于山国帰服, 歳以土宜為眞, 于山国, 在溟州正東海島 或名欝陵島, 地方一百里, 恃嶮不服, 伊湌異斯夫為何瑟羅州軍主, 謂于山人愚悍, 難以威来, 可以計服, 乃多造木偶獅子, 分載戰船, 抵其国海岸, 誑告曰, 汝若不服, 則放此猛獣踏殺之, 国人恐懼則降(『三国史記』, 智証麻立干 十三年 夏六月).

2) 異斯夫(惑云苔宗), 性金氏, 奈勿王四世係, 智度路 王時, 為沿邊官, 襲居道権謀, 以馬戲加耶(惑云加羅)国取之. (至十三年壬辰, 為阿瑟羅州軍主, 謨幷于山国, 謂其国人愚悍, 難以威降, 可以計服, 乃多造木偶獅子, 分載戰舡, 抵其国海岸, 詐告曰, 汝若不服, 則放此猛獣踏殺之, 其人恐懼則降. 眞興王位才十一年, 大宝元年, 百済拔高句麗道薩城, 高句麗陥百済金峴城, 王乘兩国兵疲, 命異斯夫出兵, 撃之取二城, 増築留甲士戊之, 時高句麗遺兵来攻金峴城, 不克而還, 異斯夫追撃之大勝.

3) 제22대 지철로왕의 성은 김씨, 이름은 지대로 또는 지도로이며 시호는 지증이다. 시호를 쓰는 법이 여기에서 시작되었다. 또 우리말에 왕을 마립이라 한 것도 이 왕대부터 시작되었다. 왕은 영원 2년 경진(500)에 왕위에 올랐다(신사라고도 하는데, 그렇다면 영원 3년이다).
　왕은 음경의 길이가 한 자 다섯 치나 돼 배필을 얻기 어려웠다. 그래서 사자를 삼도에 보내서 배필을 구했다. (중략: 또 하슬라주(지금의 명주) 동북 바다에 순풍으로 이틀 걸리는 곳에 우릉도(지금의 우릉)가 있다. 이 섬은 둘레가 2만 6천7백 리 30보이다. 이 섬 속에 사는 오랑캐들은 그 바닷물이 깊은 것을 믿고 몹시 교만하여 조공을 바치지 않자, 이에 왕은 이찬 박이종에게 명하여 군사를 거느리고 가서 치게 했다. 이때 이종은 나무로 사자를 만들어 큰 배에 싣고 위협했다. 너희가 만일 항복하지 않으면 이 짐승을 놓겠다고 위협하자, 오랑캐들이 항복했다. 이에 이종을 상 주어 주백을 삼았다.[第二十二, 智哲老王. 姓金氏, 名智大路, 又智度路. 謚曰智証. 謚号始于此. 又郷称王為麻立干者, 自此王始. 王以永元二年庚辰即位(惑云辛巳則三年也) (中略) 又阿瑟羅州(今溟州)東海中 便風二日程, 有于陵島(今作羽陵). 周廻二万六千七百三十歩. 島夷恃其水深. 驕傲不臣. 王命伊喰朴伊宗, 将兵討之, 宗作木偶獅子, 載於大艦之上. 威之云. 不降則放此獣. 島夷畏而降. 賞伊宗為州伯.] 『삼국유사』(권제1) 지철로왕.

4) 申瀅植, 『新羅君主考』, 『白山学報』제19号(2000년 4월 3일), p.202.

5) 西隣百済, 南接加耶, 徳不能綏(婆娑尼師今 8년).

6) 申瀅植, 『新羅君主考』, 『白山学報』제19호(백산학회, 2000. 4). p.72.

7) 西嶋定生, 『中国史를 배운다는 것』(吉川弘文館, 1995), p.44.

8) 西嶋定生, 『日本歴史의 国際環境』(東京大学出版会, 1994), p.5.

9) 申瀅植, 『三国의 対中外交』, 『韓国古代史의 新研究』(一潮閣, 1995). p.303.

10) 神野志隆光, 『古事記-天皇의 世界의 物語』(日本放送出版協会, 1995). p.26.

11) 遣衛頭入符(符, 旧本作符, 今改之) 秦, 貢方物, 符(同上)堅問衛頭曰, 卿言海東之事, 与古不同, 何耶, 答曰, 亦猶中国時代変革名号改易, 今焉得同(内勿王26년).

12) 『晋書』권69, 열전 67, 四夷.

13) 申瀅植, 『三国의 対中外交』, 『韓国古代史의 新研究』(一潮閣, 1995). p.307.

14) 日本史広辞典編輯委員会, 『日本史広辞典』(山川出版社, 1997년).

제5장

일본외무성 홈페이지

– 2010년 11월

I. 竹島問題

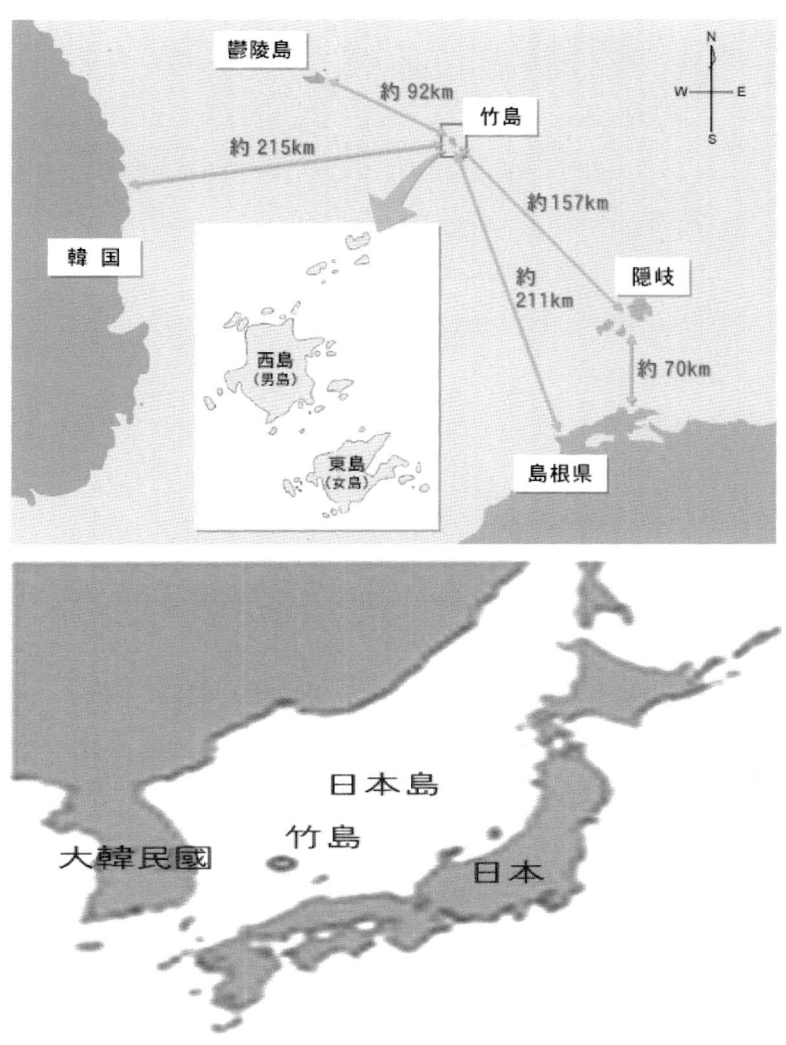

竹島の領有権に関する我が国の一貫した立場

1. 竹島は、歴史的事実に照らしても、かつ国際法上も明らかに我が国固有の領土です。

2. 韓国による竹島の占拠は、国際法上何ら根拠がないまま行われている不法占拠であり、韓国がこのような不法占拠に基づいて竹島に対して行ういかなる措置も法的な正当性を有するものではありません。

※ 韓国側からは、我が国が竹島を実効的に支配し、領有権を確立した以前に、韓国が同島を実効的に支配していたことを示す明確な根拠は提示されていません。

竹島問題の概要

1. 竹島の認知

2. 竹島の領有

3. 欝陵島への渡海禁止

4. 竹島の島根県編入

5. 第二次大戦直後の竹島

6. サンフランシスコ平和条約起草過程における竹島の扱い

7. 米軍爆撃訓練区域としての竹島

8. 「李承晩ライン」の設定と韓国による竹島の不法占拠

9. 国際司法裁判所への提訴の提案

I. 다케시마(竹島) 문제

다케시마 영유권에 관한 일본국의 일관된 입장

1. 다케시마는 역사적 사실에 입각해 봐도, 국제법상으로도 명백한 일본국 고유의 영토입니다.

2. 한국에 의한 다케시마 점거는 국제법상 아무런 근거 없이 이루어지고 있는 불법 점거이며 한국이 이런 불법 점거에 의거해 다케시마에서 행하는 어떤 조치도 법적인 정당성이 있는 것은 아닙니다.

* 한국 측으로부터는 일본국이 다케시마를 실효적으로 지배하고 영유권을 확립하기 이전에 한국이 이 섬을 실효적으로 지배하고 있었다는 사실을 보여 주는 명확한 근거가 제시되지 않고 있습니다.

다케시마 문제의 개요

1. 다케시마의 인지문제

2. 다케시마의 영유권

3. 울릉도로 도해를 금지함

4. 다케시마의 시마네현 편입

5. 2차 세계 대전 직후의 다케시마

6. 샌프란시스코 평화조약 초안작성과정에서 보여지는 다케시마 문제

7. 미군의 폭격훈련구역으로서의 다케시마

8. '이승만 라인' 설정 및 한국의 다케시마 불법점거

9. 국제사법재판소에 제소 제안

1. 竹島の認知

【日本における竹島の認知】

1) 現在の竹島は、我が国ではかつて「松島」と呼ばれ、逆に鬱陵島が「竹島」や「磯竹島」と呼ばれていました。竹島や鬱陵島の名称については、ヨーロッパの探検家等による鬱陵島の測位の誤りにより一時的な混乱があったものの、我が国が「竹島」と「松島」の存在を古くから承知していたことは各種の地図や文献からも確認できます。例えば、経緯線を投影した刊行日本図として最も代表的な長久保赤水(ながくぼせきすい)の「改正日本輿地路程(よちろてい)全図」(1779年初版)のほか、鬱陵島と竹島を朝鮮半島と隠岐諸島との間に的確に記載している地図は多数存在します。

2) 1787年、フランスの航海家ラ・ペルーズが鬱陵島に至り、これを「ダジュレー(Dagelet)島」と命名しました。続いて、1789年には、イギリスの探検家コルネットも鬱陵島を発見しましたが、彼はこの島を「アルゴノート(Argonaut)島」と名付けました。しかし、ラ・ペルーズとコルネットが測定した鬱陵島の経緯度にはズレがあったことから、その後にヨーロッパで作成された地図には、鬱陵島があたかも別の2島であるかのように記載されることとなりました。

3) 1840年、長崎出島の医師シーボルトは「日本図」を作成しました。彼は、隠岐島と朝鮮半島の間には西から「竹島」(現在の鬱陵島)、「松島」(現在の竹島)という2つの島があることを日本の諸文献や地図により知っていました。その一方、ヨーロッパの地図には、西から「アルゴノート島」「ダジュレー島」という2つの名称が並んでいることも知っていました。このため、彼の地図では「アルゴノート島」が「タカシマ」、「ダジュレー島」

が「マッシマ」と記載されることになりました。これにより、それまで一貫して「竹島」又は「磯竹島」と呼ばれてきた鬱陵島が、「松島」とも呼ばれる混乱を招くこととなりました。

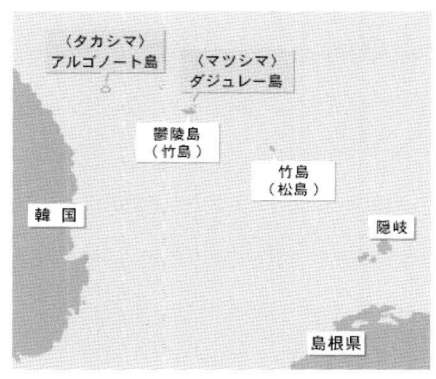

4) このように、我が国内では、古来の「竹島」、「松島」に関する知識と、その後に欧米から伝えられた島名が混在していましたが、その最中に「松島」を望見したとする日本人が、同島の開拓を政府に願い出ました。政府は、島名の関係を明らかにするため1880(明治13)年に現地調査を行い、同請願で「松島」と称されている島が鬱陵島であることを確認しました。

5) 以上の経緯を踏まえ、鬱陵島は「松島」と称されることとなつたため、現在の竹島の名称をいかにするかが問題となりました。このため、政府は島根県の意見も聴取しつつ、1905(明治38)年、これまでの名称を入れ替える形で現在の竹島を正式に「竹島」と命名しました。

1. 다케시마의 인지 문제

일본의 다케시마 인지

1) 현재의 다케시마는 일본에서는 일찍이 '마쓰시마'로 불리었으며 현재의 울릉도가 '다케시마' 혹은 '이소타케시마'로 불려 왔습니다. 다케시마나 이소타케시마의 명칭은 유럽의 탐험가 등의 울릉도 위치 측정의 오류로 인하여 일시적 혼란이 있었습니다만, 일본에서 '다케시마' 혹은 '마쓰시마'의 존재가 오래전부터 인지되고 있었다는 사실은 각종 지도와 문헌에서 확인할 수 있습니다. 예를 들어, 경위선을 투영한 간행 일본지도로서 가장 대표적인 나가쿠보 세키스이(長久保赤水)의 '개정일본여지로정전도(改正日本興地路程全図)'(1779년 초판)를 비롯한 여러 지도에서 울릉도와 다케시마를 한반도와 오키제도 사이에 명확히 기재하고 있음을 알 수 있습니다.

2) 1787년 프랑스의 항해가 라 페루즈가 울릉도에 도착하여 '다쥬레(Dagelet) 섬'으로 명명하였습니다. 그 후 1789년에는 영국의 탐험가 컬넷도 울릉도를 발견하였으며 그는 이 섬을 '아르고노트(Argonaut)섬'이라고 하였습니다. 그러나 라 페루즈와 컬넷이 측정한 울릉도의 경도와 위도에는 차이가 있으며, 그 차이로 인해 후에 유럽에서 작성된 지도에는 마치 2개의 다른 섬이 울릉도로서 존재하고 있는 것처럼 기재되게 되었습니다.

3) 1840년 나가사키 출신의 의사 시볼트가 '일본지도'를 작성하였습니다. 시볼트는 일본의 여러 문헌과 지도를 통해 오키섬과 한반도 사이에는 '다케시마'(현재의 울릉도)와 '마쓰시마'(현재의 다케시마)라는 2개의 섬이 존재하고 있다고 알고 있었습니다(다케시마가 마쓰시마보

다 서쪽에 위치). 한편, 유럽의 지도에는 서쪽부터 '아르고노트 섬'과 '다쥬레 섬'이라는 2개의 명칭이 함께 사용되고 있었다는 것도 알고 있었습니다. 이를 근거로 시볼트는 자신이 작성한 지도에 '아르고노트 섬'을 '다카시마로', '다줄레섬'을 '마쓰시마'로 기재하게 되었습니다. 이로 인해 '다케시마' 또는 '이소타케시마'로 계속 불리던 울릉도가 '마쓰시마'로도 불리게 되는 혼란을 가져오게 되었습니다.

4) 이와 같이 일본 국내에서는 예로부터 내려온 '다케시마', '마쓰시마'에 관한 지식과 그 후 서구에서 지어진 섬의 이름이 혼재하고 있었습니다. 그러는 중에 '마쓰시마'에 관심을 가지고 있던 한 일본인이 마쓰시마를 개척할 수 있도록 정부에 요청하였습니다. 정부는 그 섬의 명칭을 명확히 하기 위해 1880(메이지 13)년에 현지조사를 실시하였으며, 개척청원 과정에서 '마쓰시마'라 불리던 섬이 울릉도임을 확인하였습니다.

5) 이상의 경위를 통해 울릉도는 '마쓰시마'로 불리게 되었으며 따라서 현재 다케시마의 명칭을 어떻게 할 것인지가 문제가 되었습니다. 정부는 이에 대하여 시마네현의 의견을 청취한 후, 1905(메이지 38)년 지금까지의 모든 명칭을 대체하는 것으로 현재의 다케시마를 정식으로 '다케시마'로 명명하였습니다.

【韓国における竹島の認知】

　1)　韓国が古くから竹島を認識していたという根拠はありません。例え
ば、韓国側は、朝鮮の古文献『三国史記』(1145年)、『世宗(せそう)実録
地理誌』(1454年)や『新増東国輿地勝覧(しんぞうとうごくよちしょうらん)』
(1531年)、『東国(とうごく)文献備考』(1770年)、『万機(ばんき)要覧』
(1808年)、『増補(ぞうほ)文献備考』(1908年)などの記述をもとに、「鬱陵
島」と「于山島」という二つの島を古くから認知していたのであり、その
『于山島』こそ、現在の竹島であると主張しています。

　2)　しかし、『三国史記』には、于山国であった鬱陵島が512年に新羅に
帰属したとの記述はありますが、「于山島」に関する記述はありません。
また、朝鮮の他の古文献中にある「于山島」の記述には、その島には多数
の人々が住み、大きな竹を産する等、竹島の実状に見合わないものがあ
り、むしろ、鬱陵島を想起させるものとなっています。

　3)　また、韓国側は、『東国文献備考』、『増補文献備考』、『万機要覧』
に引用された『輿地志(よちし)』(1656年)を根拠に、「于山島は日本のいう
松島(現在の竹島)である」と主張しています。これに対し、『輿地志』の本
来の記述は、于山島と鬱陵島は同一の島としており、『東国文献備考』
等の記述は『輿地志』から直接、正しく引用されたものではないと批判す
る研究もあります。その研究は、『東国文献備考』等の記述は安龍福の信
憑性(しんぴょうせい)の低い供述を無批判に取り入れた別の文献(『彊界
考(きょうかいこう)』(『彊界誌』)、1756年)を底本にしていると指摘してい
ます。

　4)　なお、『新増東国輿地勝覧』に添付された地図には、鬱陵島と「于山
島」が別個の2つの島として記述されています。もし、韓国側が主張する

ように「于山島」が竹島を示すのであれば、この島は、鬱陵島の東方に、鬱陵島よりもはるかに小さな島として描かれるはずです。しかし、この地図における「于山島」は、鬱陵島とほぼ同じ大きさで描かれ、さらには朝鮮半島と鬱陵島の間(鬱陵島の西側)に位置している等、全く実在しない島であることがわかります。

한국의 다케시마 인지

1) 한국에서 예로부터 다케시마를 인식하고 있었다는 근거는 없습니다. 예를 들어, 한국 측은 조선의 고문헌 「삼국사기」(1145년), 「세종실록지리지」(1454년), 「신증동국여지승람」(1531년), 「동국문헌비고」(1770년), 「만기요람」(1808년), 「증보문헌비고」(1908년) 등의 언급을 근거로 '울릉도'와 '우산도' 2개의 섬을 오래전부터 인지하고 있었으며, '우산도'가 바로 현재의 다케시마에 해당하는 것이라고 주장하고 있습니다.

2) 그러나 '삼국사기'를 보면 우산국이었던 울릉도가 512년 신라에 귀속되게 되었음을 알려주는 기술은 있지만, '우산도'에 관한 언급은 없습니다. 또한 조선의 다른 고문헌에 나와 있는 '우산도'에 관한 기술을 보면, 그 섬에는 많은 사람들이 살고 있으며 큰 대나무가 자라고 있다는 점 등, 다케시마의 실제 모습과는 다른 점을 서술하고 있으며, 오히려 울릉도를 상기시키는 내용이라 할 수 있습니다.

3) 또한 한국 측은 「동국문헌비고」, 「증보문헌비고」, 「만기요람」에 인용된 「여지지」(1656년)를 근거로 '우산도는 일본이 말하는 마쓰시마(현 다케시마)다'라고 주장하고 있습니다. 이에 대하여 「여지지」의 본래의 기술에서는 우산도와 울릉도는 동일한 섬이며, 「동국문헌비고」 등의 기술은 「여지지」로부터 직접적으로, 올바른 방법으로 인용한 것이 아니라고 비판하는 연구도 있습니다. 그러한 연구에서는 「동국문헌비고」 등의 기술은 안용복의 신빙성이 낮은 공술을 무비판적으로 받아들인 또 다른 문헌 「강계고(강계지)」(1756년)를 근거로 한 것이라고 지적하고 있습니다.

4) 또한 「신증동국여지승람」에 첨부되어 있는 지도에는 울릉도와

'우산도'를 별개의 2개의 섬으로 언급하고 있습니다. 만일 한국 측이 주장하는 대로 '우산도'가 다케시마를 말하는 것이라면 이 섬은 울릉도의 동쪽에 위치해 있으며 울릉도보다 훨씬 작은 섬이어야 합니다. 하지만 이 지도에 나와 있는 '우산도'는 울릉도와 거의 같은 크기로 나와 있으며 더욱이 한반도와 울릉도 사이(울릉도의 서쪽)에 위치해 있는 점 등으로 보아 실제로 존재하지 않는 섬이라는 것을 알 수 있습니다.

2. 竹島の領有

1) 1618年(注)、鳥取藩伯耆国米子の町人大谷甚吉、村川市兵衛は、同藩主を通じて幕府から鬱陵島(当時の「竹島」)への渡海免許を受けました。これ以降、両家は交替で毎年年1回鬱陵島に渡航し、あわびの採取、あしかの捕獲、竹などの樹木の伐採等に従事しました。(注)1625年との説もあります。

2) 両家は、将軍家の葵の紋を打ち出した船印をたてて鬱陵島で漁猟に従事し、採取したあわびについては将軍家等に献上するのを常としており、いわば同島の独占的経営を幕府公認で行っていました。

3) この間、隠岐から鬱陵島への道筋にある竹島は、航行の目標として、途中の船がかりとして、また、あしかやあわびの漁獲の好地として自然に利用されるようになりました。

4) こうして、我が国は、遅くとも江戸時代初期にあたる17世紀半ばには、竹島の領有権を確立しました。

5) なお、当時、幕府が鬱陵島や竹島を外国領であると認識していたのであれば、鎖国令を発して日本人の海外への渡航を禁止した1635年には、これらの島に対する渡海を禁じていたはずですが、そのような措置はなされませんでした。

2. 다케시마의 영유권

1) 1618년(주) 돗토리번(鳥取藩) 호키국(伯耆国) 요나고(米子)의 주민 오야 진키치(大谷甚吉)와 무라카와 이치베(村川市兵衛)는 돗토리번의 번주(藩主)를 통하여 울릉도(당시의 '다케시마')에 대한 도해면허(渡海免許)를 취득하였습니다. 그 이후 양가는 교대로 일년에 한 번 울릉도로 도항하여 전복 채취, 강취 포획, 대나무 등의 수목 벌채 등에 종사하였습니다. (주) 1625년이라는 설도 있습니다.

2) 양 집안은 쇼군 집안의 접시꽃 문양의 가문을 새긴 깃발을 달고 울릉도에서 어업에 종사하였으며, 채집한 전복을 쇼군 집안 등에 헌상하는 등 막부 공인 하에 울릉도를 독점적으로 경영하였습니다.

3) 이 기간 중에 오키에서 울릉도에 이르는 길에 위치한 다케시마는 항행의 목표지점으로서, 배의 정박장소로서 또한 강치나 전복 잡이의 장소로 자연스럽게 이용되게 되었습니다.

4) 이로 볼 때 일본은 늦어도 에도시대 초기에 해당하는 17세기 중엽에는 다케시마에 대한 영유권을 확립하였다고 할 수 있습니다.

5) 또한 당시 막부가 울릉도나 다케시마를 외국영토로 인식하고 있었다고 한다면 쇄국령을 발하여 일본인의 해외로의 도항을 금지한 1635년에는 이 섬들에 대한 도해 역시 금지하였을 것이지만 그러한 조치는 취해지지 않았습니다.

3. 鬱陵島への渡海禁止

【いわゆる「竹島一件」】

1) 幕府より鬱陵島への渡海を公認された米子の大谷・村川両家は、約70年にわたり、他から妨げられることなく独占的に事業を行っていました。

2) 1692年、村川家が鬱陵島におもむくと、多数の朝鮮人が鬱陵島において漁採に従事しているのに遭遇しました。また、翌年には、今度は大谷家が同じく多数の朝鮮人と遭遇したことから、安龍福(アン・ヨンボク)、朴於屯(パク・オドゥン)の2名を日本に連れ帰ることとしました。なお、この頃の朝鮮王朝は、同国民の鬱陵島への渡航を禁じていました。

3) 状況を承知した幕府の命を受けた対馬藩(江戸時代、対朝鮮外交・貿易の窓口であった。)は、安と朴の両名を朝鮮に送還するとともに、朝鮮に対し、同国漁民の鬱陵島への渡海禁制を要求する交渉を開始しました。しかし、この交渉は、鬱陵島の帰属をめぐって意見が対立し合意を得るにいたりませんでした。

4) 対馬藩より交渉決裂の報告を受けた幕府は、1696年1月、「鬱陵島には我が国の人間が定住しているわけでもなく、同島までの距離から見ても朝鮮領であると判断される。無用の小島をめぐって隣国との好を失うのは得策ではない。鬱陵島を奪ったわけではないので、ただ渡海を禁じればよい」と朝鮮との友好関係を尊重して、日本人の鬱陵島への渡海を禁止することを決定し、これを朝鮮側に伝えるよう対馬藩に命じました。

この鬱陵島の帰属をめぐる交渉の経緯は、一般に「竹島一件」と称されています。

5) その一方で、竹島への渡航は禁止されませんでした。このことからも、当時から、我が国が竹島を自国の領土だと考えていたことは明らかです。

3. 울릉도로 도해를 금지함

소위 '다케시마 잇켄(竹島一件)'

1) 막부로부터 울릉도로의 도해를 공인받은 요나고의 오야와 무라카와 양가는 약 70년에 걸쳐 외부로부터 방해받는 일 없이 독점적으로 사업을 하였습니다.

2) 1692년 무라카와가(家)가 울릉도를 방문하였을 때 다수의 조선인들이 울릉도에서 고기잡이를 하고 있었음을 발견하였습니다. 또한, 다음 해 오야가(家) 역시 많은 수의 조선인을 발견하였으며, 이때 안용복과 박어둔 두 사람을 일본으로 데려가게 되었습니다. 또한, 이 당시에 조선왕조는 자국의 국민들의 울릉도로의 도항을 금지하고 있었습니다.

3) 이러한 상황을 알게 된 막부는 쓰시마번(対馬藩: 에도시대에 조선과의 외교 및 무역의 창구 역할을 하였음)을 통하여 안용복과 박어둔을 조선으로 돌려보낼 것과 조선 어민의 울릉도로의 도해금지를 요구하는 교섭을 개시하도록 명령하였습니다. 그러나 이 교섭은 울릉도의 귀속 문제를 둘러싼 의견의 대립으로 인하여 합의에 도달하지 못하였습니다.

4) 쓰시마번으로부터 교섭결렬의 보고를 받은 막부는 1696년 1월 '울릉도에 일본 사람이 거주하고 있는 것은 아니며, 또한 울릉도까지의 거리로 보아 이 섬은 조선령임으로 판단된다. 쓸모없는 작은 섬을 둘러싸고 이웃 나라 간의 우호를 잃게 되는 것은 득이 되는 정책은 아닐 것이다. 조선이 울릉도를 빼앗아 간 것은 아니므로 단지 도해를 금지하는 것으로 한다'라는 조선과의 우호관계를 존중하여 일본인의

울릉도로의 도해를 금지시키는 결정을 내렸으며, 이를 조선 측에 전달하도록 쓰시마번에게 명령하였습니다.

　이상의 울릉도 귀속을 둘러싼 교섭 경위는 일반적으로 '다케시마 잇켄'이라고 합니다.

　5) 한편 다케시마로의 도항은 금하지 않았습니다. 이 점으로 볼 때도 당시 일본이 다케시마를 자국 영토로 생각하고 있었음은 분명한 사실입니다.

　【安龍福の供述とその疑問点】

　1. 幕府が鬱陵島への渡航を禁じる決定をした後、安龍福は再び我が国に渡来しました。この後、再び朝鮮に送還された安竜福は、鬱陵島への渡航の禁制を犯した者として朝鮮の役人に取り調べを受けますが、この際の安の供述は、現在の韓国による竹島の領有権の主張の根拠の1つとして引用されることになります。

　2. 韓国側の文献によれば、安龍福は、来日した際、鬱陵島及び竹島を朝鮮領とする旨の書契を江戸幕府から得たものの、対馬の藩主がその書契を奪い取ったと供述したとされています。しかし、日本側の文献によれば、安龍福が1693年と1696年に来日した等の記録はありますが、韓国側が主張するような書契を安龍福に与えたという記録はありません。

　3. さらに、韓国側の文献によれば、安龍福は、1696年の来日の際に鬱陵島に多数の日本人がいた旨述べたとされています。しかし、この来日は、幕府が鬱陵島への渡航を禁じる決定をした後のことであり、当時、大谷・村川両家はいずれも同島に渡航していませんでした。

　4. 安龍福に関する韓国側文献の記述は、同人が、国禁を犯して国外に

渡航し、その帰国後に取調を受けた際の供述によったものです。その供述には、上記に限らず事実に見合わないものが数多く見られますが、それらが、韓国側により竹島の領有権の根拠の1つとして引用されてきています。

안용복의 진술과 그에 대한 의문점

1. 막부가 울릉도로의 도항을 금지하는 결정을 내렸을 떠 안용복은 다시 일본을 방문하였습니다. 그 후 다시 조선으로 송환된 안용복은 조선정부로부터 울릉도로의 도항 금지를 어긴 사람으로서 조사를 받았으며, 이 때의 안용복의 진술이 현재 한국의 다케시마 영유권 주장에 대한 근거의 하나로 인용되고 있습니다.

2. 한국 측의 문헌에 의하면 안용복이 도일했을 때 울릉도 및 다케시마를 조선령으로 하는 취지의 내용을 담은 서약을 에도막부로부터 받았으나 쓰시마 번주가 그 서약을 빼앗아갔다고 진술하였다고 알려주고 있습니다. 그러나 일본 측 문헌에 의하면 안용복이 1693년과 1696년에 도일했다는 기록은 있지만, 한국 측이 주장하는 서약을 안용복에게 전달했다는 기록은 없습니다.

3. 또한 한국 측의 문헌에 의하면 안용복은 1696년 일본을 방문했을 때 울릉도에는 다수의 일본인이 있다고 말하였다고 알려줍니다. 그러나 이 일본방문은 막부가 울릉도로의 도항을 금지하는 결정을 내린 후의 일이며, 당시 오야, 무라카와 양가 모두 울릉도로 도항을 하지 않고 있었습니다.

4. 안용복에 관한 한국 측 문헌의 기술은 안용복이 국가의 금지명령을 범하여 국외로 도항한 일로 인하여 귀국 후 조사를 받았을 때

진술한 내용입니다. 진술내용을 보면 상기에 언급한 내용을 비롯하여 사실과 일치하지 않는 점들을 많이 볼 수 있으며, 그러한 내용을 한국은 다케시마의 영유권 주장의 근거의 하나로 인용해오고 있습니다.

4. 竹島の島根県編入

1) 今日の竹島において、あしかの捕獲が本格的に行われるようになったのは、1900年代初期のことでした。しかし、間もなくあしかは過当競争の状態となったことから、島根県隠岐島民の中井養三郎は、その事業の安定を図るため、1904(明治37)年9月、内務・外務・農商務三大臣に対して「りやんこ島」(注: 竹島の洋名「リアンクール島」の俗称)の領土編入及び10年間の貸し下げを願い出ました。

2) 中井の出願を受けた政府は、島根県の意見を聴取の上、竹島を隠岐島庁の所管として差し支えないこと、「竹島」の名称が適当であることを確認しました。これをもって、1905(明治38)年1月、閣議決定によって同島を「隠岐島司ノ所管」と定めるとともに、「竹島」と命名し、この旨を内務大臣から島根県知事に伝えました。この閣議決定により、我が国は竹島を領有する意思を再確認しました。

3) 島根県知事は、この閣議決定及び内務大臣の訓令に基づき、1905(明治38)年2月、竹島が「竹島」と命名され隠岐島司の所管となった旨を告示するとともに、隠岐島庁に対してもこれを伝えました。なお、これらは当時の新聞にも掲載され広く一般に伝えられました。

4) また、島根県知事は、竹島が「島根県所属隠岐島司ノ所管」と定められたことを受け、竹島を官有地台帳に登録するとともに、あしかの捕獲を許可制としました。あしかの捕獲は、その後、1941(昭和16)年まで続けられました。

5) なお、朝鮮では、1900年の「大韓帝国勅令41号」により、鬱陵島を鬱島と改称するとともに島監を郡守とする旨公布した記録があるとされてい

ます。そして、この勅令の中で、鬱陵郡が管轄する地域を「鬱陵全島と竹島、石島」と規定しており、この「竹島」は鬱陵島の近傍にある「竹嶼」という小島であるものの、「石島」はまさに現在の「独島」を指すと指摘する研究者もいます。その理由は、韓国の方言で「トル(石)」は「トク」とも発音され、これを発音どおりに漢字に直せば「独島(トクド)」につながるためというものです。

6) しかし、「石島」が今日の竹島(「独島」)であるならば、なぜ勅令で「独島」が使われなかったのか、また、韓国側が竹島の旧名称であると主張する「于山島」等の名称が使われなかったのかという疑問が生じます。

いずれにせよ、仮にこの疑問が解消された場合であっても、同勅令の公布前後に、朝鮮が竹島を実効的に支配してきたという事実はなく、韓国による竹島の領有権は確立していなかったと考えられます。

4. 다케시마의 시마네현 편입

1) 오늘날 다케시마에서 본격적으로 강치 포획을 하게 된 것은 1900년대 초입니다. 그러나 그로부터 얼마 후 강치 포획은 과도경쟁 상태가 되었으며, 시마네현 오키 섬 주민인 나카이 요자부로(中井養三郞)는 사업의 안정을 圖하기 위하여, 1904(메이지 37)년 9월 내무, 외무, 농상무 3대 대신에기 '티얀코 섬'(주: 다케시마의 서양 명칭 '리앙코르 섬'의 속칭)의 영트 편입과 10년간 대여를 청원하였습니다.

2) 나카이의 청원을 받은 막부는 시마네현의 의견을 청취한 후, 다케시마를 오키 도청(島庁)의 소관으로 해도 좋다는 것과 '다케시마'의 명칭이 적당하다는 것을 확인했습니다. 이를 근거로 1905(메이지 38)년 1월 각료회의의 결정을 거쳐 다케시마를 '오키 도사(島司)의 소관'으로 결정함과 동시에 이 섬을 '다케시마'로 명명하였으며, 이러한 취지의 내용을 내무대신이 시마네현 지사에게 전달하였습니다. 이 각료회의의 결정에 따라 일본은 다케시마의 영유권에 대한 의사를 재확인하였습니다.

3) 시마네현 지사는 이 각료회의의 결정 및 내무대신의 훈령에 근거하여 1905(메이지 38)년 2월 다케시마가 '다케시마'로 명명되었고 오키 도사의 소관이 되었다는 취지의 내용을 고지하였으며 오키 도청에도 이 내용을 전달하였습니다. 또한 당시 신문에도 이 내용을 기재하여 널리 일반시민에게도 알려 지게 되었습니다.

4) 또한 시마네현 지사는 다케시마가 '시마네현 소속 오키 도사의 소관'임이 결정되었음을 근거로 다케시마를 관유지대장(官有地台帳)에 등록하였으며, 강치 포획을 허가제로 하였습니다. 강치 포획은 그

후 1941(쇼와 16)년까지 계속되었습니다.

5) 또한 조선에서는 1900년 '대한제국칙령 41호'에 따라 울릉도를 울도로 개칭하였으며 동시에, 군수가 섬을 감시하도록 공포하였다는 기록이 있습니다. 그리고 이 칙령에 따르면 울릉군이 관할하는 지역을 '울릉 전도(全島)와 죽도(竹島), 석도(石島)'로 규정하고 있으며, 여기서 말하는 '죽도'는 울릉도의 근방에 있는 '죽서(竹嶼)'라는 작은 섬이고, '석도'는 지금의 '독도'를 가리킨다고 주장하는 연구자도 있습니다. 그 이유로는 한국의 방언 중 '돌'은 '독'으로도 발음되어 이 발음대로 한자를 고치면 '독도'가 되기 때문이라는 것입니다.

6) 그러나 '석도'가 오늘날의 다케시마('독도')를 가리킨다면, 칙령에는 왜 '독도'라는 명칭이 사용되지 않은 것인가, 또한 한국 측이 다케시마의 구 명칭이라고 주장하는 '우산도' 등의 명칭은 왜 사용되지 않은 것인가 등 의문이 생깁니다.

어찌되었든 설령 이 의문이 해결된다고 하더라도, 동 칙령의 공포 전후에 조선이 다케시마를 실효적으로 지배하였다는 사실은 없으며, 한국의 다케시마 영유권은 확립되지 않은 것으로 여겨집니다.

5. 第二次大戦直後の竹島

1) 連合国は占領下の日本に対し、政治上または行政上の権力の行使を停止すべき地域、また、漁業及び捕鯨を行ってはならない地域を指令し、この中に竹島を含めました。しかし、これらの連合国による規定には、いずれもこれは領土帰属の最終的決定に関する連合国側の政策を示すものと解釈してはならない旨が明記されています。

2) 関連の連合国総司令部覚書(SCAPIN)の内容は以下のとおりです。

(1) SCAPIN第677号

(イ)1946(昭和21)年1月、連合国はSCAPIN第677号をもって、一部の地域に対し、日本国政府が政治上または行政上の権力を行使すること及び行使しようと企てることを暫定的に停止するよう指令しました。

(ロ)その第3項には、「この指令において、日本とは、日本四大島(北海道、本州、九州及び四国)及び約一千の隣接諸小島を含むものと規定される。右隣接諸小島は、対馬及び北緯30度以北の琉球(南西)諸島(ロノ島を除く)を含み、また次の諸島を含まない」とし、日本が政治上・行政上の権力を行使しうる地域に「含まない」地域として鬱陵島や済州島、あるいは伊豆、小笠原群島等に並び竹島も列挙しました。

(ハ)しかし、同第6項には、「この指令中のいかなる規定も、ポツダム宣言の第8項に述べられている諸小島の最終的決定に関する連合国の政策を示すものと解釈されてはならない」(ポツダム宣言第8項:「日本国ノ主権ハ本州、北海道、九州及四国並ニ吾等ノ決定スル諸小島ニ局限セラルベシ」)と明記されています。

(2) SCAPIN第1033号

(イ)1946(昭和21)年6月、連合国は、いわゆる「マッカーサー・ライン」を規定するSCAPIN第1033号をもって、日本の漁業及び捕鯨許可区域を定めました。

(ロ)その第3項には、「日本船舶又はその乗組員は竹島から12マイル以内に近づいてはならず、またこの島との一切の接触は許されない。』と記されました。

(ハ)しかし、同第5項には、「この許可は、当該区域又はその他のいかなる区域に関しても、国家統治権、国境線又は漁業権についての最終的決定に関する連合国の政策の表明ではない。」と明記されています。

3)「マッカーサー・ライン」は、1952(昭和27)年4月に廃止が指令され、またその3日後の4月28日には平和条約の発効により、行政権停止の指令等も必然的に効力を失うこととなりました。

韓国側は、上記SCAPINをもって、連合国は竹島を日本の領土と認めていなかったとし、韓国による竹島の領有権の根拠の1つとしています。しかし、いずれのSCAPINにおいても領土帰属の最終的決定に関する連合国側の政策を示すものと解釈してはならないことが明示されており、そのような指摘が全く当たらないことは明らかです。

なお、我が国の領土を確定したのは、その後に発効したサンフランシスコ平和条約です。このことからも、同条約が発効する以前の竹島の扱いにより、竹島の帰属の問題が影響を受けるということがないことは明らかです。

5. 제2차 세계 대전 직후의 다-케시마

1) 일본이 연합국의 점령하에 있던 때 연합국은 일본에 대하여 정치 및 행정상의 권력 행사를 중지해야 하는 지역과 어업과 포경을 금지하는 지역을 지정하였으며 그 중에는 다케시마도 포함되어 있습니다. 그러나 이러한 연합국의 규정에는 영토귀속의 최종적 결정에 관한 연합국 측의 정책을 의미하는 것으로 해석되어서는 안 된다는 취지가 모두 명기되어 있습니다.

2) 이와 관련된 연합국 총사령부 각서(SCAPIN) 내용은 다음과 같습니다.

   (1) SCAPIN 제677호

   (가) 1946(쇼와 21)년 1월 연합국은 SCAPIN 제677호에 따라 일부 지역에 대해 일본정부가 정치상 또는 행정상의 권력의 행사 및 행사를 꾀하는 일을 잠정적으로 정지하도록 지령하였습니다.

   (나) 제3항에는 '본 지령어 있어 일본은 일본의 4대섬(홋카이도, 혼슈, 규슈, 시코쿠) 및 약 천 거에 근접하는 작은 섬을 포함하는 것으로 규정한다. 오른쪽으로 인접한 작은 섬으로는 쓰시마 및 북위 30도 이북의 류큐(남서)제도를 포함하며, 또한 다음의 제도는 포함하지 않는다'로 되어 있는데, 일본이 정치 및 행정상의 권력을 행사할 수 있는 지역에 '포함되지 않는' 지역으로는 울릉도, 제주도, 이즈, 오가사와라 군도 등과 더불어 다케시마도 열거되었습니다.

   (다) 그러나 제6항에는 '이 지령에 포함된 어떤 규정도 보츠담 선언 제8항에 언급된 최종적 결정에 관한 연합국의 정책을 나타내는 것으로 해석되어서는 안 된다'(보츠담선언 제8항: '일본의 주권은 혼슈, 홋카이도, 규슈 및 시코쿠 및 우리가 결정하는 작은 섬들에 국한되는 것으로 정한다')라고 명확히 기술되어 있습니다.

(2) SCAPIN 제1033호

(가) 1946(쇼와 21)년 6월 연합국은 소위 '맥아더 라인'을 규정하는 SCAPIN 제1033호에 따라 일본의 어업 및 포경허가구역을 결정하였습니다.

(나) 제3항에는 '일본선박 또는 그 승조원은 다케시마로부터 12마일 이내로는 접근해서는 안 되며, 또한 이 섬과의 어떠한 접촉도 허용되지 않는다'고 기록되어 있습니다.

(다) 그러나 제5항에는 '이 허가는 해당 구역 또는 기타 어떤 구역에 관해서도 국가통치권, 국경선 및 어업권에 관한 최종적 결정에 관한 연합국의 정책 표명은 아니다'고도 명기되어 있습니다.

3) '맥아더 라인'은 1952(쇼와 27)년 4월에 지령에 의해 폐지되었으며, 그로부터 3일 후인 4월 28일에는 평화조약이 발효됨에 따라 기존의 행정권 정지의 지령 등도 필연적으로 효력을 상실하게 되었습니다.

한국 측은 SCAPIN에 의거하여 연합국은 다케시마를 일본의 영토로 인정하지 않았다고 주장하며, 이를 다케시마 영유권이 한국에 있음을 주장하는 하나의 근거로 내세우고 있습니다. 그러나 모든 SCAPIN에는 영토귀속의 최종적 결정에 관한 연합국 측의 정책을 나타내는 것으로 해석해서는 안 된다는 점이 명기되어 있으며, 따라서 그러한 지적은 전혀 타당하지 않다고 할 수 있습니다.

또한, 일본의 영토는 그 후 발효된 샌프란시스코 평화조약에 의해 확정되었습니다. 이를 볼 때도 동 조약이 발효되기 이전에 다케시마를 어떻게 다루었는가가 그 이후의 다케시마 귀속 문제에 영향을 주지 않는다는 점은 명확합니다.

6. サンフランシスコ平和条約における竹島の扱い

1) 1951(昭和26)年9月に署名されたサンフランシスコ平和条約は、日本による朝鮮の独立承認を規定するとともに、日本が放棄すべき地域として「済州島、巨文島及び鬱陵島を含む朝鮮」と規定しました。

2) この部分に関する米英両国による草案内容を承知した韓国は、同年7月、梁(ヤン)駐米韓国大使からアチソン米国務長官宛の書簡を提出しました。その内容は、「我が政府は、第2条a項の『放棄する』という語を『(日本国が)朝鮮並びに済州島、巨文島、鬱陵島、独島及びパラン島を含む日本による朝鮮の併合前に朝鮮の一部であった島々に対するすべての権利、権原及び請求権を1945年8月9日に放棄したことを確認する。』に置き換えることを要望する。』というものでした。

3) この韓国側の意見書に対し、米国は、同年8月、ラスク極東担当国務次官補から梁大使への書簡をもって以下のとおり回答し、韓国側の主張を明確に否定しました。

「……合衆国政府は、1945年8月9日の日本によるポツダム宣言受諾が同宣言で取り扱われた地域に対する日本の正式ないし最終的な主権放棄を構成するという理論を(サンフランシスコ平和)条約がとるべきだとは思わない。ドク島、または竹島ないしリアンクール岩として知られる島に関しては、この通常無人である岩島は、我々の情報によれば朝鮮の一部として取り扱われたことが決してなく、1905年頃から日本の島根県隠岐島支庁の管轄下にある。この島は、かつて朝鮮によって領有権の主張がなされたとは見られない。……」

これらのやり取りを踏まえれば、竹島は我が国の領土であるということ

が肯定されていることは明らかです。

　4) また、ヴァン・フリート大使の帰国報告にも、竹島は日本の領土であり、サンフランシスコ平和条約で放棄した島々には含まれていないというのが米国の結論であると記されています。

6. 샌프란시스코 평화조약에서의 다케시마 문제

1) 1951(쇼와 26)년 9월 서명된 샌프란시스코 평화조약은 조선의 독립에 관한 일본의 승인을 규정함과 동시에 일본이 포기해야 하는 지역으로 '제주도, 거문도 및 울릉도를 포함한 조선'이라고 규정하였습니다.

2) 이 부분에 관한 영미 양국의 초안내용을 알게 된 한국은 같은 해 7월 양 주미한국대사가 애치슨 미 국무장관에게 서신을 제출하였습니다. 그 내용은 "우리 정부는 제2조 a항의 '포기하다'에 해당하는 말을 '일본이 조선 및 제주도, 거문도, 울릉도, 독도 및 파랑도를 포함하는 일본이 조선을 병합하기 전에 조선의 일부였던 섬들에 대한 모든 권리, 권한 및 청구권을 1945년 8월 9일 포기한 것을 확인한다'로 변경해 줄 것을 요망한다"는 것이었습니다.

3) 이러한 한국 측의 의견서에 대하여 미국은 같은 해 8월 러스크 극동담당 국무차관보를 통해 양 대사의 서신에 대해 다음과 같은 회신을 보내어 한국 측의 주장을 명확히 부정하였습니다.

"……미합중국 정부는 1945년 8월 9일의 일본이 보츠담선언을 수락한 사실이 그 선언에서 언급한 지역에 대한 일본의 정식 또는 최종적인 주권 포기를 구성하는 것이라는 이론을 (샌프란시스코 평화)조약이 반영해야 한다고는 생각하지 않는다. 독도 또는 다케시마 혹은 리앙코르 바위로 알려진 섬에 관해서 말하자면, 통상 사람이 살지 않는 이 바위섬은 우리가 아는 바에 의하면 조선의 일부로 취급된 적이 결코 없었으며, 1905년경부터 일본의 시마네현 오키섬 지청의 관리하에 있다. 이 섬은 예부터 조선이 영유권을 주장해왔다고 볼 수 없다. ……'

이상의 문서교환으로부터도 알 수 있듯이, 다케시마가 일본의 영토임이 인정되어 왔음은 명백한 사실입니다.

4) 또한 밴플리트 대사의 귀국보고에서도 다케시마는 일본영토이며, 샌프란시스코 평화조약에 따라 포기한 섬들에는 포함되지 않는다는 것이 미국 측의 결론임이 기록되어 있습니다.

7. 米軍爆撃訓練区域としての竹島

　1)　我が国がいまだ占領下にあった1951(昭和26)年7月、連合国総司令部は、連合国総司令部覚書(SCAPIN)第2160号をもって、竹島を米軍の海上爆撃訓練区域として指定しました。

　2)　サンフランシスコ平和条約発効直後の1952(昭和27)年7月、米軍が引き続き竹島を訓練区域として使用することを希望したことを受け、日米行政協定(注:　旧日米安保条約に基づく取極。現在の「日米地位協定」に引き継がれる。)に基づき、同協定の実施に関する日米間の協議機関として設立された合同委員会は、在日米軍の使用する爆撃訓練区域の1つとして竹島を指定するとともに、外務省はその旨を告示しました。

　3)　しかし、竹島周辺海域におけるあしかの捕獲、あわびやわかめの採取を望む地元からの強い要請があること、また、米軍も同年冬から竹島の爆撃訓練区域としての使用を中止していたことから、1953(昭和28)年3月の合同委員会において、同島を爆撃訓練区域から削除することが決定されました。

　4)　日米行政協定によれば、合同委員会は「日本国内の施設又は区域を決定する協議機関として任務を行う」とされていました。したがって、竹島が合同委員会で協議され、かつ、在日米軍の使用する区域としての決定を受けたということは、とりも直さず竹島が日本の領土であることを示しています。

7. 미군폭격훈련구역으로서의 다케시마

1) 일본이 아직 연합국의 점령하에 있을 때인 1951(쇼와 26)년 7월 연합국 총사령부는 연합국 총사령부 각서(SCAPIN) 제2160호에 따라 다케시마를 미군의 해상폭격훈련구역으로 지정하였습니다.

2) 샌프란시스코 평화조약 발효 직후인 1952(쇼와 27)년 7월 미군이 계속하여 다케시마를 훈련구역으로 사용하기를 희망하자 일미 행정 협정(주: 구 일미안보조약에 근거한 것으로 현재의 '일미지위협정'으로 이어짐)에 근거하여 동 협정의 실시에 관한 일미간의 협의기관으로 설립된 합동위원회는 재일미군이 사용하는 폭격훈련구역의 하나로 다케시마를 지정함과 동시에 외무성에 그 취지를 알렸습니다.

3) 그러나 다케시마 주변 해역의 강치 포획 및 전복과 미역 채취를 원하는 지역 주민들의 강한 요청이 있었으며, 미군 역시 같은 해 겨울 다케시마를 폭격훈련구역으로 사용하기를 중지하였기 때문에, 1953(쇼와 28)년 3월 합동위원회는 이 섬을 폭격훈련구역으로부터 해제할 것을 결정하였습니다.

4) 일미행정협정에 따르면 합동위원회는 '일본 국내 시설 및 구역을 결정하는 협의기관으로서의 임무를 수행'하는 것으로 되어 있습니다. 따라서 다케시마가 합동위원회에서 협의된 후 재일미군이 사용하는 구역으로 결정되었다는 사실은 다시 말하자면 다케시마가 일본 영토임을 보여주는 사실이라고도 할 수 있습니다.

8. 「李承晩ライン」の設定と韓国による竹島の不法占拠

1) 1952(昭和27)年1月、李承晩韓国大統領は「海洋主権宣言」を行って、いわゆる「李承晩ライン」を国際法に反して一方的に設定し、同ラインの内側の広大な水域への漁業管轄権を一方的に主張するとともに、そのライン内に竹島を取り込みました。

2) 1953(昭和28)年3月、日米合同委員会で竹島の在日米軍の爆撃訓練区域からの解除が決定されました。これにより、竹島での漁業が再び行われることとなりましたが、韓国人も竹島やその周辺で漁業に従事していることが確認されました。同年7月には、不法漁業に従事している韓国漁民に対し竹島から撤去するよう要求した海上保安庁巡視船が、韓国漁民を援護していた韓国官憲によって銃撃されるという事件も発生しました。

3) 翌1954(昭和29)年6月、韓国内務部は韓国沿岸警備隊の駐留部隊を竹島に派遣したことを発表しました。同年8月には、竹島周辺を航行中の海上保安庁巡視船が同島から銃撃され、これにより韓国の警備隊が竹島に駐留していることが確認されました。

4) 韓国側は、現在も引き続き警備隊員を常駐させるとともに、宿舎や監視所、灯台、接岸施設等を構築しています。

5) 「李承晩ライン」の設定は、公海上における違法な線引きであるとともに、韓国による竹島の占拠は、国際法上何ら根拠がないまま行われている不法占拠です。韓国がこのような不法占拠に基づいて竹島に対して行ういかなる措置も法的な正当性を有するものではありません。このような行為は、竹島の領有権をめぐる我が国の立場に照らして決して容認で

きるものではなく、竹島をめぐり韓国側が何らかの措置等を行うたびに
厳重な抗議を重ねるとともに、その撤回を求めてきています。

8. 「이승만 라인」의 설정과 한국의 다케시마 불법점거

1) 1952(쇼와 27)년 1월 이승만 한국대통령은 '해양주권선언'을 발표하였는데, 이는 국제법에 반하는 소위 '이승만 라인'을 일방적으로 설정하고, 이 라인의 안쪽에 있는 광대한 구역에 대한 어업관할권을 일방적으로 주장함과 동시에 그 라인 내에 다케시마를 포함시켰습니다.

2) 1953(쇼와 28)년 3월 일미합동위원회에서 다케시마를 재일미군의 폭격훈련구역으로부터 해제할 것을 결정하였습니다. 이로 인해 다케시마에서의 어업이 다시 시행되게 되었습니다만, 한국인도 다케시마와 그 주변에서 어업에 종사하고 있다는 것이 확인되었습니다. 같은 해 7월에는 일본의 해상보안청 순시선이 불법어업에 종사하는 한국 어민에 대하여 다케시마에서 철거할 것을 요구하자, 한국 어민을 보호하고 있던 한국관헌에 의하여 총격을 받는 사건이 발생하였습니다.

3) 다음 해인 1954(쇼와 29)년 6월 한국 내무부는 한국 연안경비대의 주둔부대를 다케시마로 파견하였음을 발표하였습니다. 같은 해 8월에는 다케시마 주변을 항해 중인 해상보안청 순시선이 다케시마로부터 총격을 받았으며, 이 사건으로 인해 한국의 경비대가 다케시마에 주둔하고 있음이 확인되었습니다.

4) 한국 측은 지금도 계속하여 경비대원을 상주시킴과 동시에 숙사 및 감시소, 등대, 접안시설 등을 구축하고 있습니다.

5) '이승만 라인'의 설정은 공해(公海)에 대한 위법적인 경계 설정이며, 한국의 다케시마 점거는 국제법상 아무런 근거가 없이 행해지고 있는 불법점거입니다. 한국이 이러한 불법점거에 근거하여 다케시마에서 행하는 모든 조처는 법적 정당성을 가지는 것으로 볼수 없습

니다. 이러한 행위는 다케시마의 영유권을 둘러싼 일본의 입장에 비추어 보더라도 결코 용인될 수 없는 것이며, 다케시마에 대하여 한국 측이 취하는 모든 조처 등은 행해질 때마다 엄중한 항의를 하고 있으며 행위를 철회할 것을 요구하고 있습니다.

9. 国際司法裁判所への提訴の提案

1) 我が国は、韓国による「李承晩ライン」の設定以降、韓国側が行う竹島の領有権の主張、漁業従事、巡視船に対する射撃、構築物の設置等につき、累次にわたり抗議を積み重ねました。そして、この問題の平和的手段による解決を図るべく、1954(昭和29)年9月、口上書をもって竹島の領有権問題を国際司法裁判所に付託することを韓国側に提案しましたが、同年10月、韓国はこの提案を拒否しました。また、1962(昭和37)年3月の日韓外相会談の際にも、小坂善太郎外務大臣より崔徳新韓国外務部長官に対し、本件問題を国際司法裁判所に付託することを提案しましたが、韓国はこれを受け入れず、現在に至っています。

2) 国際司法裁判所は、紛争の両当事者が同裁判所において解決を求めるという合意があって初めて動き出すという仕組みになっています。したがって、仮に我が国が一方的に提訴を行ったとしても、韓国側がこれに応ずる義務はなく、韓国が自主的に応じない限り国際司法裁判所の管轄権は設定されないこととなります。

3) 1954年に韓国を訪問したヴァン・フリート大使の帰国報告(1986年公開)には、米国は、竹島は日本領であると考えているが、本件を国際司法裁判所に付託するのが適当であるとの立場であり、この提案を韓国に非公式に行ったが、韓国は、「独島」は鬱陵島の一部であると反論したとの趣旨が記されています。

9. 국제사법재판소에 제소 제안

1) 한국의 '이승만 라인' 설정 이후 한국 측이 행해온 다케시마의 영유권 주장, 어업종사, 순시선에 대한 사격, 구축물 설치 등에 대하여 일본은 누차 항의를 반복해 왔습니다. 그리고 이 문제를 평화적 수단으로 해결하기 위하여 1954(쇼와 29)년 9월 구상서를 통하여 다케시마 영유권 문제를 국제사법재판소에 회부할 것을 한국측에 제안하였습니다만, 같은 해 10월 한국은 이 제안을 거부하였습니다. 또한, 1962(쇼와 37)년 3월 일한외상회담에서도 고사카 젠타로(小坂善太郎) 외무대신이 최덕신 한국외무부장관에게 본 문제를 국제사법재판소에 회부할 것을 제안하였습니다만, 한국은 이를 받아들이지 않았으며 그 상태로 현재에 이르렀습니다.

2) 국제사법재판소는 분쟁의 양 당사자가 재판소에 해결을 요청한다는 점에서 합의하였을 때 최초로 성립하는 것으로 되어 있습니다. 따라서, 만일 일본이 일방적으로 제소를 한다하더라도 한국 측이 이에 응할 의무는 없으며, 한국이 자주적으로 응하지 않는 한 국제사법재판소의 관할권이 설정되는 일은 없습니다.

3) 1954년 한국을 방문한 밴플리트 대사의 귀국보고(1986년 공개)를 보면, 미국은 다케시마가 일본령이라 생각하고 있으나 본건을 국제사법재판소에 의뢰하는 것이 적절하다는 입장을 취하고 있습니다. 이러한 제안을 한국 측에 비공식적으로 하였으나, 한국은 '독도'는 울릉도의 일부라고 반론하였다는 취지의 내용이 기록되어 있습니다.

Ⅱ. 다케시마 문제를 이해하기 위한 10의 포인트
(일본 외무성 홈페이지, 2010년 11월)

現在の竹島は、我が国ではかつて「松島」と呼ばれ、逆に欝陵島が「竹島」や「磯竹島」と呼ばれていました。竹島や欝陵島の名称については、ヨーロッパの探検家等による欝陵島の側位の誤りにより一時的な混乱があったものの、我が国が「竹島」と「松島」の存在を古くから承知していたことは各種の地図や文献からも確認できます。例えば、経緯図を投影した刊行日本図として最も代表的な長久保赤水の「改正日本輿地路程全図」(1779年初版)のほか、欝陵島と竹島を朝鮮半島と隠岐諸島との間に的確に記載している地図は多数存在します。

오늘날의 다케시마는 일본에서 일찍이 '마쓰시마'로, 반대로 울릉도가 '다케시마'나 '이소타케시마'로 불렸습니다. 다케시마와 울릉도의 명칭에 대해서는 유럽의 탐험가 등에 의한 울릉도 측위의 잘못으로 일시적인 혼란이 있었으나, 일본이 '다케시마'와 '마쓰시마'의 존재를 옛날부터 인지하고 있었던 것은 각종 지도와 문헌으로도 확인할 수 있습니다. 예를 들어, 경위선을 투영한 간행 일본지도로서 가장 대표적인 나가쿠보 세키스이(長久保赤水)의 개정일본여지노정전도(改正日本輿地路程全図)(1779년 초판) 외에도, 울릉도와 다케시마를 한반도와 오키제도 사이에 정확하게 기재하고 있는 지도는 다수 존재합니다.

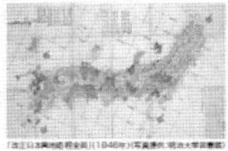

(1) 韓国が古くから竹島を認識していたという根拠はありません。例え
ば韓国側は、朝鮮の古文献 『三国史記』(1145年)、『世宗実録地理誌』
(1454年)や 『新増東国輿地勝覧』(1531年)、『東国文献備考』(1770年)、『
万機要覧』(1808年)、『増補文献備考』(1908年)などの記録をもとに、「鬱
陵島」と「于山島」という二つの島を古くから認知していたのであり、その「
于山島」こそ、現在の竹島であると主張しています。

(1) 한국이 옛날부터 다케시마를 인식하고 있었다는 근거는 없습니
다. 예를 들어, 한국은 고문헌 '삼국사기'(1145년), '세종실록지리지'
(1454년), '신증동국여지승람'(1531년), '동국문헌비고'(1770년), '만기

요람'(1808년), '증보문헌비고'(1908년) 등의 기술을 근거로 '울릉도'와 '우산도'라는 2개의 섬을 예로부터 인지하고 있었으며, 그 '우산도'가 바로 오늘날의 다케시마라고 주장하고 있습니다.

(2)　しかし、『三国史記』には、「于山国」であった鬱陵島が512年に新羅に帰属したとの記述はありますが、「于山島」に関する記述はありません。また、朝鮮の他の古文献中にある「于山島」の記述には、その島には多数の人々が住み、大きな竹を産する等、竹島の実状に見合わないものがあり、むしろ、鬱陵島を想起させるものとなっています。

(2) 그러나 '삼국사기'에는 우산국이었던 울릉도가 512년에 신라에 귀속했다는 기술은 있습니다만, '우산도'에 관한 기술은 없습니다. 또한 조선의 다른 고문헌 중에 나오는 '우산도'의 기술을 보면 그 섬에는 다수의 사람들이 살고 큰 대나무를 생산한다는 등 다케시마의 실상과 맞지 않는 바가 있으며, 오히려 울릉도를 상기시키는 내용으로 되어 있습니다.

(3)　また、韓国側は、『東国文献備考』、『増補文献備考』、『万機要覧』に引用された『輿地誌』(1656年)を根拠に、「于山島は日本のいう松島(現在の竹島)である」と主張しています。これに対し、「輿地誌」の本来の記述は、于山島と鬱陵島は同一の島としており、『東国文献備考』等の記述は『輿地誌』から直接、正しく引用されたものではないと批判する研究もあります。その研究は、『東国文献備考』等の記述は安龍福の信憑性の低い供述(5.参照)を無批判に取り入れた別の文献(『彊界孝』(『彊界誌』)、1756年)を底本にしていると指摘しています。

(3) 또한 한국 측은 '동국문헌비고', '만기요람'에 인용된 '여지지'(1656년)를 근거로 '우산도'는 일본이 말하는 '마쓰시마(현재 다케시마)'라고 주장하고 있습니다. 이에 대해 '여지지'의 원래 기술은 우산도와 울릉도는 동일 섬이라고 하고 있으며 '동국문헌비고' 등의 기술은 '여지지'에서 직접 정확하게 인용된 것이 아니라고 비판하는 연구도 있습니다. 이 연구에서는 '동국문헌비고' 등의 기술은 안용복의 신빙성이 낮은 진술(5. 참조)을 아무런 비판 없이 인용한 다른 문헌('강계고(彊界考)'('강계지(彊界誌)'), 1756년)을 원본으로 삼고 있다고 지적하고 있습니다.

(4) なお、『新増東国輿地勝覧』に添付された地図には、鬱陵島と『于山島』が別個の２つの島として記述されています。もし、韓国側が主張するように「于山島」が竹島を示すのであれば、この島は、鬱陵島の東南に、鬱陵島よりもはるかに小さな島として描かれるはずである。しかし、この地図における「于山島」は、鬱陵島とほぼ同じ大きさで描かれ、さらには朝鮮半島と鬱陵島の間(鬱陵島の西側)に位置している等、全く実存しない島であることがわかります。

(4) 한편 '신증동국여지승람'에 첨부된 지도에는 울릉도와 '우산도'가 별개의 2섬으로 기술되어 있습니다. 만약 한국 측의 주장처럼 '우산도'가 다케시마를 가리키는 것이라면, 이 섬은 울릉도 동쪽의, 울릉도보다 훨씬 작은 섬으로 그려질 것입니다. 그러나 이 지도의 '우산도'는 울릉도와 거의 같은 크기로 그려졌으며 한반도와 울릉도 사이(울릉도의 서쪽)에 위치하는 등 전혀 실재하지 않는 섬이라는 것을 알 수 있습니다.

日本は、鬱陵島に渡る船がかり及び漁採地として竹島を利用し、遅く
とも１７世紀半ばには、竹島の領有権を確立しました。
일본은 울릉도로 건너갈 때의 정박장으로 또한 어채지로 다케시마를 이용
하여, 늦어도 17세기 중엽에는 다케시마의 영유권을 확립했습니다.

(1) 1618年(注)、鳥取藩伯耆国米子の町人大谷甚吉、村川市兵衛は、
同藩主を通じて幕府から鬱陵島(当時の「竹島」)への渡海免許を受けまし
た。これ以降、両家は交替で毎年年一回鬱陵島に渡航して、あわびの採
取、あしかの捕獲、竹などの樹木の伐採等に従事しました。

(注) 1625年との説もあります。

(1) 1618년(주) 돗토리번 호우키노쿠니 요나고(鳥取県伯耆国米子)의
주민인 오야 진키치(大谷甚吉), 무라카와 이치베(村川市兵衛)는 돗토
리번주(鳥取藩主)를 통해 막부로부터 울릉도(당시의 '다케시마') 도해
(渡海) 면허를 받았습니다. 그 이후 양가는 교대로 매년 한 번 울릉도
에 도항해 전복 채취, 강치 포획, 대나무 등의 삼림 벌채에 종사했습
니다. (*주: 1625년이라는 설도 있습니다.)

(2) 両家は、将軍家の葵の紋を打ち出した船印をたてて鬱陵島で漁獲
に従事し、採取したあわびについては将軍家等に献上するのを常として
おり、いわば同島の独占的経営を幕府公認で行っていました。

(2) 양가는 장군가의 접시꽃 문양을 새긴 선인(船印)을 내세워 울릉
도에서 어업에 종사하고, 채취한 전복은 장군가에 헌상하는 것을 일상
화하는 등 이른바 이 섬의 독점적 경영을 막부 공인하에 행했습니다.

(3) この間、隠岐から鬱陵島への道筋にある竹島は、航行の目標として、

途中の船がかりとして、また、あしかやあわびの漁獲の好地として自然に利用されるようになりました。

(3) 그동안 오키에서 울릉도로 가는 길목에 해당하는 다케시마는 항행의 목표나 도중의 정박장으로서, 또 강치나 전복포획의 좋은 어장으로서 자연스럽게 이용도기에 이르렀습니다.

(4) こうして、我が国は、遅くとも江戸時代初期にあたる17世紀半ばには、竹島の領有権を確立していたと考えられます。

(4) 이와 같이 일본은 늦어도 에도시대 초기인 17세기 중엽에는 다케시마의 영유권을 확립했었다고 생각됩니다.

(5) なお、当時、幕府が鬱陵島や竹島を外国領であると認識していたのであれば、鎖国令を発して日本人の海外への渡航を禁止した1635年には、これらの島に対する渡航を禁じていたはずですが、そのような措置はなされませんでした。

(5) 가령 당시 막부가 울릉도나 다케시마를 외국영토로 인식하고 있었다면, 쇄국령을 발해 일본인의 해외 도항을 금지한 1635년에는 이들 섬에 대한 도항을 금지했을 것이지만, 그런 조치는 취하지 않았습니다.

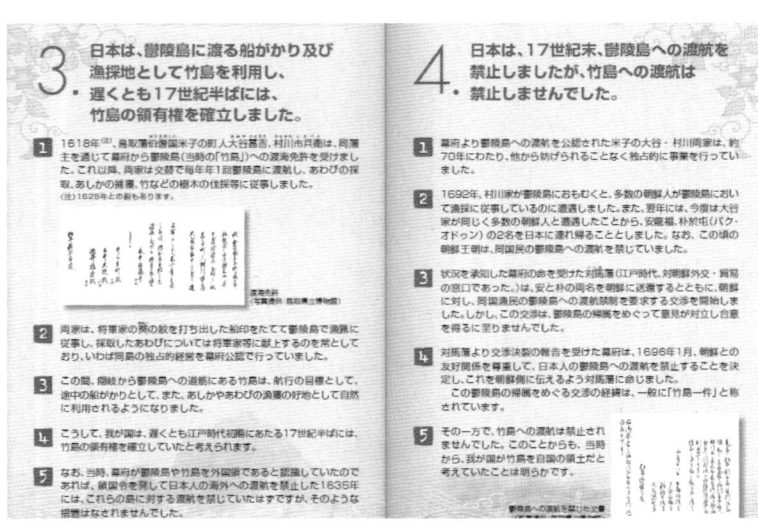

(1)　幕府より鬱陵島への渡航を公認された米子の大谷・村川両家は、約70年にわたり、他から妨げることなく独占的に事業を行っていました。

(1)　막부로부터 울릉도 도항을 공인받은 요나고의 오야, 무라카와 양가는, 약 70년에 걸쳐 아무런 방해 없이 독점적으로 사업을 행했습니다.

(2)　1692年、村川家が鬱陵島におもむくと、多数の朝鮮人が鬱陵島において漁採に従事しているのに遭遇しました。また、翌年には、今度は

大谷家が同じく多数の朝鮮人と遭遇したことから、安龍福、朴於屯(バク・オトゥン)の2名を日本に連れ帰ることとしました。なお、この頃の朝鮮王朝は、同国民の鬱陵島への渡航を禁じていました。

 (2) 1692년 울릉도로 향한 무라카와가는 다수의 조선인들이 울릉도에서 어류채취에 종사하고 있는 광경에 조우했습니다. 또 이듬해에는 오야가가 마찬가지로 다수의 조선인과 조우하여, 안용복, 박어둔 2명을 일본에 데리고 돌아갔습니다. 이때 조선왕조는 국민들의 울릉도 도항을 금했었습니다.

 (3) 状況を承知した幕府の命を受けた対馬潘(江戸時代、対朝鮮外交・貿易の窓口であった。)は、安と朴の両名を朝鮮に送還するとともに、朝鮮に対し、同国漁民の鬱陵島への渡航を禁止することを要求する交渉を開始しました。しかし、この交渉は、鬱陵島の帰属をめぐって意見が対立し合意を得るに至りませんでした。

 (3) 상황을 알게 된 막부의 명을 받은 쓰시마번(에도시대에 대조선 외교·무역의 창구역할을 했음)은 안용복과 박어둔 두 사람을 조선에 송환함과 동시에, 조선에 대해 어민들의 울릉도 도항 금지를 요구하는 교섭을 시작했습니다. 그러나 이 교섭은 울릉도의 귀속을 둘러싸고 의견이 대립해 합의를 보지 못했습니다.

 (4) 対馬潘より交渉決裂の報告を受けた幕府は、1696年1月、朝鮮との友好関係を尊重して、日本人の鬱陵島への渡航を禁止することを決定し、これを朝鮮側に伝えるよう対馬潘に命じました。

 この鬱陵島の帰属をめぐる交渉の経緯は、一般に「竹島一件」と称され

ています。

(4) 쓰시마번으로부터 교섭 결렬의 보고를 받은 막부는 1696년 1월, 조선과의 우호관계를 존중하여, 일본인의 울릉도 도항 금지를 결정하고, 이를 조선 측에 전하도록 쓰시마번에 명했습니다.

울릉도의 귀속을 둘러싼 이 교섭의 경위는 일반적으로 '다케시마 잇켄(竹島一件)'이라고 불리고 있습니다.

(5) その一方で、竹島への渡航は禁止されませんでした。このことからも、当時から、我が国が竹島を自国の領土だと考えていたことは明らかです。

(5) 한편, 다케시마 도항은 금지되지 않았습니다. 이것으로도 당시부터 일본이 다케시마를 자국 영토라고 생각했음은 분명합니다.

(1) 政府が鬱陵島へ渡航を禁じる決定をした後、安龍福は再び我が国に渡来しました。その後、再び朝鮮に送還された安龍福は、鬱陵島への渡航の禁止を犯した者として朝鮮の役人に取調べを受けますが、この際の安龍福の供述は、現在の韓国による竹島の領有権の主張の根拠の一つとして引用されることになります。

(1) 막부가 울릉도 도항 금지를 결정한 후, 안용복은 다시 일본으로 건너왔습니다. 그 후, 다시 조선에 송환된 안용복은 울릉도 도항 금지를 어긴 자로서 조선 관리의 취조를 받는데, 이때의 안용복의 진술이 현재 한국의 다케시마 영유권 주장의 한 근거로 인용되고 있습니다.

(2) 韓国側の文献によれば、安龍福は、来日した際、鬱陵島及び竹島を朝鮮領とする旨の書契を江戸幕府から得たものの、対馬の藩主がその書契を奪い取ったと供述したとされています。しかし、日本側の文献によれば、安龍福が1693年と1696年に来日した等の記録はありますが、韓国側が主張するような書契を安龍福に与えたという記録はありません。

(2) 한국 측 문헌에 따르면, 안용복은 일본에 왔을 때 울릉도 및 다케시마를 조선령으로 한다는 서계(書契), 즉 문서를 에도막부로부터 받았으나, 쓰시마번주가 그 문서를 빼앗았다고 진술한 것으로 되어 있습니다. 그러나 일본 측 문헌에 의하면, 안용복이 1693년과 1696년

에 일본에 왔다 등의 기록은 있으나, 한국 측이 주장하는 것과 같은
서계를 안용복에게 주었다는 기록은 없습니다.

(3) さらに、韓国側の文献によれば、安龍福は、1696年の来日の際に鬱
陵島に多数の日本人がいた旨述べたとされています。しかし、この来日
は、幕府が鬱陵島への渡航を禁じる決定をした後のことであり、当時、
大谷・村川家はいずれも同島に渡航していませんでした。

(3) 더욱이 한국 측 문헌에 의하면, 안용복은 1696년 일본에 왔을
때 울릉도에 다수 일본인이 있었다고 말한 것으로 되어 있습니다. 그
러나 안용복이 일본에 온 것은 막부가 울릉도 도항 금지를 결정한 후
의 일로서, 당시 오야, 무라카와 양가는 모두 이 섬에 도항하지 않았
습니다.

(4) 安龍福に関する韓国側文献に記述は、同人が、国禁を犯して国外
に渡航し、その帰国後に取調べを受けた際の供述によったものです。その
供述には、上記に限らず事実に見合わないものが数多くみられますが、そ
れらが、韓国側により竹島の領有権の根拠の一つとして引用されてきてい
ます。

(4) 안용복에 관한 한국 측 문헌의 기술은 안용복이 국금을 어기고
국외에 도항하여, 그 귀국 후 취조를 받았을 때의 진술에 의거한 것
입니다. 그의 진술은 상기 내용뿐만 아니라, 사실에 맞지 않는 바가
많으나 그런 것들이 한국 측에 의해 다케시마 영유권의 한 근거로 인
용되어 왔습니다.

Point 6. 日本政府は、1905年、竹島を島根県に編入して、竹島を領有する意思
を再確認しました。
일본정부는 1905년 다케시마를 시마네현에 편입하여, 다케시마 영유
의사를 재확인했습니다.

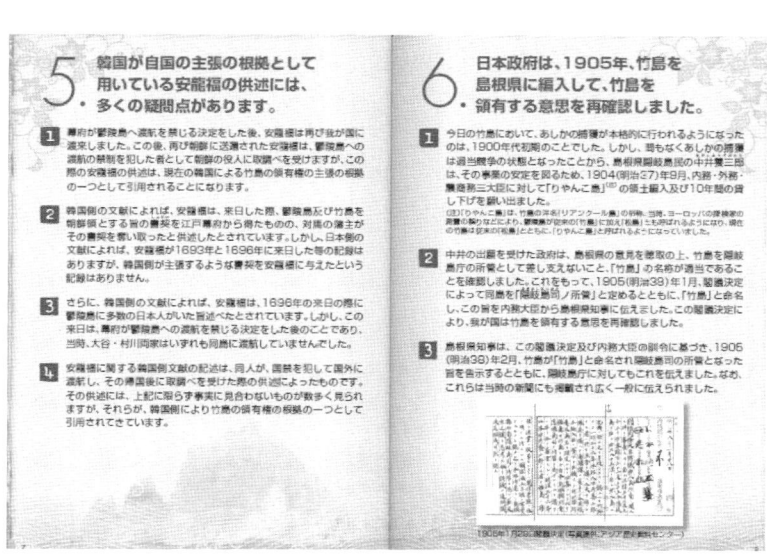

(1) 今日の竹島において、あしかの捕獲が本格的に行われるようになったのは、1900年代初期のことでした。しかし、間もなくあしかの捕獲は過当競争の状態となったことから、島根県隠岐島民中井養三朗は、その事業の安定を図るため、1904年(明治37)年9月、内務・外務・農商務三大臣に対して「りやんこ島」(注)の領土及び10年間の貸し下げを願い出ました。

(注)「りやんこ島」は、竹島の洋名「リアンクール島」の俗称。当時、ヨーロッパの探検家の測量の誤りなどにより、鬱陵島が従来の「竹島」に加え

「竹島」とも呼ばれるようになり、現在の竹島は従来の「竹島」とともに、「りやんこ島」とよばれるようになっていました。

(1) 오늘날의 다케시마에서 강치 포획이 본격적으로 행해지게 된 것은 1900년대 초기였습니다. 그러나, 곧 강치어업이 과열 경쟁 상태가 되자 시마네현 오키도민 나카이 요자부로는 사업의 안정을 도모하기 위해 1904(메이지 37)년 9월 내무, 외무, 농상무 3대신에게 '리양코섬'의 영토 편입 및 10년간의 임대를 청원했습니다.

(주: '리양코섬'은 다케시마의 서양이름 '리앙쿠르섬'의 속칭. 당시 유럽 탐험가에 의한 측량의 잘못등으로 울릉도가 종래 불리던 '다케시마'와 아울러 '마쓰시마'라고도 불리게 되며, 현재 다케시마는 종래 불리던 '마쓰시마'와 아울러 '리양코섬'이라고 불리게 되었습니다)

(2) 中井の出願を受けた政府は、島根県の意見を聴取の上、竹島を隠岐島庁の所管として差し支えないこと、「竹島」の名称が適当であることを確認しました。これをもって、1905(明治38)年1月、閣議決定によって同島を「隠岐島司ノ所管」と決めるとともに、「竹島」と命名し、この旨を内務大臣から島根県知事に伝えました。この閣議決定により、我が国は竹島を領有する意思を再確認しました。

(2) 나카이의 청원을 접수한 정부는 시마네현의 의견을 청취한 후 다케시마를 오키도청의 소관으로 해도 지장이 없고, '다케시마'의 명칭이 적당하다는 것을 확인했습니다. 이에 따라 1905(메이지 38)년 1월 각의 결정에 의해 이 섬을 '오키도사의 소관(隠岐島司의 所管)'으로 정하는 동시에, '다케시마'로 명명하고, 그 취지를 내무대신으로부

터 시마네현지사에게 전달했습니다. 이 각의 결정으로 일본은 다케시마 영유 의사를 재확인했습니다.

(3) 島根県知事は、この閣議決定及び内務大臣の訓令に基づき、1905(明治38)年2月、竹島が「竹島」と命名され隠岐島司の所管となった旨を告示するとともに、隠岐島庁に対してもこれを伝えました。なおこれらは当時の新聞にも掲載され広く一般に伝えられました。

(3) 시마네현지사는 이 각의 결정 및 내무대신 훈령에 의거해 1905(메이지 38)년 2월 다케시마가 '다케시마'로 명명되어 오키도사의 소관이 되었음을 고시함과 동시에, 오키도청에도 이를 전달했습니다. 이는 당시 신문에도 게재되어 널리 일반에게 전해졌습니다.

(4) また、島根県知事は。竹島が「島根県所属隠岐島司ノ所属」と定められたことを受け、竹島を官有地台帳に登録することともに、あしかの捕獲を許可制としました。あしかの捕獲は、その後、第二次世界大戦によって1941(昭和16)年に中止されるまで続けられました。

(4) 또 시마네현지사는 다케시마가 '시마네현 소속 오키도사의 소관'으로 정해짐에 따라 다케시마를 관유지대장(官有地台帳)에 등록하는 동시에, 강치 포획을 허가제로 했습니다. 강치 포획은 그 후 2차 대전으로 1941(쇼와 16)년에 중지될 때까지 계속되었습니다.

(5) 朝鮮では、1900年の「大韓帝国勅令41号」により、鬱陵島を鬱島と改称するとともに島監を郡守とする旨公布した記録があるとされています。そして、その勅令の中で、鬱陵郡が管轄する地域を「欝陵全島と竹島、

石島」と規定しており、この「竹島」は鬱陵島の近傍にある「竹嶼」という小島であるものの、「石島」はまさに現在の「独島」を指すと指摘する研究者もいます。その理由は、韓国の方言で「トル(石)」は「トク」とも発音され、これを発音とおりに漢字に直せば「独島(トクド)」につながるためというものです。

(5) 조선에서는 1900년의 '대한제국 칙령41호'에 의해 울릉도를 울도로 개칭함과 동시에 도감을 군수로 한다는 것을 공포한 기록이 있다고 되어 있습니다. 그리고 이 칙령 가운데, 울릉군이 관할하는 지역을 '鬱陵全島와 竹島石島'로 규정하고 있는데 여기서 말하는 竹島는 울릉도 근방에 있는 '죽서(竹嶼)'라는 작은 섬이지만, '석도'는 바로 지금의 '독도'를 가리킨다고 지적하는 연구자도 있습니다. 그 이유는 한국의 방언으로 '돌(石)'을 '독'으로 발음하며, 이를 발음대로 한자로 고치면 '独島'로 이어지기 때문이라는 것입니다.

(6) しかし「石島」が今日の竹島(「独島」)であるならば、なぜ勅令で「独島」が使われなかったのか、また韓国側が竹島の旧名称であると主張する「于山島」等の名称が使われなかったのか、また、「独島」という呼び名はいつからどのように使われるようになったのか、という疑問が生じます。

(6) 그러나 '석도'가 오늘날의 다케시마('독도')라면, 왜 칙령에서 '독도'를 사용하지 않았는가. 나아가 '독도'라는 호칭은 언제부터 어떻게 사용되게 되었는가 라는 의문이 생깁니다.

(7) いずれにせよ、仮にこの疑問が解消された場合であっても、同勅令の公布前後に、朝鮮が竹島を実効的に支配してきたという事実はなく、

韓国による竹島の領有権は確立していなかったと考えられます。

(7) 만일 이 의문이 해소된다 하더라도, 이 칙령의 공포를 전후해 조선이 다케시마를 실효적으로 지배했던 사실이 없어 한국에 의한 다케시마 영유권은 확립되지 않았다고 생각됩니다.

POINT　7.　サンフランシスコ平和条約起草過程で、韓国は、日本が放棄すべき
　　　　　領土に竹島を含めるよう要請しましたが、米国は竹島が日本の
　　　　　管轄下にあるとして拒否しました。
　　　　　샌프란시스코 평화조약 기초과정에서 한국은 일본이 포기해야
　　　　　할 영토에 다케시마를 포함시키도록 요구했습니다만, 미국은 다
　　　　　케시마가 일본의 관할하에 있다고 해서 이 요구를 거부했습니다.

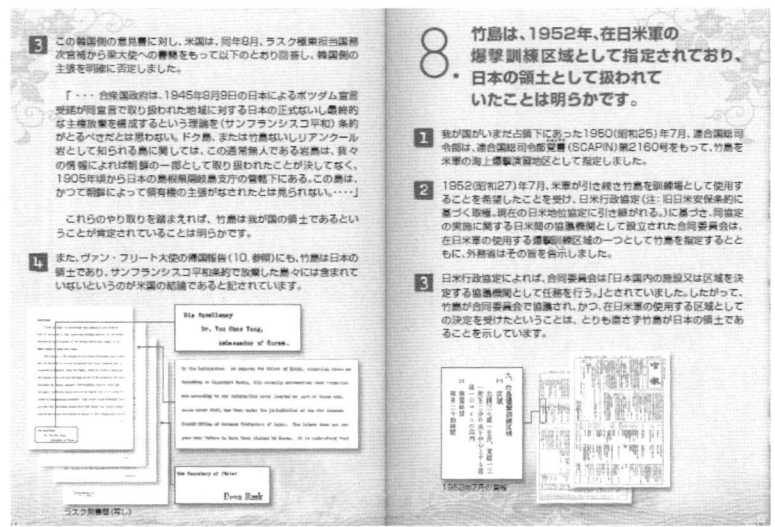

(1) 1951(昭和26)年9月に署名されたサンフランシスコ平和条約は、日本
による朝鮮の独立承認を規定するとともに、日本が放棄すべき地域とし
て「済州島、巨文島及び鬱陵島を含む朝鮮」と規定しました。

(1) 1951(쇼와 26)년 9월에 서명된 샌프란시스코 평화조약은 일본의
조선독립 승인을 규정하는 동시에, 일본이 포기해야 할 지역으로서
'제주도, 거문도 및 울릉도를 포함한 조선'으로 규정했습니다.

(2) この部分に関する米英国による草案内容を承知した韓国は、同年7月、梁(ヤン)駐米韓国大使からアチソン米国務長官宛の書簡を提出しました。その内容は、「我が政府は、第二条項の『放棄する』という語を『(日本国が)朝鮮及びに済州島、巨文島、鬱陵島、独島及びパラン島を含む日本による朝鮮の併合前に朝鮮の一部であった島々に対するすべての権利、権原及び請求権を1945年8月9日に放棄したことを確認する。』に置き換えることを要望する。」というものでした。

(2) 이 부분에 관한 미·영 양국에 의한 초안 내용을 알게 된 한국은 같은 해 7월, 양유찬 주미 한국대사로부터 애치슨 미 극무장관 앞으로 서한을 제출했습니다. 그 내용은 '한국정부는 제2조 a항의 "포기한다"라는 말을 "(일본국이) 조선 및 제주도, 거문도, 울릉도, 독도 및 파랑도를 포함하는 일본에 의한 조선 합병 이전에 조선의 일부였던 섬들에 대한 모든 권리, 권원 및 청구권을 1945년 8월 9일에 포기했음을 확인한다"로 바꿀 것을 요망한다'는 것이었습니다.

(3) この韓国側の意見書に対し、米国は、同年8月、ラスク極東担当国務次官補から梁大使への書簡をもって以下のとおり回答し、韓国側の主張を明確に拒否しました。

「……合衆国政府は、1945年8月9日の日本によるポツダム宣言受諾が同宣言で取り扱われた地域に対する日本の正式ないし最終的な主権放棄を構成するという理論を(サンフランシスコ平和)条約がとるべきだとは思わない。ドク島、または竹島ないしリアンクール岩として知られる島に関しては、この通常無人である岩島は、我々の情報によれば朝鮮の一部と

して取り扱われたことが決してなく、1905年頃から日本の島根県隠岐支庁の管轄下にある。この島は、かつて朝鮮によって領有権の主張がなされたとは見られない。……」

これらのやり取りを踏まえれば、竹島は我が国の領土であるということが肯定されていることは明らかです。

(3) 이 한국 측 의견서에 대해 미국은 같은 해 8월, 러스크 극동 담당 국무차관보로부터 양유찬 대사에게 보낸 서한에서 다음과 같이 답변하며, 한국 측 주장을 명확하게 부정했습니다.

……합중국 정부는, 1945년 8월 9일의 일본에 의한 포츠담선언 수락이 이 선언에서 취급된 지역에 대한 일본의 정식 내지 최종적인 주권 포기를 구성한다는 이론을 (샌프란시스코 평화)조약이 취해야 한다고는 생각하지 않는다. 독도, 또는 다케시마 내지 리앙쿠르암(岩)으로 알려진 섬에 관해서는, 통상 무인(無人)인 이 바위섬은 우리들의 정보에 의하면 조선의 일부로 취급된 적이 결코 없으며, 1905년경부터 일본의 시마네현 오키도지청의 관할 하에 있다. 이 섬은 일찍이 조선에 의해 영유권 주장이 이루어졌다고는 볼 수 없다…….

이 내용들을 보면, 다케시마는 일본의 영토라는 것을 긍정하고 있는 것이 분명합니다.

(4) また、ヴァン・フリート大使の帰国報告(10, 参照)にも、竹島は日本の領土であり、サンフランシスコ平和条約で放棄した島々には含ま

れていないというのが米国の結論であると記されています。

(4) 또한 밴 플리트 대사의 귀국보고서(10, 참조)에서도 다케시마는 일본영토이며, 샌프란시스코 조약에서 포기한 섬들에 포함되지 않는다는 것이 미국의 결론이라고 명기되어 있습니다.

Point 8. 竹島は、1952年、在日米軍の爆撃訓練区域として指定されており、日本の領土として扱われていたことは明らかです。
다케시마는 1952년 주일미군의 폭격 훈련구역으로 지정되었으며, 일본 영토로 취급되었음은 분명합니다.

(1) 我が国がいまだ占領下にあった1950(昭和25)年7月、連合国総司令部は、連合国総司令部覚書(SCAPIN)第2160号をもって、竹島を米軍の海上爆撃演習地区として指定しました。

(1) 일본이 아직 점령하에 있던 1950(쇼와 25)년 7월, 연합군 총사령부는 SCPIN 제2160호로, 다케시마를 미군의 해상 폭격 연습지구로 지정했습니다.

(2) 1952(昭和27)年7月、米軍が引き続き竹島を訓練場として使用することを希望したことを受け、日米行政協定(注: 旧日米安保条約に基づく取極。現在の日米地位協定に引き継がれる。)に基づき、同協定の実施の関する日米間の使用する爆撃訓練区域の一つとして竹島を指定するとともに、外務省はその旨を告示しました。

(2) 1952(쇼와 27)년 7월, 미군이 계속적으로 다케시마를 훈련장으로 사용함을 희망한 것에 따라 일미행정협정(주: 구일미안보조약에 입각한 협정. 현재 '일미지위협정'으로 인수됨)에 입각하여, 이 협정의 실시와 관련된 일·미 간의 협의기관으로 설립된 합동위원회는 주일미군이 사용하는 폭격 훈련구역의 하나로 다케시마를 지정하는 동시에 외무성은 이를 고시했습니다.

(3) 日米行政協定によれば、合同委員会は「日本国内の施設又は区域を決定する協議機関として任務を行う。」とされていました。したがって、竹島が合同委員会で協議され、かつ、在日米軍の使用する区域としての決定を受けたということは、とりも直さず竹島が日本の領土であることを示しています。

(3) 일미행정협정에 의하면, 합동위원회는 '일본국내의 시설 또는 구역을 결정하는 협의기관으로 임무를 수행한다'고 되어 있습니다. 따라서 다케시마가 합동위원회에서 협의되고, 또 주일미군이 사용하는 구역으로 결정이 내려졌다는 것은 곧 다케시마가 일본의 영토임을 보여주고 있습니다.

　(1) 1952(昭和27)年1月李承晩韓国大統領は「海洋主権宣言」を行って、いわゆる「李承晩ライン」を国際法に反して一方的に設定し、そのライン内に竹島を取り込みました。

　(1) 1952(쇼와 27)년 1월, 한국의 이승만 대통령은 '해양주권선언'을 발표하여, 이른바 '이승만 라인'을 국제법에 반해 일방적으로 설정하고, 그 라인 안에 다케시마를 포함시켰습니다.

　(2) 1953(昭和28)年3月、日米合同委員会で竹島の在日米軍の爆撃訓練区域からの解除が決定されました。これにより、竹島での漁業が再び行われることとなりましたが、韓国人も竹島やその周辺で漁業に従事していることが確認されました。同年7月には、不法漁業に従事している韓国漁民に対して竹島から撤去するよう要求した海上保安庁巡視船が、韓国漁民を援護していた韓国官憲によって銃撃されるという事件も発生しました。

　(2) 1953(쇼와 28)년 3월, 일미합동위원회에서 다케시마를 주일미군 폭격훈련구역에서 해제하기로 결정했습니다. 이로써, 다케시마에서의 어업이 재개되었습니다. 한국인도 다케시마와 그 주변에서 어업에 종사하고 있는 것이 확인되었습니다. 같은 해 7월에는, 불법어업에 종사하는 한국 어민에게 다케시마에서 철거하도록 요구한 해상보안청 순시선이 한국 어민을 보호하던 한국 관헌의 총격을 당하는 사건도 발생했습니다.

(3) 翌1954(昭和29)年6月、韓国内務部は韓国沿岸警備隊の駐留部隊を竹島に派遣したことを発表しました。なお、同年8月には、竹島周辺を航行中の海上保安庁巡視船が同島から銃撃され、これにより韓国の警備隊が竹島に駐留していることが確認されました。

(3) 이듬해인 1954(쇼와 29)년 6월, 한국 내무부는 한국 해양경비대 주둔 부대를 다케시마에 파견했다고 발표했습니다. 또 같은 해 8월에는 다케시마 주변을 항해 중이던 해상보안청 순시선이 이 섬으로부터 총격을 당해, 이로 인해 한국의 경비대가 다케시마에 주둔하고 있는 것이 확인되었다.

(4) 韓国側は、現在も引き続き警備隊員を常駐させるとともに、宿舎や監視所、灯台、接岸施設などを構築しています。

(4) 한국 측은 현재도 계속 경비대원을 상주시키는 동시에 숙사와 감시소, 등대, 접안 시설등을 구축하고 있습니다.

(5) 韓国による竹島の占拠は、国際法上何ら根拠がないまま行われている不法占拠であり、韓国がこのような不法占拠に基づいて竹島に対して行ういかなる措置も法的な正当性を有するものではありません。このような行為は、竹島の領有権をめぐる我が国の立場に照らして決して容認できるものではなく、竹島をめぐり韓国側が何らかの措置等を行うたびに厳重な抗議を重ねるとともに、その撤回を求めてきています。

(5) 한국에 의한 다케시마 점거는 국제법상 아무런 근거 없이 이루어지고 있는 불법 점거이며 한국이 이런 불법 점거에 의거하여 다케시마에서 행하는 어떤 조치도 법적인 정당성이 있는 것은 아닙니다.

이와 같은 행위는 다케시마 영유권을 둘러싼 일본의 입장에 비추더라도 결코 용인할 수 있는 행위가 아니며, 다케시마를 둘러싸고 한국 측이 어떤 조치 등을 취할 때마다 엄중한 항의를 거듭하는 동시에, 그 철회를 요구해 오고 있습니다.

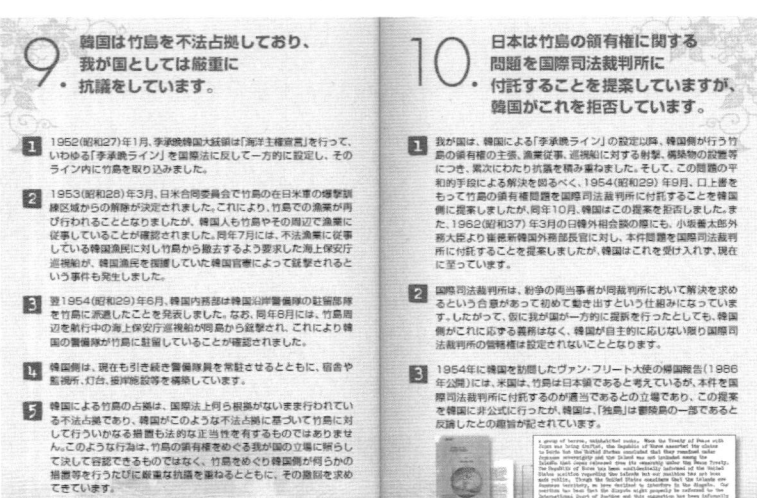

(1) 我が国は、韓国による「李承晩ライン」の設定以降、韓国側が行う竹島の領有権の主張、漁業従事、巡視船に対する射撃、構築物の設置等につき、累次にわたり抗議を積み重ねました。そして、この問題の平和的手段による解決を図るべく、1954(昭和29)年9月、口上書をもって竹島の領有権問題を国際司法裁判所に付託することを韓国側に提案しましたが、同年10月、韓国はこの提案を拒否しました。また1962(昭和37)年3月の日韓外相会談の際にも、小阪善太郎外務大臣より崔徳新韓国外務長官に対し、本件問題を国際司法裁判所に付託することを提案しましたが、韓国はこれを受け入れず、現在に至っています。

(1) 일본은 한국에 의한 '이승만 라인' 설정 이후, 한국이 행하는 다케시마 영유권 주장, 어업 종사, 순시선에 대한 사격, 구조물 설치 등에 대해서, 누차에 걸쳐 항의를 거듭해 왔습니다. 그리고 이 문제의 평화적 수단에 의한 해결을 드모하고자 1954(쇼와 29)년 9월, 구상서(口上書)로 다케시마 영유권 문제에 대해 국제사법재판소에 회부할 것을 한국 측에 제안했으나, 같은 해 10월 한국 측은 이 제안을 거부했습니다. 또 1962(쇼와 37)년 3월의 일한외상회담 때도 고사카 젠타로(小坂善太郎) 외무대신이 최덕신 외무장관에게 이 문제를 국제사법재판소에 회부할 것을 제안했으나, 한국은 이를 받아들이지 않은 채, 현재에 이르고 있습니다.

(2) 国際司法裁判所は、紛争の両当事者が同裁判所において解決を求めるという合意があって初めて動き出すという仕組みになっています。したがって、仮に我が国が一方的に提訴を行ったとしても、韓国側がこれに応ずる義務はなく、韓国が自主的に応じない限り国際司法裁判所の管轄権は設定されないこととなります。

(2) 국제사법재판소는 분쟁의 양 당사자가 동 재판소에서 해결을 도모한다는 합의가 있어야 비로소 가동하는 체제로 되어 있습니다. 따라서 만일 일본이 일방적으로 제소를 한다고 해도 한국 측이 이에 응할 의무는 없으며, 한국이 자주적으로 응하지 않는 한 국제사법재판소의 관할권은 설정되지 않습니다.

(3) 1954年に韓国を訪問したヴアン・フリート大使の帰国報告書(1986年公開)には、米国は、竹島は日本領であると考えているが、本件を国際司法裁判所に付託するのが適当であるとの立場であり、この提案を韓国に非公式に行ったが、韓国は、「独島」は鬱陵島の一部であると反論したとの趣旨が記されています。

(3) 1954년에 한국을 방문한 밴 플리트 대사의 귀국보고서(1986년 공개)에는 미국이 다케시마를 일본영토라고 생각하고 있으나 이 문제를 국제사법재판소에 회부하는 것이 적당하다는 입장이며, 이 제안을 한국에게 비공식적으로 했으나, 한국은 '독도'는 울릉도의 일부라고 반론했다는 내용이 기록되어 있습니다.

참고문헌

岡嶋正義『竹島考』,鳥取縣立博物館所藏,1828.

奧原碧雲『竹島及鬱陵島』,報光社,1907(ハーベスト,2005復刻).

『通航一覽』,國書刊行會.1913.

中村榮孝『日鮮關係史研究』,吉川弘文館.1969.

川上健三『竹島の歷史地理的研究』,古今書院,1966.

　　　　權五曄 譯『日本의　獨島論理』,白山,2010년.

大谷文子『大谷家古文書』,非賣品,1986.

愼鏞廈編著『獨島領有權資料探究』,獨島保全協會,1990.

신용하『독도(獨島)보배로운　한국영토』,지식산업사,1996.

金炳烈『독도논쟁』,다다미디어,2001.

內藤正中『竹島(鬱陵島)をめぐる日朝關係史』,多賀出版社,2000

　　　　權五曄・權靜 譯『獨島와竹島』,제이앤씨,2005

田代和生『倭館』,文藝春秋,2002.

大西俊輝『日本海と竹島』,東洋出版,2003.

　　　　權五曄・權靜 譯『獨島』,제이앤씨,2004.

宋炳基『독도영유권자료서』,한림대학교 아시아문화연구소,2004.

池內敏『大君外交と武威』,名古屋大學出版會,2006.

下條正男『竹島は日韓どちらのものか』,文藝春秋,2006.

內藤正中・朴炳燮『竹島＝獨島論爭』,新幹社,2007.

內藤正中・金炳烈『竹島・獨島』,岩波社,2007.

大西俊輝『續日本海と竹島』,東洋出版,2007.

宋炳基『울릉도와　독도』,단국대학교출판부,2007.

權五曄・大西俊輝『隱州視聽合紀』,동북아역사재단,2007.

權五曄大西俊輝『元祿覺書』,제이앤씨,2009.

權五曄『독도와 안용복』,충남대학교출판부,2009.

內藤正中 저,郭眞吾・金顯洙 역『한일간 독도・죽도 논쟁의 실체』,책사랑,2009.

權靜『御用人日記』,선인,2010.

權五曄『控帳』,冊舍廊,2010.

權五曄大西俊輝 『죽도문담』,한국학술정보, 2010.

색인

나이토우 세이추우(内藤正中)

오카야마시(岡山市) 출생(1929)
京都大学 経済学部 卒(1953)
京都大学大学院(旧)을 거쳐 島根大学 文理学部 講師(1955)
島根大学 法文学部 教授 定年退官, 島根大学 名誉教授(1993)
鳥取女子大学 短期大学 北東아시아文化研究所長, 客員教授(2004)
同上 退転(2004)

『自由民権運動의 研究』, 青木書店(1964)
『山陰의 風土와 歴史』, 山川出版社(1976)
『鳥取県의 百年』, 山川出版社(1982)
『日本海地域의 在日朝鮮人』, 多賀出版(1989)
『鳥取県의 歴史』, 山川出版社(1997)
『竹島(欝陵島)를 둘러싼 日韓関係史』, 多賀出版(2000)
　〈権五曄·権静 共訳『독도와 죽도』, 제이앤씨(2005년)〉
『鳥取県下 在日코리아의 歴史』, 鳥取短期大学(2004)
『竹島＝独島論争』, 新幹社(2007)
『竹島·独島』, 岩波書店(2007년)

권오엽

전북 정읍 출생(1945)
서울교육대학교, 국제대학 일어일문학과 졸업,
日本 北海島大学院 博士 修了, 東京大学 学術博士
충남대학교 인문대학 일어일문학과 교수(1989),
현) 충남대학교 명예교수

『広開土王碑文의 세계』, 『韓日建国神話의 世界観』, 『東아시아의 天下思想』, 『삼국사기』의 박혁거세신화」, 「신라국과 우산국」, 「은주시청합기와 독도」, 「우산국의 종교와 독도」, 「川上健三説의 虚実(1)」, 「通政大夫 安龍福」, 「竹島考의 安龍福」, 「『控帳』의 竹島와 安龍福」 외 다수

『日本漫想』, 『広開土王碑文의 世界』, 『隠州視聴合紀』, 『元緑覚書』, 『독도와 안용복』, 『죽도문담』, 『控帳』, 『古事記』(上·中·下), 『好太王碑論争의 解明』, 『独島』, 『独島와 竹島』, 『古事記와 日本書紀』, 『日本의 独島論理』

권 정

서울 출생(1971)
영파여고, 이화여자대학교 졸업,
東京大学大学院 博士 修了, 東京大学 学術博士(2004),
현) 배재대학교 교양교육 교수

「古地図에 나타나는 日本과 韓国의 世界観」, 「古代日本과 韓国에 있어서의 古代文字世界의 形成」, 「古代韓国과 日本의 用字法의 研究」, 「韓日古地図에 나타나는 世界観」, 「天下図에 나타나는 世界観」, 「고대일본과 한국의 자국의식의 비교-철도와 비문을 통해서」, 「신라의 천하로서의 우산국」, 「三国에 있어서의 国王 皇帝·天皇表記 비교」, 「한일건국신화의 허구와 사실」, 「동해의 무구루세미와 부룬세미」, 「고지도에 나타나는 조선 초의 자국인식」, 「죽도도해유래기발서공의 상납」, 「안용복에 관한 한 일의인식」, 「古事記 중의 스사노오」 외 다수

『古事記와 日本書紀』, 『독도와 죽도』, 『고사기』(상·중·하), 『어용인일기』

〈죽도-죽도문제를 이해하기 위한 10가지 포인트〉에 대한 비판 검토

일본은 독도(죽도)를
이렇게 말한다

초 판 인 쇄 ㅣ 2011년 1월 3일
초 판 발 행 ㅣ 2011년 1월 3일

저   자 ㅣ 나이토우 세이추우
편 저 자 ㅣ 권오엽 · 권정
펴 낸 이 ㅣ 채종준
펴 낸 곳 ㅣ 한국학술정보㈜
주   소 ㅣ 경기도 파주시 교하읍 문발리 파주출판문화정보산업단지 513-5
전   화 ㅣ 031) 908-3181(대표)
팩   스 ㅣ 031) 908-3189
홈 페 이 지 ㅣ http://ebook.kstudy.com
E - m a i l ㅣ 출판사업부   publish@kstudy.com
등   록 ㅣ 제일산-115호(2000. 6. 19)

ISBN   978-89-268-1811-4 93910 (Paper Book)
          978-89-268-1812-1 98910 (e-Book)

내일을여는지식 ▰ 은 시대와 시대의 지식을 이어 갑니다.